数据科学系列教材

大数据分析方法

Big Data Analytics Methods

林正炎　张　朋
梁克维　庞天晓
编著

中国教育出版传媒集团
高等教育出版社·北京

内容提要

本书包括引言、大数据的预处理、云计算和可视化、回归与分类、聚类及相关数据分析方法、高维统计中的变量选择、神经网络与深度学习、深度学习在人工智能中的应用七章，主要介绍大数据技术的基本原理和方法，特别是以机器模型为主的各类数据模型以及它们的计算方法，也会提及这些方法在某些领域（如人工智能）中的应用。

本书可作为高等学校大数据及相关专业本科生与研究生的教材或参考书，也可供相关的科技工作者阅读、参考。

图书在版编目（CIP）数据

大数据分析方法 / 林正炎等编著 . -- 北京 : 高等教育出版社 , 2023. 12

ISBN 978-7-04-061288-2

Ⅰ . ①大… Ⅱ . ①林… Ⅲ . ①数据处理 Ⅳ . ① TP274

中国国家版本馆 CIP 数据核字（2023）第 203659 号

Dashuju Fenxi Fangfa

策划编辑 杨 帆　　责任编辑 杨 帆　　封面设计 张 志　　版式设计 徐艳妮
责任绘图 李沛蓉　　责任校对 张 薇　　责任印制 田 甜

出版发行	高等教育出版社	网　　址	http://www.hep.edu.cn
社　　址	北京市西城区德外大街 4 号		http://www.hep.com.cn
邮政编码	100120	网上订购	http://www.hepmall.com.cn
印　　刷	山东新华印务有限公司		http://www.hepmall.com
开　　本	787mm×1092mm　1/16		http://www.hepmall.cn
印　　张	16.25		
字　　数	310 千字	版　　次	2023 年 12 月第 1 版
购书热线	010-58581118	印　　次	2023 年 12 月第 1 次印刷
咨询电话	400-810-0598	定　　价	36.80 元

物 料 号　61288-00

前言

本书介绍大数据技术的基本原理和方法，包括以统计模型为主的各类数据模型以及它们的计算方法，同时还将介绍这些方法在一些领域 (如人工智能) 中的应用。

大数据正在开辟一个人类的新纪元。人们用它来描述和定义信息爆炸时代产生的海量数据，并命名与之相关的技术发展与创新。数据，已经渗透到当今每一个行业和业务职能领域，成为社会生产中新兴的重要生产资料，它的应用开发已经成为国家的重要战略。一个国家拥有数据的规模、活性及解释运用的能力将成为综合国力的重要组成部分。对数据的占有和控制甚至将成为陆权、海权、空权之外的另一种国家核心资产。各国都高度重视大数据对引领产业腾飞和学科发展的重要意义。大数据不仅会给技术科学、自然科学乃至社会科学带来根本性的变革，也会给人们的生活方式和工作方式带来全新的变化，包括为我们看待世界提供了一种全新的方法，即决策行为将日益基于数据分析做出，而不是像过去更多凭借经验和直觉做出。伴随大数据技术的进步，互（物）联网已经深入到人们生活的各个角落；区块链技术加快了数据市场的到来；人工智能技术和应用正在以人们难以预料的速度突飞猛进，可能极大地颠覆我们的认知，并彻底改变社会生活的各个方面。

大数据如此重要，以至于其获取、存储、管理、处理、分析、共享乃至呈现，都成为当前重要的研究课题。无处不在的信息感知和采集终端为我们收集了海量的数据，数理统计、应用数学技术的发展为我们提供了各种有效的统计和数学模型，而以云计算为代表的计算技术的不断进步，处理大规模复杂数据能力的日益增强，为我们提供了强大的数据处理能力。

大数据除了数据海量这一基本特征以外，还常有以下几个特征。首要特征是数据的多样性与数据结构的特殊性 (半结构化、非结构化，高维度，多母体)。数据包括网络日志、音频、视频、图片、地理位置信息等多种类型，而且也常要求数据以不同形式呈现，如可视化。另一个特征是有效数据的稀疏性，数据价值密度相对较低。如何通过强大的机器算法更迅速地完成数据的价值“提纯”，是大数据时代亟待解决的难题。再一个特征是时效性，处理速度常需快速。最后一个特征是数据的动态性、流动性。因此大数据对传统的数据分析的理论与方法、计算的理论与方法提出了极大的挑战。

数据分析是大数据技术的核心，因此本书着重介绍各种数据分析方法，包括回归分析、分类方法、聚类分析等统计方法。针对大数据常常以高维或超高维的形式出现、有效数据呈现稀疏性的特征，书中给出了各类降维和数据压缩的统计或数学方法。我们还介绍了人工智能的核心技术之一——数据学习（训练）的若干重要方法，包括神经网络和深度学习等。

计算机技术在数据处理的各个环节都起着至关重要的作用。为此，本书介绍了数据的预处理和存储，以及若干常用的计算方法，包括最大期望算法、贝叶斯算法等。

为了使读者深入了解书中介绍的各种数据模型及其应用，我们在给出模型和方法的同时，尽量列举一些例子；最后一章给出了五个实际案例，介绍如何应用书中提及的某些数据处理方法解决实际中遇到的问题。

大数据人才的培养已经成为一个空前突出的问题。为此几乎所有的高等学校乃至部分中学都开设了大数据类的课程；数百所高校纷纷开设了大数据及相关专业。但是能适用于这类专业课程的合适教程十分稀缺。虽然国内外已经出版了大量大数据方面的书籍，但多数是泛泛介绍大数据的重要性、大数据的特点和在各个领域的应用，很少涉及大数据处理的方法和技术。目前也陆续出版了不少介绍大数据处理的方法和技术的书籍，它们大多数侧重于某一个方向。如有的偏重于计算技术，譬如介绍机器学习的方法；有的则偏重于数理统计的理论和方法，譬如主要介绍多元分析、回归分析等。有一些专家也撰写了这方面的著作，而适宜作为教材的似乎还不多。本书作者曾在 2020 年出版过一本《大数据教程》，旨在较全面地介绍大数据技术的理论和方法。该书内容偏多，不适宜一般院校作为教材。为此我们对该书做了较大的精简，并结合大数据学科最新的进展做了适当的修改。期望为读者提供一个进入大数据领域的入门材料，使读者在学习书中的方法后能够较快地将之应用于解决实际课题。

本书可作为高等学校从事大数据及相关专业本科生与研究生的教材或参考书，也可供从事大数据、人工智能研究与开发的科技人员阅读、参考。

大数据热潮的迅猛超出了人们的预想，大数据的定义、包含的内容、基本处理方法、实际应用的领域等还没有一个较为确切严密的界定，它们都处在不断的变动和发展之中。本书的撰写意在抛砖引玉。书中肯定有许多不妥之处，恳望读者不吝赐教，以期在再版时改进。

作　者

2023 年 6 月于浙江大学

目录

1 第一章 引言——1
1.1 什么是大数据/3
1.2 数据分析过程/6
1.3 专业领域知识/7
1.4 数据科学家做什么/8
习题/9

2 第二章 大数据的预处理、云计算和可视化——11
2.1 大数据的数据结构和形式/13
2.2 数据清洗/15
2.3 云计算和云存储/20
2.4 数据可视化/21
习题/24

3 第三章 回归与分类——27
3.1 线性回归/29
3.2 线性回归的推广/36
3.3 逻辑斯谛回归/44
3.4 判别分类/47
3.5 k 最近邻分类/51
3.6 决策树/53
3.7 Bagging 分类/62
3.8 随机森林分类/66
3.9 AdaBoost 算法分类/67
3.10 支持向量机/71
3.11 案例分析/81
习题/86

4 第四章 聚类及相关数据分析方法——91
4.1 聚类分析/93
4.2 EM 算法/109
4.3 文本分析/117
4.4 关联规则和推荐系统/130
习题/137

5 第五章 高维统计中的变量选择——141
5.1 经典降维方法/143
5.2 正则化方法/155
5.3 自编码器/164
5.4 贝叶斯方法在变量选择中的应用/167
习题/172

6 第六章 神经网络与深度学习——175
6.1 人工智能、机器学习和深度学习的关系/177
6.2 神经网络/178
6.3 深度神经网络/188
6.4 卷积神经网络/189
6.5 循环神经网络/199
6.6 强化学习/207
6.7 其他的学习模型/209
习题/213

7 第七章 深度学习在人工智能中的应用——215
7.1 无人驾驶汽车/217
7.2 自然语言处理/219
7.3 医疗健康/227
7.4 图神经网络/229
7.5 推荐系统/234
习题/240

参考文献——241

1

第一章
引　言

1.1 什么是大数据

大数据的定义众说纷纭, 还没有一个统一的说法. 通常, 大数据指的是所涉及的资料量规模巨大到超出传统数据处理能力, 超越经典统计方法研究范围, 无法通过目前主流软件工具, 在合理的时间内达到撷取、管理、处理并整理成为帮助人们进行决策的资讯. 当前它是数据科学中最受人关注的研究对象.

在五花八门的传统学科中, 统计学是唯一一门以数据为研究对象的学科. 它的起源可以追溯到 18 世纪的数学家, 如拉普拉斯 (1749—1827) 和贝叶斯 (1702—1761). 计算机科学作为一门数值计算的学科, 从几十年前诞生起就在改变着我们的生活.

大数据的新颖性并非植根于最新的科学知识, 而是源于一个重要的颠覆性的技术演变: 数据化. 数据化使以前从未量化过的世界得以进入数据时代. 从个人层面来看: 书籍、电影、购物、出行等, 无不在持续地数据化. 当我们在社交网络上与人交流时, 我们的思想也在数据化. 在商务层面, 公司正在把以前丢弃的半结构化数据, 如网络活动日志、计算机网络活动记录、机械信号等进行数据化. 非结构化数据, 如书面报告、电子邮件以及语音记录等, 现在不只用于存档, 还能通过数据化加以分析利用.

1.1.1 大数据概论

数据化并不是大数据革命的唯一要素, 另一个因素是数据分析的普遍化. 当大数据的概念还没有提出来的时候, 这一领域的参与者只有谷歌、雅虎、IBM 或 SAS 等大公司. 在 21 世纪初, 这些公司拥有的庞大的计算资源使它们能够利用分析技术开发和创新产品, 对自己的业务做出决策, 从而占据优势. 如今, 这些公司与其他公司 (还有个人) 之间在分析技术上的差距正在缩小. 云计算允许任何个人在短时间内分析大量数据. 实现解决方案所需的大多数关键算法不难找到, 而且分析技术是免费的, 因为开源开发是该领域的标准做法. 因此, 几乎任何个人或公司都可以使用丰富的数据来做出基于数据的决策.

大数据是信息化发展的新阶段. 随着信息技术和人类生活交汇融合, 互联网快速普及, 全球数据呈现爆发增长、海量数据集聚的特点, 对经济发展、社会治理、行政管理、人民生活都产生了重大影响. 世界各国都把推进经济数字化作为实现创新发展的重要动能, 在前沿技术研发、数据开放共享、隐私安全保护、人才培养等方面做出了前瞻性的布局.

《中华人民共和国国民经济和社会发展第十四个五年规划和 2035 年远景目标纲要》提出充分发挥海量数据和丰富应用场景优势, 促进数字技术与实体经济深度融合, 赋能传统产业转型升级, 催生新产业新业态新模式. 大数据已经以多种形式渗透到我们的工作和生活之中. 譬如, 使用搜索引擎在网上查找信息就是在与大数据产品进行着交互. 建立在大数据基础上的数据科学给社会生活各个方面带来深刻的变革.

数据作为一种重要资源, 需要制订数据资源的确权、流通、开放、交易、安全等方面的政策制度.

1.1.2 大数据的特征

首先我们介绍一下大数据的特征. 高德纳公司分析员道格·莱尼曾在其相关研究的演讲中指出, 数据增长有三个方向的挑战和机遇: 量, 即数据量的大小; 速, 即数据输入、输出的速度; 类, 即数据的多样性. 在此理论基础上, IBM 提出大数据的 4V 特征, 得到了业界的广泛认可:

(1) 数量 (volume), 即数据量巨大. 大数据时代人人都是数据的生产者, 大量自动或者人工产生的数据通过互联网汇集在一起, 从 TB 级别跃升到 PB 级别.

(2) 多样性 (variety), 即数据类型繁多. 不仅包含着原始的结构化数据, 还包含文本、音频、图片、视频、模拟信号等不同类型数据产生的半结构化和非结构化数据.

(3) 速度 (velocity), 即处理速度快. 著名的“1 秒定律”就是说对处理速度方面一般要在秒级时间范围内给出分析结果, 时间太长就失去价值了. 这个速度要求是大数据处理技术和传统的数据挖掘技术最大的区别.

(4) 真实性 (veracity), 即追求高质量的数据. 数据的真实性对于决策方案的选择有决定的意义, 巨大的数据量的确可以反映事物本身的特征, 但是要是真实性有所欠缺, 一切都是毫无意义的.

数据科学是统计学的进化和扩展. 它将计算机科学的方法添加到统计学工具库中, 所以能够处理大量的数据. 数据科学家与统计学家的主要区别在于前者具有处理大数据以及在机器学习、计算和算法构建方面的经验和能力. 他们的工具也有所不同, 数据科学家的工作描述更频繁地提到了使用 Hadoop, Pig, Spark, R, Python 和 Java 等软件.

1.1.3 大数据的应用

大数据的应用为各行各业提供了前所未有的广阔天地. 越来越多的“数字+”模式 (数字 + 创新, 数字 + 服务, 数字 + 人才 ……) 正在改变着大量的传统领域; 智慧城市、智慧交通、智慧医疗、智慧工业、智慧农业 …… 五花八门的“智慧”背后都是大数据在运作. 例如, 远程医疗可以更加充分利用优质医疗资源, 医生通过大数据阅读影像资料, 可以更加精准快速地进行诊断; 公安部门利用大数据识别电信欺诈和其他犯罪活动.

截至 2021 年年初, 我国网民数已超过 10 亿, 互联网的普及率已超过八成. 在线平台、协同办公等迅速发展, 大量在线课程的开发不仅打破了教学的时空限制, 而且使学生可以充分地利用更加优质的教学资源.

在商业和非商业环境中大数据的使用无处不在. 几乎每个行业的商业公司都使用大数据来深入了解客户、流程、员工和产品. 许多公司利用大数据为客户提供更好的用户体验以及开展交叉销售和定制个性化产品. 互联网广告是一个很好的例子, 它从互联网用户那里收集数据, 使相关的商业信息与浏览互联网的人相匹配. 以数据为要素的数字经济已成为引领经济社会变革、推动经济高质量发展的重要引擎. 金融机构使用数据科学来预测股票市场、确定贷款风险, 并学习如何吸引新客户. 目前世界上有 50% 以上的交易是基于量化交易算法自动执行的, 这些都是在数据科学的帮助下实现的.

1.1.4 大数据的类型

在大数据和数据科学研究中会遇到许多不同类型的数据, 并且每种数据往往需要不同的工具和技术. 主要的数据类别包括:

(1) 结构化数据. 结构化数据是依赖数据模型并保存于固定字段中的数据, 因此通常很容易将结构化数据存储在数据库或 Excel 文件里的表中.

(2) 非结构化数据. 非结构化数据是没有预定义的数据模型、数据结构不规则或不完整的数据. 其内容是取决于上下文并且变化的. 电子邮件、微信聊天记录是非结构化数据的例子.

(3) 自然语言. 自然语言是一种特殊类型的非结构化数据. 它的处理具有挑战性, 因为需要具体的数据科学技术和语言学知识. 自然语言处理在实体识别、主题识别、摘要、文本填写和情感分析方面取得了成功, 但在一个领域中训练的模型并不能很好地扩展到其他领域. 即使是最先进的技术也无法破译每一段文字的含义.

(4) 机器生成数据. 机器生成的数据是由计算机、进程、应用程序或其他机器自动创建的信息, 无需人为干预. 机器生成的数据正在成为主要的数据资源. 市场咨询公司 Wikibon 曾预测, 2020 年工业互联网的市场价值将达到约 5400 亿美元. 国际数据公司 IDC(International Data Corporation) 曾估计, 2020 年连接的物联网的数量将是互联网的 26 倍.

(5) 图形数据和网络数据. 在图论中, 图是用于模拟对象之间的成对关系的数学结构. 简而言之, 图形或网络数据是关注对象关系或邻接的数据. 图结构使用节点、边和属性来表示和存储图形数据. 基于图形的数据是表示社交网络的自然方式, 其结构允许计算特定指标, 例如人的影响力和两个人之间的最短路径.

(6) 音频、视频和图像. 音频、视频和图像是对数据科学家构成特定挑战的数据类型. 对人类来说微不足道的任务, 例如识别图片中的对象, 对计算机来说则构成了一项挑战.

(7) 流媒体. 虽然流数据几乎可以采用任何之前所述的形式, 但它具有额外的属性. 当事件发生时, 数据以流的形式载入系统而不是批量加载到数据存储中.

1.2 数据分析过程

数据科学通常被定义为一种方法, 通过该方法可以从大数据中找出可操作的策略. 在没有数据支持的情况下, 决策是基于实践或直觉的. 这是一个重要的差异. 我们通过学习大数据代表的复杂环境, 打开了从数据推断知识到应用这些知识的所有可能性. 总的来说, 数据科学允许我们采用四种不同的策略来使用大数据:

(1) 现实探索. 它可以通过被动或主动的方式收集数据. 在后一种情况下, 数据代表了世界对我们行为的反应. 在后续行动做决策时, 对这些响应的分析非常有价值. 此策略的最佳示例之一是使用 A / B 测试进行网站开发: 最佳按钮大小和颜色是什么? 最佳答案只能通过现实探索来找到.

(2) 模式发现. 分而治之是一种用于解决复杂问题的旧启发式方法. 但是, 如何在实际问题中运用这种常识并不容易. 可以自动分析已数据化的问题, 发现有用的模式和自然集群, 能大大简化其解决方案. 在程序化广告或数字营销等领域中, 使用这种技术进行用户画像是一个重要步骤.

(3) 预测未来事件. 从统计学的早期开始, 一个重要的问题就是如何构建数据模型以便预测未来. 预测分析允许针对未来事件做出自主决策. 当然, 现实中总会有不可预测的事件, 不可能在任何环境中预测未来. 但是, 识别可预测事件本身就是宝贵的知识. 例如, 零售业通过分析天气、历史销售以及交通状况等数据, 预测并优化下一周零售店的工作计划.

(4) 了解人与世界. 目前很多大公司和政府正在投入大量资金在一些领域进行研究, 如理解自然语言、计算机视觉、心理学和神经科学. 这些领域的科学进展对大数据和数据科学很重要, 因为为了做出最佳决策, 有必要深入了解推动人们决策和行为的真实过程. 自然语言理解和视觉对象识别的深度学习方法的发展是这种研究的一个很好的例子.

1.3 专业领域知识

数据分析涉及多领域且要用到许多不同的学科知识. 如:

(1) 计算机科学.

(2) 统计学.

(3) 数学.

(4) 机器学习.

(5) 专业领域知识.

(6) 沟通和演讲技巧.

(7) 数据可视化.

1.3.1 统计学

统计学通过搜索数据, 对数据筛选整理, 运用多种统计方法对数据进行分析来探索研究对象的特征和本质或者预测对象未来.

概率论与数理统计 (包括抽样调查等) 是统计学的基础课程, 这些课程在数据分析过程中很重要. 如在获取数据时, 我们往往无法获取所有的样本, 如何选取具有代表性的样本进行分析是抽样调查课程的重要内容.

统计学的应用范围很广. 大数据时代对传统统计学提出了巨大的挑战, 也为传统统计学的迅速发展提供了契机. 为了更好地对大数据进行分析, 对数据的收集整理方法、数据的分析方法、结果的处理都需要做出改进.

1.3.2 数据挖掘

数据挖掘的目的就是从数据中挖掘出隐含的信息. 随着社会的发展, 产生的数据越来越多, 数据隐含的信息量很大, 但是常常难以直接得到. 大数据技术就是为了从数据中挖掘出一些可靠有用的信息而发展出来的一系列的方法和技术的总称. 数据挖掘算法和统计方法一样面临着挑战和机遇. 常见的算法有 AdaBoost 算法 (一种迭代算法)、k 最近邻法、K 均值算法 (聚类算法)、支持向量机、Apriori(关联规则挖掘中的算法) 等.

1.3.3 机器学习

机器学习是目前数据分析的主要内容之一, 包括很多在实际中非常有用的算法. 常见的算法主要有决策树、随机森林算法、神经网络、朴素贝叶斯、K 均值算法等, 本书后面几章将对数据分析过程中一些常见算法及其应用做详细介绍.

实际中的数据很多无法被标识. 根据输入数据 (训练数据) 的有无被标识将机器学习分为监督学习、无监督学习和半监督学习. 在监督学习中, 输入数据有一个明确的标识, 常用于分类问题和回归问题, 常见的算法有逻辑斯谛回归. 在无监督学习中, 数据不被特别标识. 半监督学习是处理既有标识的数据又有未标识的数据的情况.

不同的学习模式适用不同领域, 适合不同的模型选择. 强化学习也是重要的机器学习之一, 在该模式下, 输入数据作为对模型的反馈, 直接反馈到模型. 强化学习更多地应用在机器人控制及其他需要进行系统控制的领域.

1.3.4 人工智能

人工智能是研究、开发用于模拟、延伸和扩展人的智能的理论、方法、技术及应用系统的一门新的技术科学. 它是计算机科学的一个分支, 其目的是了解智能的实质, 并生产出一种能以相似人类智能的方式做出反应的智能机器. 该领域的研究包括机器人、语言识别、图像识别、自然语言处理和专家系统等. 所以人工智能是一门极富挑战性的科学, 涉及计算机科学、统计学、数学、生物学、心理学、神经科学和哲学等多个学科. 它从诞生以来, 理论和技术日益成熟, 应用领域也不断扩大. 可以设想, 未来人工智能带来的科技产品将会是人类智慧的“容器”. 但人工智能不是人的智能, 它只是对人的意识、思维的信息过程进行模拟, 能像人那样思考, 甚至可能超过人的智能. 人工智能也可认为是数据智能, 即用大量的数据作导向, 让需要机器来做判别的问题最终转化为数据问题.

1.3.5 数学

数学研究现实世界中的数量关系和空间形式, 简单地说, 是研究数和形的科学. 它在大数据的研究和开发中有十分重要的作用. 数学知识尤其是高等数学中的矩阵、向量、因式分解、特征值、方程组求解以及概率论、数理统计、随机过程和优化理论等在数据分析中尤为重要.

这些专业知识既有区别又有联系. 对各领域的知识的了解有助于更好地进行数据分析.

1.4 数据科学家做什么

下面通过不同领域中数据科学的应用来说明这个问题.

1.4.1 学术界

学术界里数据科学家是一个接受过某类专业学科训练, 可以处理大数据、解决计算问题, 能够克服数据的混乱、复杂性和规模, 同时能够提出解决现实世界问题的统计等模型的学者. 在各个专业的学术研究中, 数据处理问题都具有重要的共性. 跨专业的研究人员联合起来, 才可以解决来自不同领域的现实问题. 这些研究者都可以称作数据科学家.

1.4.2 实业界

数据科学家在工业界看起来像什么？这取决于资历水平以及是否特别谈论互联网行业. 首席数据科学家应该制订公司的数据战略, 涉及的事情很多, 包括从决定收集和记录数据的设备和基础设施、顾客的隐私问题, 到决定哪些数据将向用户开放、如何使用数据用于制定决策, 以及如何将数据重新构建到产品中. 数据科学家应该管理一个由工程师和分析师组成的团队, 并且应该与公司的领导层进行沟通, 包括首席执行官 (CEO)、首席技术官 (CTO) 和产品经理, 还应关注专利创新解决方案和设定研究目标.

更一般地, 数据科学家要知道如何从数据中提取知识和解释数据, 这需要掌握统计学和机器学习的工具和方法; 需要花很多时间收集和整理数据, 因为数据常常需要清理. 此过程需要耐心以及统计学和软件工程中的技能.

一旦数据清理完毕, 下面关键的部分是结合数据可视化和数据思维的探索性数据分析. 数据科学家会寻找模式, 构建模型和算法, 最终融入产品设计中, 还要使同事们在对数据没有深刻了解的情况下, 理解其含义.

习　题

1.1 在你身边有大数据为人类谋福利的例子吗?

1.2 为应对大数据带来的机遇和挑战, 国内有哪些高校开设了与大数据有关的交叉专业 (例如：统计＋计算机, 统计＋信息管理)?

1.3 在我国, 大数据是在什么时候及什么背景下上升为国家战略的?

2

第二章

大数据的预处理、云计算和可视化

大数据的分析开发流程一般分为 4 个阶段: 数据采集、数据预处理、数据建模分析和数据可视化 (参见图 2.1). 在现实的数据采集过程中, 会存在各种干扰因素造成数据含有错误、垃圾信息, 而且这些干扰和错误是无法避免的, 因此需要先对数据进行预处理 (preprocessing), 提高后续数据分析的质量和减少分析所需的时间. 大数据与云计算 (cloud computing) 密不可分. 大数据无法用单台计算机处理, 必须依托云存储的分布式数据库、虚拟化存储和云计算的分布式处理等技术对数据进行分布式数据分析和挖掘. 数据可视化 (data visualization) 是利用计算机图形学和图像处理技术, 将数据转换成图形或图像在屏幕上显示出来, 并进行交互处理的理论、方法和技术.

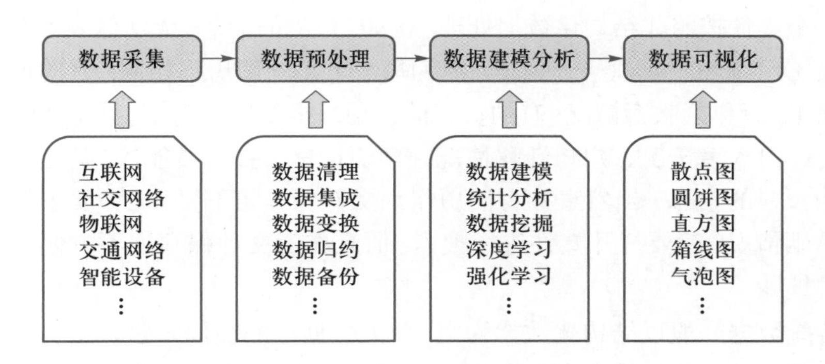

图 2.1 大数据的分析开发流程

2.1 大数据的数据结构和形式

大数据和传统数据的一个重要差异就在于数据结构. 通常数据可分为结构化数据、半结构化数据与非结构化数据三类.

(1) 结构化数据 (structured data)

结构化数据是指可以用关系型数据表示和存储的数据, 即存储在数据库里, 可以用二维的表结构来逻辑表达和实现的数据. 其特点是：数据以行为单位, 一行数据表示一个实体的信息, 每一行数据的属性是相同的. 例如, 一个班级的学生数据, 每一行是一位学生的信息, 描述学生的信息有姓名、学号、年龄、性别等相同属性 (见表 2.1).

姓名	学号	年龄	性别	⋯
李某	0001	17	男	⋯
王某	0002	16	女	⋯
⋮	⋮	⋮	⋮	

表 2.1 学生信息的结构化数据

(2) 非结构化数据 (unstructured data)

非结构化数据就是没有固定结构模式的数据. 各种文档、图片、视频、音频等都属于非结构化数据. 对于这类数据, 一般直接整体进行存储, 而且通常会存储为二进制的数据格式.

(3) 半结构化数据 (semi-structured data)

半结构化数据是介于结构化数据 (如关系型数据库) 和完全无结构的数据 (如声音、图像文件等) 之间的数据. 它一般是自描述的, 数据的结构和内容混在一起, 没有明显的区分, 所以, 虽然数据是结构化的, 但是结构变化很大, 不能简单地建立一个表和它对应, 需要了解数据的细节; 也不能将数据简单地组织成一个文件按照非结构化数据处理. 例如, 员工的简历, 无法像表 2.1 那样将每个员工用统一的属性一一列出. 因为每个员工的简历不相同: 有的员工的简历很简单, 只包括教育情况; 有的员工的简历却很复杂, 可能包括工作情况、婚姻情况、出入境情况、户口迁移情况、学历情况、技术技能等, 甚至还会有一些无法预料的信息. 当然直接将简历作为文件保存也不妥, 比如要了解某一员工的婚姻情况, 就要打开文件进行搜索, 而且作为文件保存也不方便员工某些属性的扩展.

传统数据一般以结构化数据为主, 而大数据一般会同时包含结构化、半结构化以及非结构化的数据. 除此之外, 大数据与传统数据在以下方面存在差异. 从数据规模而言, 传统数据处理的对象通常以 MB 为单位, 而大数据则以 TB, PB 为处理单位; 从模式和数据关系而言, 传统数据是先有模式才会产生数据, 而大数据一般无法预先确定模式, 模式只有在数据出现之后才能确定, 而且模式随着数据量的增长处于不断的演变中; 从处理对象而言, 传统的数据仅仅把数据作为处理的对象, 但大数据是将数据作为一种资源来辅助其他诸多领域; 从处理工具而言, 大数据不存在适合所有数据的工具.

大数据按照数据形式主要分为批量数据、流式数据、交互式数据、图数据四种形式.

(1) 批量数据

批量数据具有以下特征：数据体量大, 以静态的形式存储, 更新少, 存储时间长, 可以重复利用; 数据精度高, 具有宝贵的信息; 价值密度低, 需要通过合理的算法抽取有用价值; 数据处理耗时, 不提供用户与系统的交互手段. 电子商务以及安全领域、公共服务都是批量数据的典型应用场所.

(2) 流式数据

流式数据是无穷数据序列, 序列中每个数据连续不断、来源各异、格式复杂, 而且数据的产生是实时的、不可预知的, 物理顺序不一, 甚至数据流中会包含错误和垃圾信息. 流式数据还具有用完即弃的特点. 与传统的存储查询的数据模式不同, 流式数据处理系统要求具有很好的伸缩性来适应不确定的流入数据流, 还要具有很好的容错能力、异构数据分析能力和保存动态属性能力. 数据采集和金融银行业都是典型的流式数据应用场所. 数据采集包括日志采集、传感器采集、Web(万维网) 数据采集等, 通过主动获取实时数据, 及时挖掘有价值信息, 目前应用于智能交通、环境监测、灾难预警等. 金融银行日常运作中也会产生大量的流式数据, 如股票、期货等. 这些运营数据具有短时效性, 数据结构复杂, 一般都会有及时响应的处理需求, 帮助做出实时决策.

(3) 交互式数据

交互式数据以对话的方式输入. 存储在系统中的数据文件能及时灵活修改, 处理的结果可以立即被使用, 且便于控制, 可以用人机交互的方式实现交互式数据的处理. 例如, 互联网搜索引擎、QQ、微信等都实现了用户和平台的交互.

(4) 图数据

图数据可以很好地表示事物之间的关系. 这些关系可实例化构成各种类型的图, 如标签图、特征图等. 图数据的种类繁多, 每个领域都可使用图来表示该领域的数据. 互联网领域可以用图表示人与人的关系、社会群体的关系; 交通领域可以用图在动态交通网络中查找最短路径.

2.2 数据清洗

数据清洗是预处理最重要的环节, 是指通过填补缺失的数据、光滑噪声数据、识别或删除离群的不一致数据, 来“清理”数据, 有利于后续的数据建模和数据分析. 数据清洗按算法可以分为有监督清洗和无监督清洗. 有监督清洗是指在专家的指导下收集数据信息, 分析错误和去重; 无监督清洗则是用样本训练算法, 使其获得一些经验, 以后可以利用这些经验自动进行数据清洗. 但不管哪种清洗算法, 一般都遵循下面 5 个步骤:

(1) 准备. 通过分析信息环境了解数据所处的信息环境特点; 根据需求的分析来明确数据清洗的要求和具体的任务目标, 完成数据接口的配置等.“准备”部分要形成完整的数据清洗方案, 并整理归档.

(2) 检测. 进行重复记录、不完整记录、逻辑错误、异常数据等数据质量问题的检测, 对检测结果进行统计, 获得较全面的数据质量信息, 将相关信息整理归档.

(3) 定位. 对数据进一步追踪分析, 包括数据质量评估, 问题数据的根源分析, 数据质量问题所带来的影响判定等, 进而确定数据质量问题的性质和等级, 给出数据修正方案. 根据“定位”的分析情况, 可能需要返回“检测”.

(4) 修正. 在定位分析的基础上, 对检测出的数据质量问题进行修正, 具体包括问题数据标记、不可用数据删除、重复记录合并、缺失数据估计与填充等,且对数据修正过程进行记录, 以便日后的管理.

(5) 验证. 验证修正后的数据与任务目标的符合程度, 若结果与任务目标不符合, 则需做进一步“定位”分析和“修正”工作, 甚至返回“准备”中, 重新调整相应准备工作.

2.2.1 待清洗数据的主要类型

1. 残缺数据

这一类数据主要是缺失一些应该有的信息. 造成数据缺失的原因有多种. (1) 信息暂时无法获取. 例如, 手机定位的延迟导致无法马上获得使用者的位置信息. (2) 信息被拒绝提供或者无法提供. 例如, 在收集固定收入信息时会被多数人拒绝, 而未成年人更是无法提供该信息. (3) 信息被遗漏. 可能是由于数据采集设备的故障、存储介质的故障、传输媒体的故障而丢失, 也可能是因为输入时认为不重要、或对数据理解错误而人为造成的遗漏. 例如, 在某种疾病诊治时, 有些病人只做 CT 检查, 而有些病人还需要再做核磁共振检查.

2. 错误数据

这一类数据产生的主要原因是业务系统不够健全, 在接收输入后没有进行判断直接写入数据库造成的. 可分为格式内容的错误和逻辑关系的错误两大类. 格式内容的错误有显示格式不一致、内容中含不该存在的字符、内容与该字段要求不符等. 例如, 在姓名处出现名在前姓在后; 身份证号处少写或者多写了几位数字, 联系电话处写了电子邮箱. 逻辑关系的错误包括不合理内容、内容矛盾等. 例如, 在年龄处填写 1000 的数值; 在婚姻处填写了未婚, 却在配偶处填写了信息.

3. 重复数据

这一类数据产生的主要原因是重复多次数据录入. 例如, 在租房信息中, 业务员为了抢业务会各自录入同一个房源信息. 值得注意的是, 很多重复数据不能盲目删除, 比如, 姓名处经常会有同名同姓的, 城市道路中也会出现相同的路名.

2.2.2 数据检测算法和清洗算法

1. 偏差检测 (discrepancy detection)

导致偏差的因素可能有多种, 例如, 输入表单中某些可选字段的不合理设计、记录数据的设备和系统所产生的非人为错误、不愿意泄露信息而人为的数据输入错误、数据退化 (过时的地址等). 偏差也可能源于不一致的数据表示或者编码的不一致使用. 例如, 日期“2018/01/05”和“05/01/2018”.

如何进行偏差检测和数据变换 (纠正偏差) 呢? 一般根据唯一性规则、连续性规则和空值规则进行偏差检测. 唯一性规则是指给定数据属性的每个值都必须不同于该属性的其他值. 连续性规则是指数据属性的最低和最高值之间没有缺失的值, 并且所有的值还必须是唯一的. 空值规则是指空白、问号、特殊符号或表示空值条件的其他字符串的使用规则, 即说明如何记录空值条件. 例如, 数值属性存放数字 0, 字符属性存放空白或其他使用方便的约定. 诸如 "不知道" 或 "?" 的项应当转换成空白.

目前有不少软件工具可以帮助偏差检测, 并进行数据变换来纠正数据中的错误. 例如, 邮政编码或者电话号码的拼写检查; 将诸如 "不知道" 或 "?" 这样的空值项自动转换成空白纪录等.

2. 数据缺失处理

数据缺失可分为三类: 完全随机缺失 (missing completely at random, MCAR)、随机缺失 (missing at random, MAR) 和非随机缺失 (missing not at random, MNAR). 完全随机缺失是指某一属性缺失值不依赖于其他任何原因的完全随机缺失. 例如, 信息调查表在运输存储过程中遗失导致的缺失, 这与表单内容及填表人的各种属性都不相关. 随机缺失是指某一属性的缺失与其他属性相关但与该属性本身的取值无关. 例如, 学生信息收集中, 一些信息的缺失多数由于男生的粗心大意忘记填写, 而与这些信息本身无关, 与学生的性别属性有关. 而非随机缺失是指某一属性的缺失和该属性本身的取值相关. 例如, 统计收入信息时的缺失, 原因常为低收入和高收入人群不愿意透露自己的收入信息, 收入缺失与填写人收入相关. 目前大部分填补缺失值的方法都基于完全随机缺失和随机缺失.

对数据分析来说, 必须进行缺失值的处理, 其原因有: (1) 数据丢失了有用信息. (2) 数据所表现出的不确定性更加显著, 降低了蕴含的确定性成分. (3) 包含空值的数据会使建模和分析过程陷入混乱, 导致不可靠的输出.

对于有缺失的不完整数据集通常有删除和填补两类处理方式, 下面罗列了一些处理数据缺失的主要方法:

(a) 删除存在缺失值的对象. 删除存在属性缺失的对象 (元组、记录), 从而得到一个完备的信息表. 这种方法简单易行, 特别是在类标号缺失时通常使用该方法. 这种方法有明显的缺点: 它通过减少历史数据来换取信息的完备, 往往缺失了隐藏在删除对象中的信息.

(b) 人工填写缺失值. 一般来说, 该方法很费事, 并且当数据集很大、缺失值很多时该方法是无法执行的.

(c) 用特殊值替代. 将缺失的属性值用一种不同于其他的任何属性值的特殊属性值来替代. 例如, 所有的空值都用 "unknown" 或 "$-\infty$" 填充. 尽管该方法简单, 但会导致严重的数据偏离, 一般不推荐使用.

(d) 使用属性的中心度量 (如均值或中位数) 填充. 对于正常的 (对称的) 数据分布而言, 可以使用均值, 而倾斜数据分布可以使用中位数. 其基本的出发点都是以最可能的取值来补充缺失的属性值, 但这种方法会增加数据的噪声.

(e) 用最可靠的值填充缺失值：可以用回归 (regression)、最大期望方法 (expectation maximization, EM)、贝叶斯方法 (Bayesian method) 或决策树归纳法 (decision tree induction, DTI) 来确定缺失值. 目前, 该方法是最流行的策略. 与其他方法相比, 它使用已有数据的大部分信息来预测缺失值. 其缺点是, 利用已有信息预测引入了自相关, 会对后续处理造成影响.

3. 噪声数据处理

噪声 (noise) 是指数据集中的干扰数据, 即不准确的数据. 数学上, 噪声可表示为被测量变量的随机误差或方差.

在数据建模和分析处理中, 很多算法, 特别是线性算法, 都是通过迭代来获取最优解的. 如果数据中含有大量的噪声数据, 将会大大地影响算法的收敛速度, 甚至对于训练生成模型的准确性也会有很大的影响.

不同的数据集有不同的去噪处理方法. 最常用的方法是通过对数据的光滑化来去噪的. 数据光滑化技术主要包括：

(1) 分箱 (binning): 根据数据的“近邻” (即周围的值) 对有序的数据值进行光滑化. 如图 2.2 所示, 首先对数据 $\{1, 65, 20, 35, 9, 16\}$ 排序, 然后将排好序的 6 个数据分到 3 个箱中. 计算每个箱中 2 个数的均值 (或者中值, 或者极值), 用该值替代箱中的所有数.

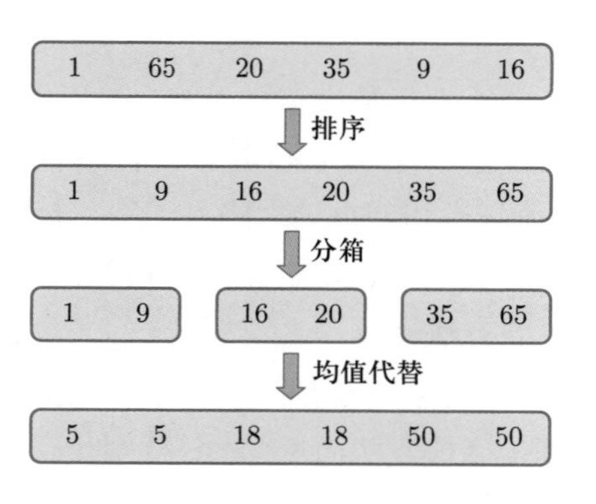

图 2.2
分箱去噪

(2) 回归分析: 通过回归分析来拟合一个光滑函数从而光滑化数据中的噪声. 如图 2.3 所示, 通过线性回归可以得到拟合数据的“最佳”直线或者超平面.

(3) 离群点分析 (outlier analysis): 通过删除离群点来对数据进行光滑化. 一般可采用聚类方法来检测离群点. 聚类将类似的数据组织成“群”或“簇”, 而落在簇集合之外的数据被视为离群点, 如图 2.4 中圈外的点.

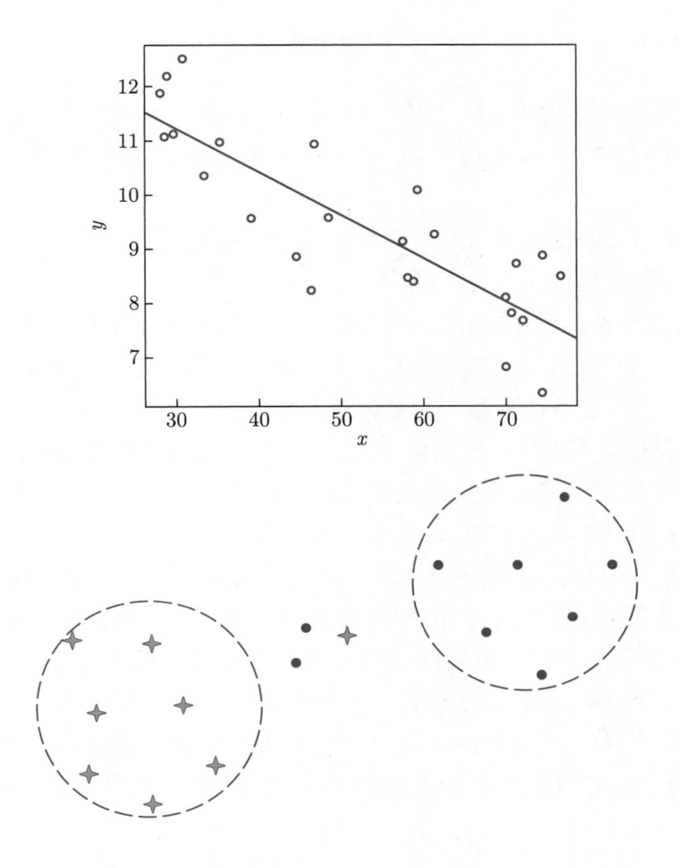

图 2.3 回归分析去噪

图 2.4 离群点分析去噪

4. 数据去重处理

数据去重是指删除重复数据. 在一个数据文件集合中, 找出重复的数据并将其删除, 只保存唯一的数据单元. 在删除重复数据的同时, 要考虑数据的重建, 即保留数据文件与唯一数据单元之间的索引信息. 这样虽然文件的部分内容被删除, 但当需要时, 仍然可以将完整的文件内容重建出来.

数据去重的好处:

(1) 节省存储空间. 通过重复数据删除, 可以大大降低需要的存储介质数量, 减少数据存储的成本, 为后续的数据建模分析提供更好的数据质量.

(2) 提升写入性能. 在写入数据的时候就进行数据去重, 可以避免一部分的数据写入磁盘, 从而提升写入性能.

(3) 节省网络带宽. 如果在客户端进行数据去重, 仅将新增的数据传输到存储系统, 可以减少网络上的数据传输量, 从而节省网络带宽.

数据去重可以针对两个 (多个) 数据集或者一个合并后的数据集, 需要检测出标识同一个实体的重复记录, 即匹配过程. 目前数据去重的基本思想是排序和合并, 先将数据库中的记录排序, 然后通过比较邻近记录是否相似来检测记录是否重复, 主要的算法有优先队列算法、近邻排序算法、多趟近邻排序.

2.2.3 数据清洗评估

对清洗后的数据质量进行评估. 可以从两个方面考虑：

(1) 数据对用户必须是可信的, 包括精确性、完整性、一致性、有效性、唯一性等指标.

(a) 精确性: 数据是否与其对应的客观实体的特征相一致.

(b) 完整性: 数据是否存在缺失记录或缺失字段.

(c) 一致性: 同一实体的同一属性的值在不同的系统是否一致.

(d) 有效性: 数据是否满足用户定义的条件或在一定的域值范围内.

(e) 唯一性: 数据是否存在重复记录.

(2) 数据对用户必须是可用的, 包括时间性、稳定性等指标.

(a) 时间性: 数据是当前数据还是历史数据.

(b) 稳定性: 数据是否稳定, 是否在其有效期内.

因此, 数据质量的评估是通过测量和改善数据综合特征来优化数据价值的过程. 虽然无法给出数据质量的严格或者统一的评价指标, 但数据质量维度为度量数据质量提供了一种重要的、有效的、可行的途径和标准. 目前, 主要有 12 种数据质量维度：① 数据规范. ② 数据完整性准则. ③ 重复. ④ 准确性. ⑤ 一致性和同步. ⑥ 及时性和可用性. ⑦ 易用性和可维护性. ⑧ 数据覆盖. ⑨ 表达质量. ⑩ 可理解性、相关性和可信度. ⑪ 数据衰变. ⑫ 效用性.

2.3 云计算和云存储

大数据与云计算密不可分. 云计算是分布式计算 (distributed computing)、并行计算 (parallel computing)、效用计算 (utility computing)、网络存储 (network storage)、虚拟化 (virtualization)、负载均衡 (load balance) 等传统计算机和网络技术发展融合的产物. 云计算通过网络将庞大的计算处理程序自动分拆成多个较小的子程序, 再交由多台服务器所组成的庞大系统经计算分析之后将处理结果回传给用户. 所以它是动态、可伸缩、被虚拟化的为用户服务的网络计算方式.

云计算的五大特点

(1) 大规模、分布式. “云”的基础设施架构在大规模的服务器集群之上. 如谷歌、亚马逊、IBM、微软、阿里巴巴集团等都拥有上百万级的服务器规模. 而依靠这些分布式的服务器所构建起来的“云”能够为使用者提供前所未有的计算能力.

(2) 虚拟化. 云计算都会采用虚拟化技术. 用户并不需要关注具体的硬件实体, 只需要选择一家云服务提供商, 注册一个账号, 登录到它们的云控制台, 去购买和配置需要的服务 (比如云服务器、云存储、CDN(content delivery network, 内容分发网络) 等), 再为用户的应用做一些简单的配置之后, 就可以让这些应用对外服务了. 传统的方式是要在企业的数据中心去部署一套应用所需的硬件和软件设备, 这显然是复杂和烦琐的. 在云计算上还可以随时随地通过用户终端或移动设备来控制计算资源, 这就好像是云服务商为每一个用户都提供了一个互联网数据中心 (internet data center, IDC) 一样.

(3) 高可用性和扩展性. 扩展性表达了云计算能够无缝地扩展到大规模的集群之上, 甚至包含数千个节点同时处理. 高可用性代表了云计算能够容忍节点的错误, 即便不幸发生很大一部分节点失效的情况, 也不会影响程序的正确运行.

(4) 按需服务, 更加经济. 用户可以根据自己的需要来购买服务, 也可以按使用量来进行计费. 这能大大节省计算成本, 而资源的整体利用率也将得到明显的改善.

(5) 安全. 网络安全已经成为当前社会必须面对的问题. 使用云服务可以有效地应对那些来自网络的恶意攻击, 从而降低安全风险.

云计算已经成了互联网公司们争奇斗艳的新舞台, 像谷歌、IBM、亚马逊等都发布了自己的云计算平台和服务. 云计算的兴起对信息存储产生了重要影响, 在这种新型服务模式下, 产生了云存储的概念. 它是在云计算概念上延伸和发展出来的一个新的概念, 不但能够给云计算服务提供专业的存储解决方案, 而且还可以独立地发布存储服务. 云存储通过集群应用、网格技术及分布式文件系统等功能, 将网络中大量不同类型的存储设备通过应用软件集合起来协同工作, 共同对外提供数据存储和业务访问功能. 云存储可分为三类: 公共云存储、内部云存储和混合云存储. 云存储的结构模型一般由四层组成, 分别为存储层、基础管理层、应用接口层和访问层.

与传统备份软件相比, 云备份服务的对象是广域网范围内的大规模用户, 由于云备份处理的数据量极大, 广域网范围内的大规模用户所产生的备份数据很容易达到 TB 甚至 PB 级; 而且云备份服务系统比一般的备份软件对可信性的要求更高. 所以, 不论从短期还是长期来看, 云存储都可以为用户减少成本. 因为要构建自己的服务器来存储, 除了必须购买硬件和软件之外, 还要管理这些硬件和软件的维护和更新工作.

2.4 数据可视化

数据可视化是指以某种概要形式从数据中提取信息, 借助图形化手段, 清晰有效地传达与沟通信息. 它是关于数据视觉表现形式的一种科学技术, 起源于 18 世纪. 进入 20 世纪, 数据可视化有了飞跃性的发展. 1995 年, 电气与电子工程师学会的信息可视化分会 (IEEE Information Visualization) 宣告成立, 信息可视化作为独立的学科被正式确立. 当前随着大数据时代的到来, 数据可视化已经成为数据科学中的一个重要课题.

一直以来, 数据可视化处于不断演变之中, 其边界在不断地扩大, 与信息图形、信息可视化、科学可视化以及统计图形密切相关. 下面主要介绍一些常用的统计图形可视化.

1. 散点图

散点图 (scatterplot) 是数据点在直角坐标系平面上的分布图 (图 2.5). 它可以分析数据的两个属性变量之间的关系, 例如两个变量是否正相关、负相关、线性相关、不相关、非线性相关等, 进而可以选择合适的函数对数据点进行拟合.

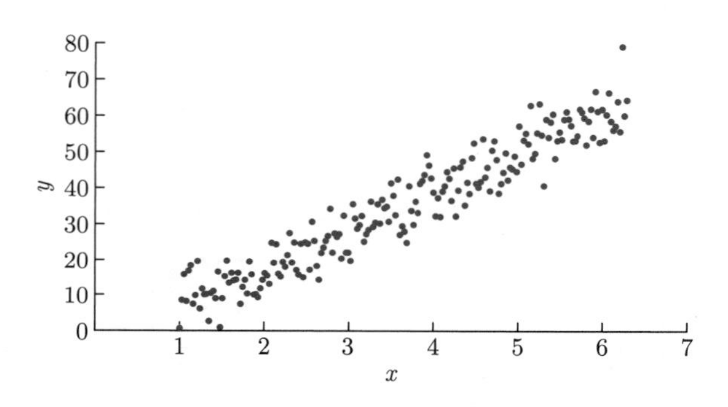

图 2.5 变量 x 和变量 y 的散点图, 显示两个变量之间成线性关系

2. 圆饼图

圆饼图 (pie chart) 用扇形的面积, 也就是圆心角的度数来表示数量, 可以展现各部分占总数值的百分比. 它主要用来表示组数不多的内部构成, 且各部分百分比之和必须是 100%, 如图 2.6 所示.

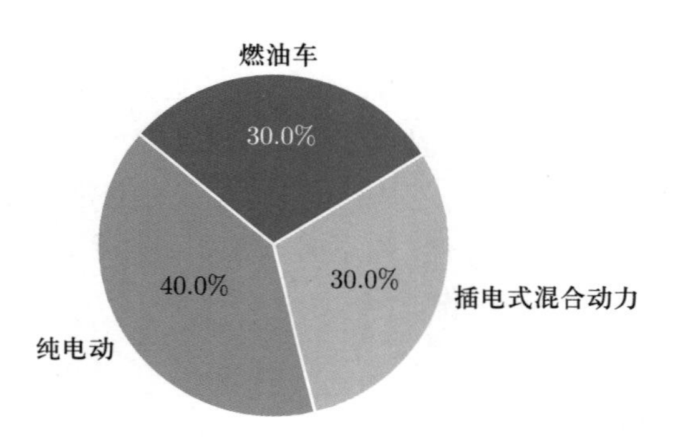

图 2.6 动力类型占比的圆饼图

3. 直方图与条形图

直方图 (histogram) 与条形图 (bar chart) 的区别: 直方图的各矩形之间一般无间隔, 横轴上的数据可能是连续型数据. 用面积表示各组频数的多少, 矩形的高度表示每一组的频数或频率, 宽度则表示各组的组距, 当宽都相等时, 可用

矩形的高比较频数大小. 如图 2.7 所示. 条形图的条与条一般分开排列, 横轴上的数据一般是项目之类的分类数据, 条形的长度表示各类别频数的多少, 能够看出各组之间的差别, 有水平条形图和垂直条形图, 如图 2.8 所示.

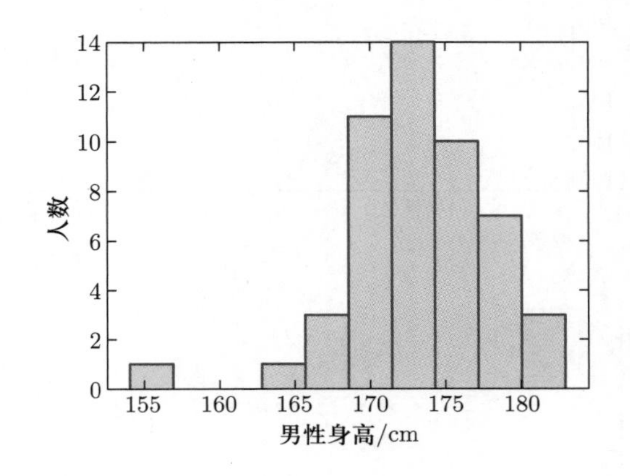

图 2.7 男士身高的直方图, 显示 174cm 左右的人数最多

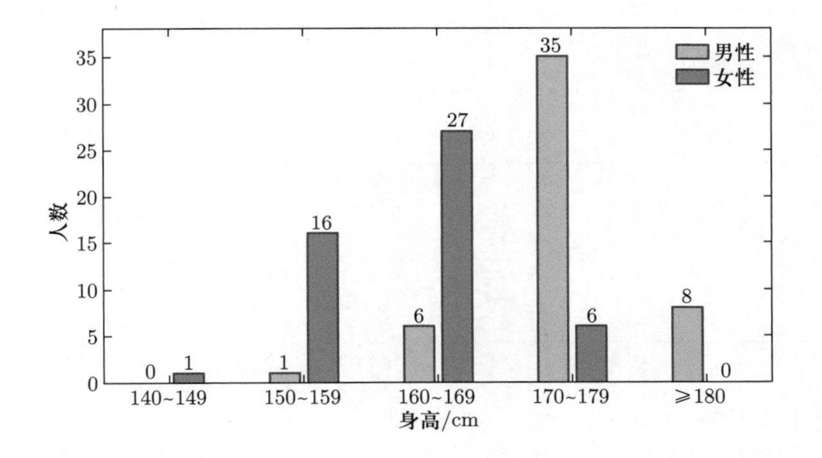

图 2.8 男女身高的条形图, 显示女性身高和男性身高的差异

4. 箱线图

将数据按照从小到大顺序排列，排序后得到数据序列的四等分数，称为四分位数. 包括第一四分位数 (记为 Q_1)、第二四分位数 (即“中位数”，记为 Q_2) 和第三四分位数 (记为 Q_3). 第三四分位数与第一四分位数的差距称为四分位距 (interquartile range, $IQR = Q_3 - Q_1$). 图 2.9 为身高的箱线图，图中矩形盒是连接 Q_1 和 Q_3 得到, 盒子内部中间位置的线为中位数 Q_2, 在盒子上方 $Q_3 + 1.5IQR$ 和下方 $Q_1 - 1.5IQR$ 处画两条与中位线平行的线段, 称为上边缘和下边缘. 超出上下边缘的数据为异常值.

5. 气泡图

气泡图与散点图相似. 使用气泡代替数据点, 不同之处在于, 气泡图允许在图表中额外加入一个表示大小的变量, 气泡的大小表示另一个维度. 例如, 气泡图 2.10 包含三个变量: x 轴代表身高, y 轴代表体重, 气泡大小代表人数的多少.

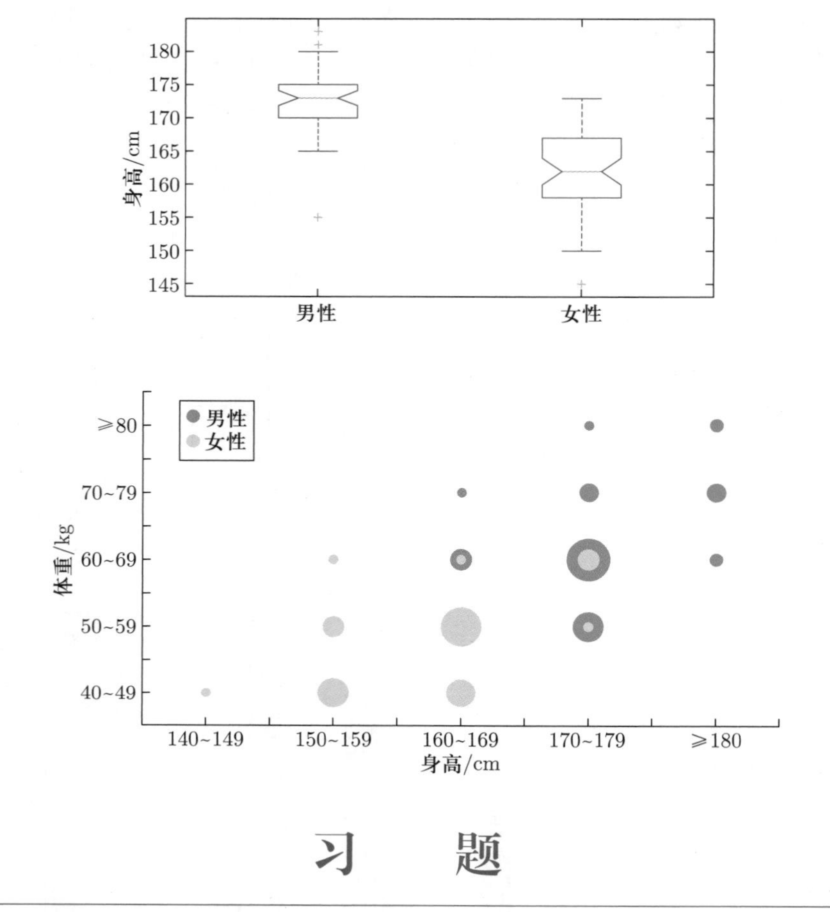

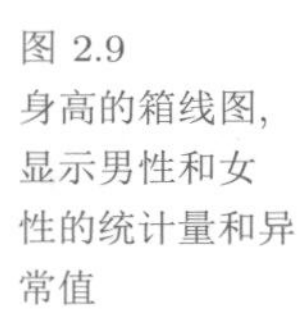

图 2.9
身高的箱线图，显示男性和女性的统计量和异常值

图 2.10
身高、体重的气泡图，显示不同身高和体重下男性和女性的人数

习　　题

2.1 统计分析软件 R 语言自带的 esoph 数据集记录了食管癌的病例信息. 它包含了 88 个病例样本, 每个样本有 5 个属性, 分别为 agegp, alcgp, tobgp, ncases 和 ncontrols, 其中 3 个是因子, 2 个是数据, 对 3 个因子属性的数据进行分箱处理, 转化为数据型数据.

2.2 空气质量 (airquality) 是 R 中自带的数据集, 包含 153 个数据样本, 每个样本有 6 个属性: 臭氧 (Ozone)、太阳能 (Solar.R)、风 (Wind)、温度 (Temp)、月 (Month)、日 (Day). 由于属性 Ozone 和 Solar.R 存在缺失数据, 请分别采用均值、中位数或者直接删除三种方法进行缺失值填补.

2.3 鸢尾花 (iris) 是 R 中自带的数据集, 包含 150 种鸢尾花的信息, 每 50 种取自三个鸢尾花种 (山鸢尾 (setosa)、变色鸢尾 (versicolor) 或弗吉尼亚鸢尾 (virginica)) 之一. 每个花的样本特征用下面的 5 种属性来描述, 分别是：萼片长度 (Sepal.Length)、萼片宽度 (Sepal.Width)、花瓣长度 (Petal.Length)、花瓣宽度 (Petal.Width)、类 (Species).

需要注意的是, 属性 Species 是字符变量, 非连续, 可能无法直接进行后续的数据分析. 请采用 one-hot 编码定义哑变量, 来处理离散变量 Species. 然后, 采用区间缩放法对其他属性的数据进行无量纲化, 使不同规格的数据转换到同一规格.

2.4 地震观测站的信息 (attenu) 是 R 中自带的数据集, 包含 182 个数据样本, 每个样本有 5 个属性: 编号 (event)、级数 (mag)、站台号 (station)、震源距 (dist)、最大加速度 (accel). 属性 station 有缺失数据存在, 首先, 请采用人工填写进行缺失值填补. 其次, 对其他的属性数据进行异常值处理, 例如, 属性 dist 的数据中的异常值.

3 第三章 回归与分类

回归分析方法广泛应用于各个领域和各种学科, 例如工程学、物理学、经济学、管理学、生命科学等. 在现实生活中, 有些变量之间的关系不能用数学函数来确切刻画, 但具有一定的“趋势性”关系. 例如, 人的身高 x 与体重 y 这两个变量, 它们之间不具有确定性的关系, 但人的身高越高, 往往体重也越重. 这种变量之间的关系称为“相关关系”. 回归分析的研究对象是具有相关关系的变量. 分类是预测定性响应变量的一个工具. 分类问题在生活中非常常见. 例如在经济学中根据人均国民收入、人均工农业产值、人均消费水平等指标对世界上所有国家的经济发展状况进行分类. 本章将介绍一些经典的回归与分类方法, 同时也介绍机器学习中若干回归与分类方法.

3.1 线性回归

假设响应变量 y 和 p 个预测变量 $x_1, \cdots, x_p$ 满足如下的多元线性回归模型:

$$y = \beta_0 + \beta_1 x_1 + \cdots + \beta_p x_p + \varepsilon =: f(\boldsymbol{x}) + \varepsilon. \tag{3.1.1}$$

这里, $f(\boldsymbol{x})$ 表示多元线性回归模型的回归函数, 即

$$f(\boldsymbol{x}) = E(y|x_1, \cdots, x_p) = \beta_0 + \beta_1 x_1 + \cdots + \beta_p x_p,$$

它刻画了在平均意义下响应变量与预测变量之间的相依关系. 假设 $(x_{i1}, \cdots, x_{ip}, y_i), i = 1, \cdots, n$ 为样本, 满足关系式

$$y_i = \beta_0 + \beta_1 x_{i1} + \cdots + \beta_p x_{ip} + \varepsilon_i =: f(\boldsymbol{x}_i) + \varepsilon_i, \quad i = 1, \cdots, n. \tag{3.1.2}$$

引入矩阵符号:

$$\boldsymbol{Y} = \begin{pmatrix} y_1 \\ y_2 \\ \vdots \\ y_n \end{pmatrix}, \ \boldsymbol{X} = \begin{pmatrix} 1 & x_{11} & \cdots & x_{1p} \\ 1 & x_{21} & \cdots & x_{2p} \\ \vdots & \vdots & & \vdots \\ 1 & x_{n1} & \cdots & x_{np} \end{pmatrix}, \ \boldsymbol{\beta} = \begin{pmatrix} \beta_0 \\ \beta_1 \\ \vdots \\ \beta_p \end{pmatrix}, \ \boldsymbol{\varepsilon} = \begin{pmatrix} \varepsilon_1 \\ \varepsilon_2 \\ \vdots \\ \varepsilon_n \end{pmatrix}.$$

则 (3.1.2) 可简写为

$$\boldsymbol{Y} = \boldsymbol{X}\boldsymbol{\beta} + \boldsymbol{\varepsilon}. \tag{3.1.3}$$

通常, 称 $\boldsymbol{Y}$ 为观测向量, $\boldsymbol{\beta}$ 为回归系数向量, $\boldsymbol{\varepsilon}$ 为误差向量, $\boldsymbol{X}$ 为设计矩阵, 是 $n \times (p+1)$ 矩阵, 假设 $n > p + 1$.

注 3.1 在经典的回归分析中, 通常假设预测变量是确定性变量, 因为它的取值往往是人为设计或者可精确测量的. 当然, 预测变量也可以是随机变量. 但为了分析上的方便, 在这一章节里假设预测变量是确定性变量.

关于随机误差向量 $\boldsymbol{\varepsilon}$, 假定它满足高斯–马尔可夫 (Gauss-Markov) 假设: (1) 均值为零, 即 $E(\varepsilon_i)=0$; (2) 方差齐性, 即 $\mathrm{Var}(\varepsilon_i)=\sigma^2$; (3) 彼此不相关, 即 $\mathrm{Cov}(\varepsilon_i,\varepsilon_j)=0,\ i\neq j$. 高斯–马尔可夫假设也可写成矩阵形式:

$$E(\boldsymbol{\varepsilon})=\mathbf{0},\ \mathrm{Cov}(\boldsymbol{\varepsilon})=\sigma^2\boldsymbol{I}_n. \tag{3.1.4}$$

将 (3.1.3) 和 (3.1.4) 合写在一起, 得到基本的多元线性回归模型:

$$\boldsymbol{Y}=\boldsymbol{X}\boldsymbol{\beta}+\boldsymbol{\varepsilon},\ E(\boldsymbol{\varepsilon})=\mathbf{0},\ \mathrm{Cov}(\boldsymbol{\varepsilon})=\sigma^2\boldsymbol{I}_n. \tag{3.1.5}$$

取定了多元线性回归模型后, 需要利用样本估计回归系数向量 $\boldsymbol{\beta}$, 进而得到 (经验) 回归方程

$$\hat{y}=\hat{f}(\boldsymbol{x})=\hat{\beta}_0+\hat{\beta}_1x_1+\cdots+\hat{\beta}_px_p. \tag{3.1.6}$$

回归分析具有如下的一些应用:

(1) 描述变量之间的关系. 建立了响应变量和预测变量之间的回归方程后, 可以用这个方程来刻画响应变量和预测变量之间的依赖关系.

(2) 分析变量之间的关系和重要性. 消除预测变量 $x_1,\cdots,x_p$ 量纲的影响后, 假设得到回归方程 (3.1.6). 回归系数 β_i 的估计 $\hat{\beta}_i$ 的大小在一定程度上反映了预测变量 x_i 对响应变量 y 的影响大小. 粗略来说, 当 $\hat{\beta}_i>0$ 时, y 与 x_i 是正相关关系; 当 $\hat{\beta}_i<0$ 时, y 与 x_i 是负相关关系; $|\hat{\beta}_i|$ 越大, 表明 x_i 对 y 越重要.

(3) 预测. 得到一个满意的回归方程 (3.1.6) 后, 对于预测变量的一组特定值 $(x_{01},\cdots,x_{0p})$, 可以得到响应变量的预测值 $\hat{y}_0=\hat{f}(x_0)=\hat{\beta}_0+\hat{\beta}_1x_{01}+\cdots+\hat{\beta}_px_{0p}$.

回归分析的首要目标是估计回归函数. 对于线性回归模型, 这等价于估计 $\boldsymbol{\beta}$. 下面采用最小二乘法对 $\boldsymbol{\beta}$ 进行估计, 所得到的估计被称为最小二乘估计 (least squares estimator, LSE). 这个方法是寻找 $\boldsymbol{\beta}$ 的一个估计, 使得模型的误差平方和 $\sum\limits_{i=1}^{n}\varepsilon_i^2=\|\boldsymbol{\varepsilon}\|^2=\|\boldsymbol{Y}-\boldsymbol{X}\boldsymbol{\beta}\|^2$ 达到最小. 记

$$Q(\boldsymbol{\beta})=\|\boldsymbol{Y}-\boldsymbol{X}\boldsymbol{\beta}\|^2=\boldsymbol{Y}^{\mathrm{T}}\boldsymbol{Y}-2\boldsymbol{Y}^{\mathrm{T}}\boldsymbol{X}\boldsymbol{\beta}+\boldsymbol{\beta}^{\mathrm{T}}\boldsymbol{X}^{\mathrm{T}}\boldsymbol{X}\boldsymbol{\beta}.$$

对 $\boldsymbol{\beta}$ 求导, 并令导函数等于 $\mathbf{0}$, 可得方程组

$$\boldsymbol{X}^{\mathrm{T}}\boldsymbol{X}\boldsymbol{\beta}=\boldsymbol{X}^{\mathrm{T}}\boldsymbol{Y}. \tag{3.1.7}$$

这个方程组被称为正规方程组 (或正则方程组). 这个方程组有唯一解的充要条件是 $\boldsymbol{X}^{\mathrm{T}}\boldsymbol{X}$ 的秩是 $p+1$, 这等价于 $\boldsymbol{X}$ 的秩是 $p+1$(即 $\boldsymbol{X}$ 是列满秩的). 通常, 总是假定 $\boldsymbol{X}$ 是列满秩的, 于是得到方程组 (3.1.7) 的唯一解

$$\hat{\boldsymbol{\beta}} = (\boldsymbol{X}^{\mathrm{T}}\boldsymbol{X})^{-1}\boldsymbol{X}^{\mathrm{T}}\boldsymbol{Y}. \tag{3.1.8}$$

σ^2 是线性回归模型中的另一个重要参数, 我们来估计它. 记 $\hat{\varepsilon}_i = y_i - \hat{y}_i, i = 1, \cdots, n$, 称它们为残差 (residual). 用 $\mathrm{RSS} = \sum_{i=1}^{n} \hat{\varepsilon}_i^2$ 表示残差平方和 (residual sum of squares, RSS). 可用

$$\hat{\sigma}^2 = \mathrm{RSS}/(n-p-1) \tag{3.1.9}$$

去估计 σ^2. 可以证明 $\hat{\sigma}^2$ 是 σ^2 的一个无偏估计. 称 $\hat{\sigma} = \sqrt{\hat{\sigma}^2}$ 为残差标准误 (residual standard error, RSE).

最小二乘估计具有良好的理论性质.

定理 3.1 对于线性回归模型 (3.1.5), $\hat{\boldsymbol{\beta}}$ 具有下列性质:

(1) $E(\hat{\boldsymbol{\beta}}) = \boldsymbol{\beta}$;

(2) $\mathrm{Cov}(\hat{\boldsymbol{\beta}}) = \sigma^2(\boldsymbol{X}^{\mathrm{T}}\boldsymbol{X})^{-1}$.

设 $\boldsymbol{c}$ 是 $p+1$ 维的常数向量, 对于线性函数 $\boldsymbol{c}^{\mathrm{T}}\boldsymbol{\beta}$, 称 $\boldsymbol{c}^{\mathrm{T}}\hat{\boldsymbol{\beta}}$ 为 $\boldsymbol{c}^{\mathrm{T}}\boldsymbol{\beta}$ 的最小二乘估计.

定理 3.2(高斯–马尔可夫) 对于线性回归模型 (3.1.5), 在 $\boldsymbol{c}^{\mathrm{T}}\boldsymbol{\beta}$ 的所有线性无偏估计中[①], 最小二乘估计 $\boldsymbol{c}^{\mathrm{T}}\hat{\boldsymbol{\beta}}$ 是唯一的最小方差线性无偏估计 (best linear unbiased estimator, BLUE).

注 3.2 若模型的误差向量的协方差矩阵不是 $\sigma^2\boldsymbol{I}_n$, 而是普通的协方差矩阵 $\boldsymbol{\Sigma}$(假设 $\boldsymbol{\Sigma}$ 是正定矩阵), 则 $\boldsymbol{\beta}$ 的最小方差线性无偏估计将不再是 $\hat{\boldsymbol{\beta}}$(除非 $\boldsymbol{\Sigma} = \sigma^2\boldsymbol{I}_n$), 而是加权最小二乘估计 (weighted least squares estimator, WLSE)$\tilde{\boldsymbol{\beta}} = (\boldsymbol{X}^{\mathrm{T}}\boldsymbol{\Sigma}^{-1}\boldsymbol{X})\boldsymbol{X}^{\mathrm{T}}\boldsymbol{\Sigma}^{-1}\boldsymbol{Y}$.

如果误差向量 $\boldsymbol{\varepsilon}$ 服从正态分布 $N(\boldsymbol{0}, \sigma^2\boldsymbol{I}_n)$, 那么有下列的正态线性回归模型:

$$\boldsymbol{Y} = \boldsymbol{X}\boldsymbol{\beta} + \boldsymbol{\varepsilon},\ \boldsymbol{\varepsilon} \sim N(\boldsymbol{0}, \sigma^2\boldsymbol{I}_n). \tag{3.1.10}$$

定理 3.3 对于正态线性回归模型 (3.1.10), 有

(1) $\hat{\boldsymbol{\beta}} \sim N(\boldsymbol{\beta}, \sigma^2(\boldsymbol{X}^{\mathrm{T}}\boldsymbol{X})^{-1})$;

(2) $\mathrm{RSS}/\sigma^2 \sim \chi^2(n-p-1)$;

(3) $\hat{\boldsymbol{\beta}}$ 与 RSS 相互独立.

用 $(\boldsymbol{A})_{ij}$ 表示矩阵 $\boldsymbol{A}$ 的第 (i,j) 位置的元素. 对于回归参数, 除了对它的大小 (点估计) 感兴趣外, 往往还想了解它的取值范围 (置信区间). 在模型误差

① 线性估计是指这个估计量是 $y_1, \cdots, y_n$ 的线性函数.

的正态性假设下, 由定理 3.3 的 (1) 可知 $\dfrac{\hat{\beta}_i-\beta_i}{\sigma\sqrt{((\boldsymbol{X}^{\mathrm{T}}\boldsymbol{X})^{-1})_{i+1,i+1}}}\sim N(0,1)$. 利用 (3.1.9) 以及定理 3.3 的 (2) 和 (3) 可推得

$$\frac{\hat{\beta}_i-\beta_i}{\hat{\sigma}\sqrt{((\boldsymbol{X}^{\mathrm{T}}\boldsymbol{X})^{-1})_{i+1,i+1}}}\sim t(n-p-1).$$

称 $\hat{\sigma}\sqrt{((\boldsymbol{X}^{\mathrm{T}}\boldsymbol{X})^{-1})_{i+1,i+1}}$ 为 $\hat{\beta}_i$ 的标准误 (standard error), 记为

$$\mathrm{se}(\hat{\beta}_i)=\hat{\sigma}\sqrt{((\boldsymbol{X}^{\mathrm{T}}\boldsymbol{X})^{-1})_{i+1,i+1}}.$$

$\mathrm{se}(\hat{\beta}_i)$ 衡量了 $\hat{\beta}_i$ 的估计精度. 给定置信水平 $1-\alpha$, β_i 的置信区间为

$$(\hat{\beta}_i-t_{\alpha/2}(n-p-1)\mathrm{se}(\hat{\beta}_i),\hat{\beta}_i+t_{\alpha/2}(n-p-1)\mathrm{se}(\hat{\beta}_i)).$$

若 $\alpha=0.05$, $n-p-1$ 较大, 则 β_i 的置信水平为 0.95 的近似置信区间为

$$(\hat{\beta}_i-2\mathrm{se}(\hat{\beta}_i),\hat{\beta}_i+2\mathrm{se}(\hat{\beta}_i)).$$

例 3.1 一个试验容器靠蒸汽供应热量, 使其保持恒温, 表 3.1 中, 预测变量 x 表示容器周围空气单位时间的平均温度 (单位: °C), y 表示单位时间内消耗的蒸汽量 (单位: L), 共观测了 25 个时间单位.

表 3.1 蒸汽数据

序号	y/L	x/°C	序号	y/L	x/°C	序号	y/L	x/°C
1	10.98	35.3	10	9.14	57.5	19	6.83	70
2	11.13	29.7	11	8.24	46.4	20	8.88	74.5
3	12.51	30.8	12	12.19	28.9	21	7.68	72.1
4	8.40	58.8	13	11.88	28.1	22	8.47	58.1
5	9.27	61.4	14	9.57	39.1	23	8.86	44.6
6	8.73	71.3	15	10.94	46.8	24	10.36	33.4
7	6.36	74.4	16	9.58	48.5	25	11.08	28.6
8	8.50	76.7	17	10.09	59.3			
9	7.82	70.7	18	8.11	70			

为了了解预测变量 x 与响应变量 y 之间的相关关系, 用 R 中的 lm() 函数求最小二乘估计, 得到

$$\hat{\beta}_0=13.623\ (\mathrm{se}(\hat{\beta}_0)=0.581),\quad \hat{\beta}_1=-0.080\ (\mathrm{se}(\hat{\beta}_1)=0.011).$$

由此得到回归方程

$$\hat{y}=13.623-0.080x.$$

图 3.1 是样本的散点图以及回归直线图. 此外, 用 R 中的 confint() 函数可求出 β_1 的置信水平为 0.95 的置信区间为 $(-0.102,-0.058)$, β_0 的置信水平为 0.95 的置信区间为 $(12.420,14.826)$.

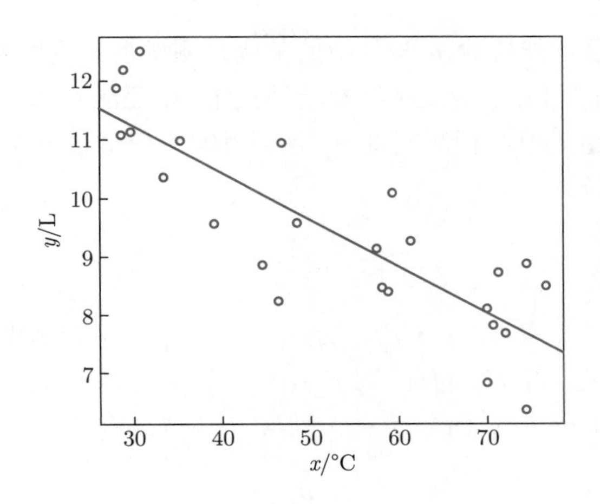

图 3.1 散点图与回归直线图

在实践中, 响应变量与预测变量的真实依赖关系是未知的. 所以在进行线性回归时需要注意以下两点: (1) 预测变量 $x_1,\cdots,x_p$ 中是否至少有一个预测变量与响应变量 y 有线性相依关系? (2) 所有的预测变量都与响应变量 y 有线性相依关系吗? 还是仅仅只有个别预测变量对 y 有线性相依关系? 第 (1) 个问题涉及回归方程的显著性检验, 而第 (2) 个问题涉及回归系数的显著性检验. 要解决这两个问题, 需要知道误差向量 $\boldsymbol{\varepsilon}$ 的概率分布. 通常假设 $\boldsymbol{\varepsilon}\sim N(\mathbf{0},\sigma^2\boldsymbol{I}_n)$.

回归方程的显著性检验其实就是检验预测变量 $x_1,\cdots,x_p$ 在整体上是否对响应变量有显著的线性相依关系. 即检验以下假设:

$$H_0:\quad \beta_1=\cdots=\beta_p=0.$$

若拒绝原假设 H_0, 则认为至少有一个预测变量对响应变量 y 有显著的线性相依关系. 若接受原假设, 则认为相对于模型误差而言, 所有预测变量对响应变量 y 的线性相依关系是不显著的. 为构造检验统计量, 先介绍两个记号. 称 $\mathrm{TSS}=\sum\limits_{i=1}^{n}(y_i-\bar{y})^2$ 为总平方和 (total sum of squares, TSS) 或总偏差平方和, 称 $\mathrm{ESS}=\sum\limits_{i=1}^{n}(\bar{y}-\hat{y}_i)^2$ 为解释平方和 (explained sum of squares, ESS) 或回归平方和. 回归方程的显著性检验的检验统计量为

$$F_H=\frac{\mathrm{ESS}/p}{\mathrm{RSS}/(n-p-1)}.$$

可以证明: 在 $\boldsymbol{\varepsilon}\sim N(\mathbf{0},\sigma^2\boldsymbol{I}_n)$ 的假设下, 若 H_0 为真, 则 $F_H\sim F(p,n-p-1)$; 若 H_0 不真, 则 F_H 的取值有偏大的趋势. 因此, 给定显著性水平 α, 若 $F_H>F_\alpha(p,n-p-1)$, 则拒绝 H_0, 否则接受 H_0.

回归方程的显著性检验是对预测变量 $x_1,\cdots,x_p$ 的一个整体性检验. 如果假设检验的结果是拒绝原假设, 这意味着 y 与 $x_1,\cdots,x_p$ 这个整体有线性相

依关系. 但是, 这不能排除 y 与其中的某些预测变量无线性相依关系, 即某些 $\beta_j=0$. 于是在回归方程的显著性检验被拒绝后, 还应对每个预测变量逐一做显著性检验, 即检验单个预测变量 x_j 是否对响应变量 y 有显著的线性相依关系, 这等价于检验

$$H_j: \quad \beta_j=0.$$

由定理 3.3, 可知 $\hat{\beta}_j \sim N(\beta_j, \sigma^2 c_{j+1,j+1})$, 其中 $c_{j+1,j+1}$ 表示矩阵 $(\boldsymbol{X}^{\mathrm{T}}\boldsymbol{X})^{-1}$ 的第 $j+1$ 个对角元. 若 H_j 为真, 则 $\hat{\beta}_j/(\sigma\sqrt{c_{j+1,j+1}}) \sim N(0,1)$. 此外, 定理 3.3 还告诉我们 $\mathrm{RSS}/\sigma^2 \sim \chi^2(n-p-1)$ 且与 $\hat{\beta}_j$ 独立, 所以

$$t_j=\frac{\hat{\beta}_j}{\hat{\sigma}\sqrt{c_{j+1,j+1}}} \overset{H_j}{\sim} t(n-p-1).$$

显然, 若 H_j 不真, 则 $|t_j|$ 的取值有变大的趋势. 所以, 给定显著性水平 α, 若 $|t_j|>t_{\alpha/2}(n-p-1)$, 则拒绝 H_j, 否则接受 H_j.

例 3.2 表 3.2 给出了煤净化的一组数据. 其中, y 表示净化后煤溶液中所含杂质的质量, x_1 表示输入净化过程的溶液所含的煤与杂质的比, x_2 是溶液的 pH 值, x_3 表示溶液流量. 通过这一组实验数据来分析 x_1,x_2,x_3 对 y 是否有线性相依关系.

序号	x_1	x_2	x_3	y	序号	x_1	x_2	x_3	y
1	1.5	6	1315	243	7	2	7.5	1575	183
2	1.5	6	1315	261	8	2	7.5	1575	207
3	1.5	9	1890	244	9	2.5	9	1315	216
4	1.5	9	1890	285	10	2.5	9	1315	160
5	2	7.5	1575	202	11	2.5	6	1890	104
6	2	7.5	1575	180	12	2.5	6	1890	110

表 3.2
煤净化数据

用 R 中的 lm() 函数进行回归分析, 得到回归方程的显著性检验的 F 统计量为 23.83, 相应的 p 值为 0.0002. 取假设检验的显著性水平为 0.05, 那么根据以上分析结果, 认为预测变量 x_1,x_2,x_3 整体上对响应变量 y 有显著的线性相依关系. 而 x_1,x_2,x_3 的回归系数的显著性检验的 t 值分别为 $-7.502, 3.167, -2.274$, 相应的 p 值分别为 6.91×10^{-5}, 0.013, 0.053. 所以, 根据现有样本数据可认为 x_1 和 x_2 对 y 有显著的线性相依关系, 但 x_3 对 y 的线性相依关系并不显著, 可在线性模型中去掉预测变量 x_3.

建立回归方程通常有两个目的: (1) 揭示预测变量与响应变量之间的相依关系; (2) 对响应变量进行预测. 就是对给定的预测变量值, 预测相应的响应变量的大小 (称为点预测) 和范围 (称为区间预测), 这是回归分析最重要的应用之一.

把线性回归模型写成向量形式: $y_i = \boldsymbol{x}_i^{\mathrm{T}}\boldsymbol{\beta} + \varepsilon_i$, $i = 1, \cdots, n$, 其中 $\boldsymbol{x}_i = (1, x_{i1}, \cdots, x_{ip})^{\mathrm{T}}$, $\boldsymbol{\beta} = (\beta_0, \beta_1, \cdots, \beta_p)^{\mathrm{T}}$. 假设模型误差 $\varepsilon_1, \cdots, \varepsilon_n$ 满足高斯-马尔可夫假设. 给定预测变量值 $\boldsymbol{x}_0 = (1, x_{01}, \cdots, x_{0p})^{\mathrm{T}}$, 相应的响应变量值 y_0 可表示为 $y_0 = \boldsymbol{x}_0^{\mathrm{T}}\boldsymbol{\beta} + \varepsilon_0$. y_0 是未知的, 我们对 y_0 的大小和范围感兴趣.

注意到 y_0 由两部分组成: $\boldsymbol{x}_0^{\mathrm{T}}\boldsymbol{\beta}$ 和 ε_0. 自然地, 可以用 $\boldsymbol{x}_0^{\mathrm{T}}\hat{\boldsymbol{\beta}}$ 去估计 $\boldsymbol{x}_0^{\mathrm{T}}\boldsymbol{\beta}$; 因为 ε_0 是均值为零的随机变量且无法观测, 因此用 0 去估计它. 由此, 可把

$$\hat{y}_0 = \boldsymbol{x}_0^{\mathrm{T}}\hat{\boldsymbol{\beta}} + 0 = \boldsymbol{x}_0^{\mathrm{T}}\hat{\boldsymbol{\beta}}$$

作为 y_0 的一个点预测. $\hat{y}_0$ 的预测精度如何呢? 来计算它的标准差. 容易看出 $\mathrm{Var}(\hat{y}_0) = \sigma^2\boldsymbol{x}_0^{\mathrm{T}}(\boldsymbol{X}^{\mathrm{T}}\boldsymbol{X})^{-1}\boldsymbol{x}_0$. 因此 $\hat{y}_0$ 的标准差为 $\sigma\sqrt{\boldsymbol{x}_0^{\mathrm{T}}(\boldsymbol{X}^{\mathrm{T}}\boldsymbol{X})^{-1}\boldsymbol{x}_0}$. 由于 σ 是未知参数, 因此用 $\hat{\sigma}$ 代替它, 得到 $\hat{\sigma}\sqrt{\boldsymbol{x}_0^{\mathrm{T}}(\boldsymbol{X}^{\mathrm{T}}\boldsymbol{X})^{-1}\boldsymbol{x}_0}$. 它被称为 $\hat{y}_0$ 的标准误, 记为 $\mathrm{se}(\hat{y}_0)$. 通常用 $\mathrm{se}(\hat{y}_0)$ 度量 $\hat{y}_0$ 的预测偏差, 并用

$$(\hat{y}_0 - 2\mathrm{se}(\hat{y}_0), \hat{y}_0 + 2\mathrm{se}(\hat{y}_0))$$

表示 y_0 的预测概率为 0.95 的近似预测区间.

用例 3.1 中的回归方程进行预测. 给定 7 个 x 值: 25, 35, 45, 55, 65, 75, 80, 相应的响应变量的预测值及标准误见表 3.3.

x 值	25	35	45	55	65	75	80
y 的预测值	11.627	10.829	10.031	9.232	8.434	7.636	7.237
标准误	0.341	0.257	0.195	0.180	0.221	0.295	0.339

表 3.3 预测值和标准误

图 3.2 的实线由表 3.3 中的 7 个预测值连接而成 (图 3.1 中的回归直线),

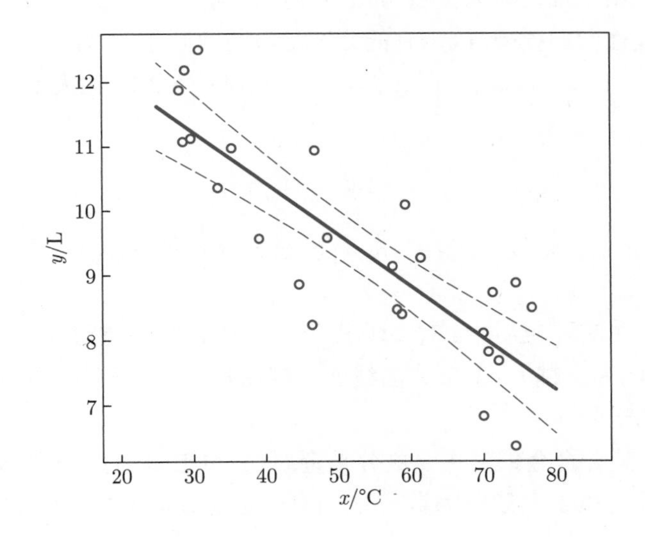

图 3.2 预测直线及近似置信带

两条虚线所夹的区域表示相应的预测概率为 0.95 的近似置信带. 可以看出, 当进行样本内预测时 (即 x 值落在训练数据的预测变量的取值范围内), 置信带偏窄, 即预测偏差偏小; 当进行样本外预测时 (即 x 值落在训练数据的预测变量的取值范围外), 置信带偏宽, 即预测偏差会偏大. 训练数据是指构建回归方程的样本数据. 在例 3.1 的训练数据中, 预测变量的取值范围为 $[28.1, 76.7]$.

3.2 线性回归的推广

线性模型易于描述、容易实现, 统计推断的理论成果也相对成熟. 但是, 线性模型假设: (1) 响应变量与预测变量之间的相依关系是线性的 (或经过函数变换后是线性的); (2) 响应变量与预测变量之间的关系是加性的. 线性假设是指无论预测变量 x_j 取何值, x_j 变化一个单位所引起的响应变量 y 的变化大小是恒定的. 加性假设是指预测变量 x_j 的变化对响应变量 y 的影响与其他预测变量的取值无关. 在实际情形中, 响应变量和预测变量之间的真实关系可能并不满足线性假设或加性假设. 这时, 需要借助其他的回归分析方法进行统计建模. 本节将介绍三种回归方法: 多项式回归、局部回归和广义加性模型.

3.2.1 多项式回归

假设回归函数 $f(x)$ 是 x 的 t 次多项式, 即回归模型为

$$y = \beta_0 + \beta_1 x + \cdots + \beta_t x^t + \varepsilon. \tag{3.2.1}$$

这个模型可以用来描述响应变量与预测变量之间的非线性相依关系. 但此模型本质上仍是线性回归模型, 因为它的回归函数是回归系数 $\beta_0, \beta_1, \cdots, \beta_t$ 的线性函数. 令 $x_1 = x,\ x_2 = x^2,\ \cdots, x_t = x^t$, 则可将 (3.2.1) 化为 t 元线性回归模型

$$y = \beta_0 + \beta_1 x_1 + \cdots + \beta_t x_t + \varepsilon.$$

基于样本观测: $(x_i, y_i), i = 1, \cdots, n$, 可以通过 3.1 节的最小二乘法对此模型进行统计推断.

注 3.3 在实际应用中, 对多项式阶数 t 的选择不宜过大, 一般不大于 3 或者 4. 这是因为 t 越大, 多项式曲线就会越曲折, 以至于在 x 的取值的边界处会呈现异样的形状.

例 3.3 某种合金钢的主要成分是金属 A 与 B, 经过试验和分析, 发现这两种金属成分之和 x 与膨胀系数 y 之间有一定的数量关系, 表 3.4 是一组试验数据.

序号	x	y	序号	x	y	序号	x	y
1	37.0	3.40	6	39.5	1.83	11	42.0	2.35
2	37.5	3.00	7	40.0	1.53	12	42.5	2.54
3	38.0	3.00	8	40.5	1.70	13	43.0	2.90
4	38.5	3.27	9	41.0	1.80			
5	39.0	2.10	10	41.5	1.90			

表 3.4
试验数据

从图 3.3 中的散点图可以看出: 开始时 y 随 x 的增加而降低, 而当 x 超过一定值后, y 又随 x 的增加而上升. 因而我们可假定 y 与 x 之间是二次多项式关系. 我们用 R 中的 lm() 进行回归分析, 得到

$$\hat{\beta}_0 = 257.070,\ \hat{\beta}_1 = -12.620,\ \hat{\beta}_2 = 0.156,$$

且回归模型的显著性检验的 p 值为 4.668×10^{-4}, 两个预测变量 x 和 x^2 的回归系数的显著性检验的 p 值分别为 3.18×10^{-4} 和 3.46×10^{-4}. 最后, 得到回归方程

$$\hat{y} = 257.070 - 12.620x + 0.156x^2.$$

相应的回归曲线见图 3.3.

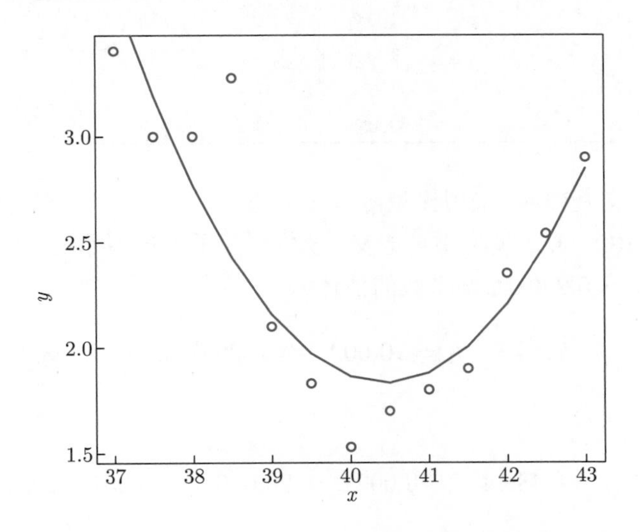

图 3.3
散点图与
回归曲线图

模型 (3.2.1) 放宽了线性回归模型中响应变量与预测变量之间的线性假设. 接下来放宽响应变量与预测变量之间的加性假设. 假设现在有两个预测变量 x_1 和 x_2, 在经典的线性回归模型中, 假设

$$y = \beta_0 + \beta_1 x_1 + \beta_2 x_2 + \varepsilon.$$

这意味着, 无论 x_2 的值是多少, x_1 每增加一个单位将导致 y 总是增加 β_1 个单位, 这个增加值与 x_2 毫无关系. 这种假设有时候是不合理的. 举个例子, 假

设我们想研究工厂 (传统的工厂) 的生产力, 希望根据生产线数 (x_1) 和工人总数 (x_2) 预测生产的商品数 (y). 直观上看, 生产线数量的增加对商品总产量的影响应与工人总数有关. 因为如果没有工人操作生产线, 那么增加生产线数量是无法提高商品的产量的. 这表明, 预测商品数量时应该还包含生产线数和工人总数之间的交互项. 因此, 一个更合理的模型是

$$y = \beta_0 + \beta_1 x_1 + \beta_2 x_2 + \beta_3 x_1 x_2 + \varepsilon. \tag{3.2.2}$$

x_1x_2 被称为交互项, 它反映了 x_1 和 x_2 对 y 的交互效应. 上述模型可改写为

$$y = \beta_0 + (\beta_1 + \beta_3 x_2)x_1 + \beta_2 x_2 + \varepsilon =: \beta_0 + \tilde{\beta}_1 x_1 + \beta_2 x_2 + \varepsilon,$$

其中, $\tilde{\beta}_1 = \beta_1 + \beta_3 x_2$. 因为 $\tilde{\beta}_1$ 随 x_2 变化, 所以 x_1 对 y 的边际效应不再是常数, 即调整 x_2 的值将改变 x_1 对 y 的影响. 模型 (3.2.2) 仍是一个线性回归模型, 可以用最小二乘法对它进行统计推断.

例 3.4 假设某传统工厂的生产线数 x_1(单位: 条)、工人总数 x_2(单位: 人) 以及生产的商品数 y(单位: 箱) 的试验数据如表 3.5 所示.

表 3.5
商品生产相关数据

序号	x_1	x_2	y	序号	x_1	x_2	y
1	1	3	100	5	3	7	280
2	1	4	120	6	3	9	330
3	2	4	180	7	4	10	380
4	2	5	200	8	4	12	400

若不考虑交互效应, 采用模型 $y = \beta_0 + \beta_1 x_1 + \beta_2 x_2 + \varepsilon$ 拟合数据, 残差标准误 $\hat{\sigma} = 11.180$. 若在模型中考虑交互效应, 即采用模型 (3.2.2) 拟合数据, 则残差标准误 $\hat{\sigma} = 6.209$, 回归系数的估计为

$$\hat{\beta}_0 = -48.448,\ \hat{\beta}_1 = 70.002,\ \hat{\beta}_2 = 29.006,\ \hat{\beta}_3 = -3.657.$$

相应的回归方程为

$$\hat{y} = -48.448 + 70.002x_1 + 29.006x_2 - 3.657x_1x_2.$$

回归方程的显著性检验的 p 值为 5.097×10^{-6}, 三个回归系数 (不包括 β_0) 的显著性检验的 p 值分别为 5.62×10^{-4}, 3.505×10^{-3} 和 0.025, 它们都通过了显著性检验 (取显著性水平为 0.05).

3.2.2 局部回归

局部回归方法是一种非参数回归方法. 非参数回归模型的拟合方法大致可分为两类: 一类是基于基函数逼近的整体型方法 (基函数指预测变量 x 的函数

或其变换); 另一类是基于光滑思想的局部拟合方法. 本节介绍光滑方法中的局部常数和局部多项式拟合方法.

非参数回归模型的一般形式为

$$y = m(x) + \varepsilon, \tag{3.2.3}$$

其中对函数 m 只做一些连续性或光滑性的要求. 非参数回归模型不假定回归函数的具体形式从而增加了模型的灵活性和适应性, 在利用观测数据拟合函数 m 的过程中, 能更充分地体现让数据自身说话的特点. 假定 $E(\varepsilon) = 0$, $\text{Var}(\varepsilon) = \sigma^2$. 我们的目标是利用训练样本 $(x_i, y_i), i = 1, \cdots, n$ 去估计回归函数 $m(x)$. 先来介绍局部常数拟合方法.

N-W 估计方法

N-W(Nadaraya-Watson) 估计方法是回归函数的一种非参数拟合方法. 对于任意给定的 $x_0 \in \mathcal{D}$($\mathcal{D}$ 为预测变量 x 的取值范围), 通过一个合适的函数 (称为核函数) 利用预测变量的观测值在 x_0 处产生权值 (一般使越靠近 x_0 的预测变量的观测值的权值越大), 基于这些权值对相应的响应变量的观测值进行加权平均, 得到回归函数 $m(x)$ 在 x_0 点处的估计, 其中加权平均的范围和权值由一个称为带宽 (bandwidth) 的参数所控制. 具体方法如下: 设 $K(t)$ 为给定的核函数, 通常取为对称单峰的概率密度函数且满足 $\lim\limits_{|t|\to\infty} K(t) = 0$. 令

$$K_h(t) = \frac{1}{h} K\left(\frac{t}{h}\right),$$

其中 $h > 0$ 为带宽. 对于任一 $x_0 \in \mathcal{D}$, 回归函数 $m(x)$ 在 x_0 点的 N-W 估计定义为

$$\hat{m}_{\text{NW}}(x_0) = \frac{\sum\limits_{i=1}^{n} K_h(x_i - x_0) y_i}{\sum\limits_{i=1}^{n} K_h(x_i - x_0)} = \frac{\sum\limits_{i=1}^{n} K\left(\dfrac{x_i - x_0}{h}\right) y_i}{\sum\limits_{i=1}^{n} K\left(\dfrac{x_i - x_0}{h}\right)}.$$

带宽 h 的大小对回归函数的估计有重要的影响. 当 h 接近 0 时, 除非 x_0 等于预测变量的某个观测值, 譬如除 x_j 外, 在其他 $i \neq j$ 处, $(x_i - x_0)/h$ 都将很大, 故 $K_h((x_i - x_0)/h)$ 接近于 0, 即 $\hat{m}_{\text{NW}}(x_j)$ 接近于 $K(0)y_j/K(0) = y_j$, 因此 $\hat{m}_{\text{NW}}(x_j)$ 只是原数据的再表示. 当 h 很大时, 对于所有的 $i = 1, \cdots, n$, $(x_i - x_0)/h$ 都很小, 故 $\hat{m}_{\text{NW}}(x_j)$ 接近于 $\sum\limits_{i=1}^{n} K(0)y_j / \sum\limits_{i=1}^{n} K(0) = \dfrac{1}{n}\sum\limits_{i=1}^{n} y_i = \bar{y}$, 即 $\hat{m}_{\text{NW}}(x)$ 近似一条水平直线. 由此可见, h 越大, 估计的回归函数曲线 $y = \hat{m}_{\text{NW}}(x)$ 越光滑, 从而可能导致欠拟合; h 越小, 估计的回归函数曲线 $y = \hat{m}_{\text{NW}}(x)$ 的波动越大, 从而可能导致过拟合. 因此, 选择大小合适的 h 是非

参数回归中的一个重要课题. 理论分析表明, h 的最优取值与 $n^{-1/5}$ 同阶. 在实际应用中可用交叉验证的方法选取 h.

在核估计方法中, 常用的核函数有

(1) 高斯核: 标准正态分布的概率密度函数,

$$K(t)=\frac{1}{\sqrt{2\pi}}\exp\left(-\frac{1}{2}t^2\right).$$

(2) 对称 Beta 函数族

$$K(t)=\frac{1}{\mathrm{Beta}\left(\frac{1}{2},\gamma+1\right)}(1-t^2)_+^{\gamma},\quad \gamma=0,1,2,\cdots,$$

其中 $\mathrm{Beta}(\cdot,\cdot)$ 为 Beta 函数, $(1-t^2)_+^{\gamma}$ 表示函数 $(1-t^2)^{\gamma}$ 的正部. 特别地,

$$\gamma=0:\quad K(t)=\frac{1}{2}I_{[-1,1]}(t)\quad (\text{Uniform 核}),$$

$$\gamma=1:\quad K(t)=\frac{3}{4}(1-t^2)_+\quad (\text{Epanechnikov 核}),$$

$$\gamma=2:\quad K(t)=\frac{15}{16}(1-t^2)_+^2\quad (\text{Biweight 核}),$$

$$\gamma=3:\quad K(t)=\frac{35}{32}(1-t^2)_+^3\quad (\text{Triweight 核}).$$

局部多项式拟合方法

N-W 估计可看成是下面的加权最小二乘问题:

$$\min_{a(x_0)}\sum_{i=1}^{n}(y_i-a(x_0))^2K_h(x_i-x_0).$$

N-W 估计其实是将回归函数在每一点的局部视为常数, 通过加权最小二乘方法得到回归函数在该点处的估计, 因此也被称为局部常数估计. 为了得到一个更优的估计, 一个很自然的想法就是在每一点的局部, 利用 $p(p\geqslant 1)$ 次多项式逼近回归函数, 基于加权最小二乘方法得到回归函数在各点的估计. 这就是下面要介绍的局部多项式光滑方法. 有关这方面的系统的研究成果可参考文献 [53].

设 $m(x)$ 有 p 阶连续导数, 对于任意给定的 $x_0\in\mathcal{D}$, 在 x_0 的邻域内,

$$\begin{aligned}m(x)&\approx m(x_0)+m'(x_0)(x-x_0)+\frac{m''(x_0)}{2}(x-x_0)^2+\cdots+\frac{m^{(p)}(x_0)}{p!}(x-x_0)^p\\&=:\sum_{j=0}^{p}\beta_j(x_0)(x-x_0)^j,\end{aligned}$$

其中 $\beta_j(x_0)=m^{(j)}(x_0)/j!, j=0,1,\cdots,p$. 局部多项式估计利用加权最小二乘方法在 x_0 的局部拟合上述多项式, 再以此拟合的多项式在 x_0 处的值 (即 $\hat{\beta}_0(x_0)=\hat{m}(x_0)$) 作为回归函数 $m(x_0)$ 在 x_0 处的估计值. 具体来说, 选择参数 $\beta_j(x_0), j=0,1,\cdots,p$ 使得

$$\sum_{i=1}^{n}\left(y_i-\sum_{j=0}^{p}\beta_j(x_0)(x_i-x_0)^j\right)^2 K_h(x_i-x_0)$$

达到最小. 令

$$\boldsymbol{X}(x_0)=\begin{pmatrix}1 & x_1-x_0 & \cdots & (x_1-x_0)^p\\ 1 & x_2-x_0 & \cdots & (x_2-x_0)^p\\ \vdots & \vdots & & \vdots\\ 1 & x_n-x_0 & \cdots & (x_n-x_0)^p\end{pmatrix},\quad \boldsymbol{Y}=\begin{pmatrix}y_1\\ y_2\\ \vdots\\ y_n\end{pmatrix},$$

$$\boldsymbol{\beta}(x_0)=\begin{pmatrix}\beta_0(x_0)\\ \beta_1(x_0)\\ \vdots\\ \beta_p(x_0)\end{pmatrix},$$

$$\boldsymbol{W}(x_0)=\operatorname{diag}\left(K_h(x_1-x_0),K_h(x_2-x_0),\cdots,K_h(x_n-x_0)\right).$$

应用加权最小二乘方法, 得 $\boldsymbol{\beta}(x_0)$ 的加权最小二乘估计

$$\hat{\boldsymbol{\beta}}(x_0)=\left(\boldsymbol{X}^{\mathrm{T}}(x_0)\boldsymbol{W}(x_0)\boldsymbol{X}(x_0)\right)^{-1}\boldsymbol{X}^{\mathrm{T}}(x_0)\boldsymbol{W}(x_0)\boldsymbol{Y}.$$

由于

$$\beta_j(x_0)=m^{(j)}(x_0)/j!,\quad j=0,1,\cdots,p,$$

故 $m(x)$ 在 x_0 处的各阶导数的估计为

$$\hat{m}^{(j)}(x_0)=j!\hat{\beta}_j(x_0),\quad j=0,1,\cdots,p.$$

特别地, 取 $j=0$, 可得回归函数 $m(x)$ 在 x_0 处的估计 $\hat{m}(x_0)=\hat{\beta}_0(x_0)$. 显然, N-W 估计是局部零次多项式估计.

最后, 对例 3.3 中的数据应用局部回归方法进行拟合, 其中对局部多项式 ($p\geqslant 1$) 拟合使用了 R 中 KernSmooth 包的 locpoly() 函数. 拟合结果见图 3.4, 这里带宽 $h=0.5$, 使用高斯核函数. 三条线分别表示局部 0 次、1 次、2 次拟合曲线.

3.2.3 广义加性模型

前面介绍的多项式回归 (3.2.1) 和局部回归 (3.2.3) 都是基于单个预测变量 x 的模型. 现在将讨论基于多个预测变量 $x_1,\cdots,x_p$ 的模型, 它可看成是对多元线性回归模型的一个推广.

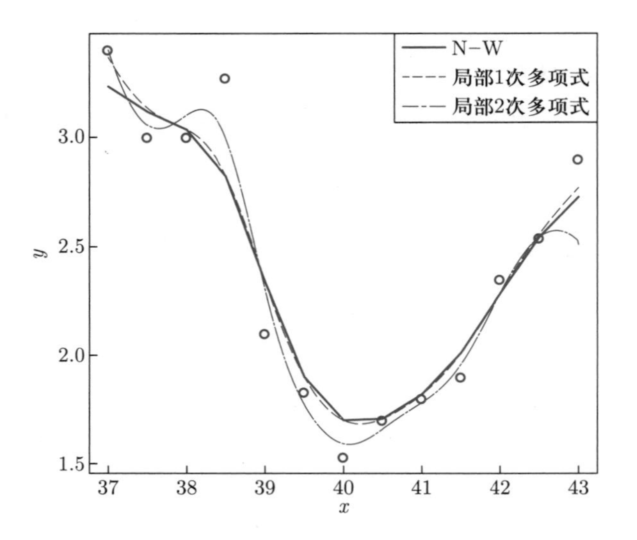

图 3.4
散点图与拟合曲线

广义加性模型 (generalized additive model, GAM) 提供了一个推广标准线性回归模型的一般框架. 在这个框架里, 每一个预测变量都被一个它的非线性函数所取代, 同时仍保持预测变量之间的可加性. 具体来说, 把多元线性回归模型

$$y = \beta_0 + \beta_1 x_1 + \cdots + \beta_p x_p + \varepsilon$$

中的 $\beta_j x_j$ 替换为一个非线性函数 $f_j(x_j)$, 得到一个新的模型

$$y = \beta_0 + f_1(x_1) + \cdots + f_p(x_p) + \varepsilon,$$

这就是广义加性模型. 拟合 f_j 的方法有很多, 例如可用前文介绍的多项式回归和局部回归等方法.

广义加性模型有以下优缺点:

(1) 广义加性模型可以对每一个预测变量 x_j 拟合一个非线性函数 f_j, 因此可自动地对预测变量和响应变量进行非线性关系的建模.

(2) 非线性拟合可能会提高响应变量的预测精度.

(3) 由于模型是加性的, 所以在保持其他预测变量不变的情形下可以分析每个预测变量 x_j 对响应变量 y 的单独效应. 因此, 如果对预测变量和响应变量之间的统计推断感兴趣, 广义加性模型是一个很好的模型选项.

(4) 广义加性模型的主要缺点也在“加性”, 它忽略了预测变量之间的交互效应. 若要弥补这一缺陷, 可以在模型中增加形如 $f_{jk}(x_j, x_k)$ 的低维交互函数.

要想摆脱广义加性模型在模型形式上的设定缺陷, 可使用后面介绍的随机森林等更一般的方法.

例 3.5 把广义加性模型应用到 R 中 ISLR 库的 Wage 数据集. Wage 数据集含有 10 个预测变量, 响应变量为工资 (wage). 只选用其中的两个预测变量: 年份 (year) 和年龄 (age). 这个数据集的样本容量为 3000, 表 3.6 给出了前 6 组观测数据.

序号	年份	年龄	工资
1	2009	26	78.39247
2	2007	59	160.4097
3	2003	29	132.8608
4	2009	22	87.98103
5	2005	54	158.1737
6	2003	46	118.8844

表 3.6
Wage 数据集中的前 6 组观测数据

用 R 的 gam 包的 gam() 函数进行统计分析, 两个非线性函数 f_1 和 f_2 都采用 3 次多项式拟合. 图 3.5 分别给出了工资与年份、工资与年龄的曲线关系. 从图 3.5 中可看出, 当年龄固定时, 工资会随着年份的增长有略微的增长, 这可

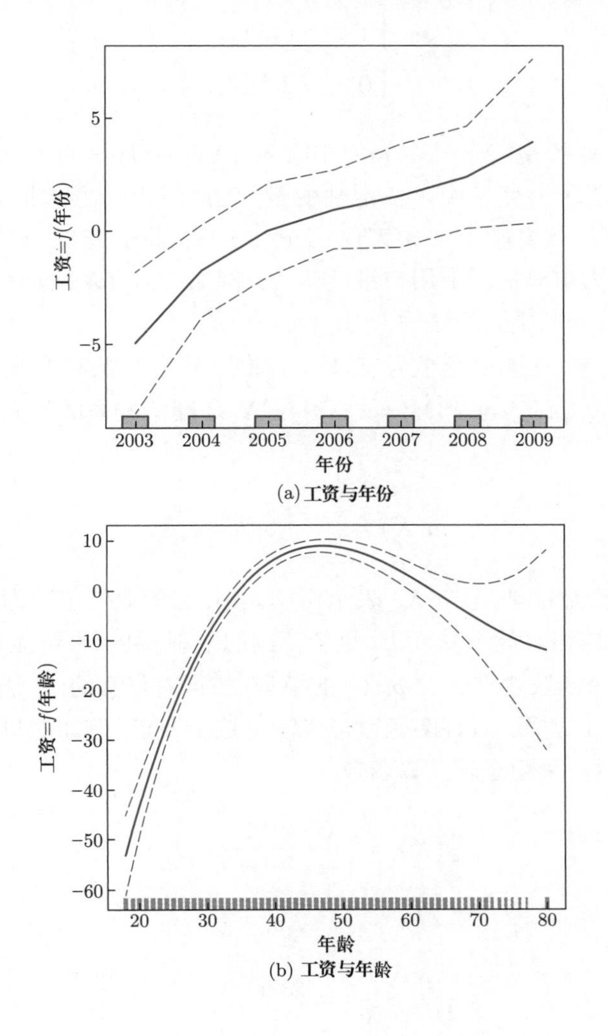

(a) 工资与年份

(b) 工资与年龄

图 3.5
工资与年份、年龄的关系图 (虚线为置信带)

能是通货膨胀的缘故; 当年份固定时, 工资在年龄的中间段达到最高, 在年轻或者年纪很大时工资都会偏低.

3.3 逻辑斯谛回归

逻辑斯谛回归 (logistic regression) 是一种经典的分类方法. 在逻辑斯谛回归中, 响应变量是定性变量 (假设只取两个值), 而预测变量可以是定量变量, 也可以是定性变量. 对于定性变量, 可以通过定义"哑变量"的方法把它数量化. 例如, 假设响应变量 Y 表示信用卡持有人的违约状态, 那么它取两个值: 违约和未违约. 我们可以按照以下方式进行数量化:

$$Y = \begin{cases} 1, & \text{违约}, \\ 0, & \text{未违约}. \end{cases}$$

假设现在感兴趣的是基于一个人的年收入 (X_1) 和月信用卡余额 (X_2) 预测其违约状态 (若预测变量中存在定性变量, 先通过上述方式把它数量化). 记 $\boldsymbol{X} = (X_1, X_2)^{\mathrm{T}}$, 如果能建立 $p(\boldsymbol{X}) = P(Y = 1|\boldsymbol{X})$ 与 $\boldsymbol{X}$ 之间的关系, 就可以利用 $\hat{p}(\boldsymbol{X})$ 的大小对信用卡用户进行分类. 例如, 若 $\hat{p}(\boldsymbol{X}) > 0.5$, 则把此个体归类为违约, 否则归类为不违约.

简单起见, 假设预测变量只有 1 个 (推广到多个预测变量的情形是容易的), 该怎么建立 $p(X) = P(Y = 1|X)$ 与 X 之间的关系呢? 先试试线性回归模型:

$$p(X) = \beta_0 + \beta_1 X.$$

这个模型有个致命的缺陷: $p(X)$ 表示概率大小, 它的取值范围为 $[0,1]$, 而 $\beta_0 + \beta_1 X$ 的取值范围很可能不受 $[0,1]$ 这个范围的限制, 甚至有可能是 $(-\infty, \infty)$.

需要找一个函数建立针对 $p(X)$ 的模型, 使得对任意的 X 值该函数的输出结果都在 0 到 1 之间. 有许多函数可以满足这个要求, 例如随机变量的分布函数的反函数. 这里采用逻辑斯谛函数:

$$p(X) = \frac{\mathrm{e}^{\beta_0 + \beta_1 X}}{1 + \mathrm{e}^{\beta_0 + \beta_1 X}}. \tag{3.3.1}$$

上式等价于

$$\frac{p(X)}{1 - p(X)} = \mathrm{e}^{\beta_0 + \beta_1 X}. \tag{3.3.2}$$

称 $\dfrac{p(X)}{1-p(X)}$ 为发生比或优势比 (odds ratio), 它的取值范围为 $(0,\infty)$, 其值接近于 0 表示违约概率非常低, 接近于 ∞ 则表示违约概率非常高. 对 (3.3.2) 两边取自然对数, 可得

$$\ln\left(\frac{p(X)}{1-p(X)}\right)=\beta_0+\beta_1 X. \tag{3.3.3}$$

接下来讨论模型 (3.3.1) 中的系数估计问题. 一般采用极大似然的方法估计逻辑斯谛回归模型中的系数. 似然函数为

$$L(\beta_0,\beta_1)=\prod_{i:y_i=1}p(x_i)\prod_{i':y_{i'}=0}(1-p(x_{i'})),$$

所得到的系数估计 $\hat{\beta}_0,\hat{\beta}_1$ 应使似然函数值最大. 在逻辑斯谛回归中, 通常采用梯度下降法或者牛顿迭代法求系数估计.

有了 $\hat{\beta}_0,\hat{\beta}_1$, 就可以用

$$\hat{p}(X)=\frac{\mathrm{e}^{\hat{\beta}_0+\hat{\beta}_1 X}}{1+\mathrm{e}^{\hat{\beta}_0+\hat{\beta}_1 X}}$$

来预测概率大小并作分类了. 例如, 对于前面提到的信用卡违约的例子, 若某人的 $\hat{p}(\boldsymbol{X})>0.5$, 则预测这个人的违约状况为违约. 若这家公司希望对预测一个人是否发生违约风险持谨慎态度, 则可以选择一个更小的阈值来进行分类, 比如当 $\hat{p}(\boldsymbol{X})>0.2$ 时就预测这个人的违约状况为违约.

有时会遇到响应变量多于两类的情形, 例如某急诊室里患者的患病情况可分成三类: 中风、服药过量、癫痫发作. 在这种情况下, 可以建立 $P(Y=\text{中风}|X)$ 和 $P(Y=\text{服药过量}|X)$ 关于 X 的模型, 而 $P(Y=\text{癫痫发作}|X)$ 关于 X 的模型可通过

$$P(Y=\text{癫痫发作}|X)=1-P(Y=\text{中风}|X)-P(Y=\text{服药过量}|X)$$

得到. 前面讨论的两类逻辑斯谛回归模型可以推广到多类, 但它们在实际中并不常用, 下节将介绍的判别分类是解决多分类问题时更常用的方法.

把逻辑斯谛分类方法应用到 R 软件中的 ISLR 库里的 Smarket 数据集. 这个数据集收集了从 2001 年年初到 2005 年年末共 1250 天里标准普尔 500(S&P500) 股票指数的投资回报率相关数据. 数据集中共有 9 个变量, Year 记录年份, Lag1 到 Lag5 记录了过去 5 个交易日里每个交易日的投资回报率, Volume 记录了前一个交易日的股票成交量 (单位: 十亿美元), Today 记录了当日的投资回报率, Direction 记录当日的市场走势, 它有两个值: Up(涨) 和 Down(跌). 表 3.7 给出了这个数据集的前 6 组观测数据.

把 2001—2004 年的数据当成训练数据集, 把 2005 年的数据取为测试数据集. 然后在训练数据集上拟合逻辑斯谛回归模型 (用 R 中的 glm() 函数), 得到模型的参数估计:

序号	Year	Lag1	Lag2	Lag3	Lag4	Lag5	Volume	Today	Direction
1	2001	0.381	−0.192	−2.624	−1.055	5.010	1.1913	0.959	Up
2	2001	0.959	0.381	−0.192	−2.624	−1.055	1.2965	1.032	Up
3	2001	1.032	0.959	0.381	−0.192	−2.624	1.4112	−0.623	Down
4	2001	−0.623	1.032	0.959	0.381	−0.192	1.2760	0.614	Up
5	2001	0.614	−0.623	1.032	0.959	0.381	1.2057	0.213	Up
6	2001	0.213	0.614	−0.623	1.032	0.959	1.3491	1.392	Up

表 3.7
Smarket 数据集的前 6 组观测数据

```
Call:
glm(formula = Direction ~ Lag1 + Lag2 + Lag3 + Lag4 + Lag5 +
    Volume, family = binomial, data = Smarket[train, ])

Deviance Residuals:
   Min        1Q    Median       3Q    Max
-1.302   -1.190     1.079    1.160 1.350

Coefficients:
             Estimate   Std. Error   z value    Pr(> |z|)
(Intercept)  0.191213    0.333690    0.573        0.567
Lag1        -0.054178    0.051785   -1.046        0.295
Lag2        -0.045805    0.051797   -0.884        0.377
Lag3         0.007200    0.051644    0.139        0.889
Lag4         0.006441    0.051706    0.125        0.901
Lag5        -0.004223    0.051138   -0.083        0.934
Volume      -0.116257    0.239618   -0.485        0.628
```

相应的逻辑斯谛回归方程为

$$\hat{p}(X) = \frac{\mathrm{e}^{0.191-0.054\mathrm{Lag1}-0.046\mathrm{Lag2}+0.007\mathrm{Lag3}+0.006\mathrm{Lag4}-0.004\mathrm{Lag5}-0.116\mathrm{Volume}}}{1+\mathrm{e}^{0.191-0.054\mathrm{Lag1}-0.046\mathrm{Lag2}+0.007\mathrm{Lag3}+0.006\mathrm{Lag4}-0.004\mathrm{Lag5}-0.116\mathrm{Volume}}}.$$

利用上述逻辑斯谛回归方程对测试数据集中的 Direction 进行预测. 采用 0.5 作为阈值, 即当预测值大于 0.5 时, 判断市场上涨 (Up), 否则判断市场下跌 (Down). 预测结果见表 3.8. 相应的测试错误率为 $(97+34)/252=0.52$. 这个结果自然是比较糟糕的, 因为它比随机猜想还糟糕.

预测涨跌	实际涨跌	
	跌 (Down)	涨 (Up)
跌 (Down)	77	97
涨 (Up)	34	44

表 3.8
逻辑斯谛预测结果

预测变量为 Lag1, ⋯, Lag5, Volume.

为了改进模型, 保留 6 个预测变量中与响应变量的相依关系最显著的那 2 个, 即 Lag1 和 Lag2, 删除剩余的 4 个, 然后重新进行拟合, 得到的逻辑斯谛回归方程为

$$\hat{p}(X) = \frac{\mathrm{e}^{0.032-0.056\mathrm{Lag1}-0.044\mathrm{Lag2}}}{1+\mathrm{e}^{0.032-0.056\mathrm{Lag1}-0.044\mathrm{Lag2}}}.$$

然后把这个回归方程应用于测试数据集, 得到预测结果如表 3.9 所示.

预测涨跌	实际涨跌	
	跌 (Down)	涨 (Up)
跌 (Down)	35	35
涨 (Up)	76	106

预测变量为 Lag1 和 Lag2.

表 3.9
逻辑斯谛预测结果

现在的结果有了明显的改进: 测试错误率降到 $(35+76)/252 = 44\%$ 了, 即 56% 的市场涨跌能被准确预测了. 其中, 当应用逻辑斯谛回归模型预测市场下跌时, 准确率为 50%; 当预测市场上涨时, 准确率为 58%.

3.4 判别分类

假设观测分成 K 类, $K \geqslant 2$. 也就是说, 定性的响应变量可以取 K 个不同的无序值. 设 π_k 为一个随机观测属于第 k 类的先验 (prior) 概率, $f_k(x) = P(X = x|Y = k)$ 表示第 k 类观测的 X 的密度函数. 如果第 k 类的观测在 $X = x$ 附近有很大的可能性, 那么 $f_k(x)$ 的值会很大, 反之 $f_k(x)$ 的值会很小. 由贝叶斯公式,

$$p_k(x) := P(Y = k|X = x) = \frac{\pi_k f_k(x)}{\sum_{j=1}^{K} \pi_l f_l(x)}. \tag{3.4.1}$$

上述等式涉及 $\pi_k, f_k(x)$. 通常 π_k 的估计是容易求得的, 取一些变量 Y 的随机样本, 分别计算属于第 k 类的样本占总样本的比例. 对 $f_k(x)$ 的估计要麻烦些, 除非假设它们的密度函数有比较简单的形式. 我们称 $p_k(x)$ 为 $X = x$ 的观测属于第 k 类的后验 (posterior) 概率, 即给定观测的预测变量值时, 观测属于第 k 类的概率. 很自然地, 将一个待判别的 x 分类到使得 $p_k(x)$ 达到最大的那个类. 这种方法被称为贝叶斯分类器 (Bayes classifier). 在一个二分类问题中, 只有两个可能的响应值, 一个称为类 1, 另一个称为类 2. 若 $P(Y = 1|X = x) > 0.5$, 则贝叶斯分类器将该观测分到类 1, 否则分到类 2.

3.4.1 线性判别分析

简单起见, 假设预测变量只有 1 个. 此外, 假设 $f_k(x)$ 是正态的, 即

$$f_k(x) = \frac{1}{\sqrt{2\pi}\sigma_k} \exp\left\{-\frac{1}{2\sigma_k^2}(x-\mu_k)^2\right\}, \quad x \in \mathbb{R}, \tag{3.4.2}$$

其中 μ_k 和 σ_k^2 是第 k 类的预测变量的均值和方差. 再假设 $\sigma_1^2 = \cdots = \sigma_K^2$, 即所有 K 个类的方差是相同的, 简记为 σ^2. 将 (3.4.2) 代入 (3.4.1), 得到

$$p_k(x) = \frac{\pi_k \dfrac{1}{\sqrt{2\pi}\sigma} \exp\left\{-\dfrac{1}{2\sigma^2}(x-\mu_k)^2\right\}}{\sum\limits_{l=1}^{K} \pi_l \dfrac{1}{\sqrt{2\pi}\sigma} \exp\left\{-\dfrac{1}{2\sigma^2}(x-\mu_l)^2\right\}}. \tag{3.4.3}$$

贝叶斯分类器将观测 x 分到使得 (3.4.3) 达到最大的那一类. 对 (3.4.3) 取对数, 并做一些整理, 可知贝叶斯分类器其实是将观测 x 分到使得

$$\delta_k(x) = x\frac{\mu_k}{\sigma^2} - \frac{\mu_k^2}{2\sigma^2} + \ln \pi_k \tag{3.4.4}$$

达到最大的那一类. 例如, 假设 $K = 2$, $\pi_1 = \pi_2$, 则当 $2x(\mu_1 - \mu_2) > \mu_1^2 - \mu_2^2$ 时, 贝叶斯分类器将观测分入类 1, 否则分入类 2. 此时贝叶斯决策边界为

$$x = \frac{\mu_1^2 - \mu_2^2}{2(\mu_1 - \mu_2)} = \frac{\mu_1 + \mu_2}{2}.$$

在实际中, 即使已确定每一类 X 服从一个正态分布, 但仍需估计参数 $\mu_1, \cdots, \mu_K, \pi_1, \cdots, \pi_K$ 和 σ^2. 线性判别分析 (linear discriminant analysis, LDA) 是在贝叶斯分类器的基础上, 将 π_k, μ_k, σ^2 的估计代入 (3.4.4) 的一种分类方法. 常常使用如下参数估计:

$$\hat{\mu}_k = \frac{1}{n_k} \sum_{i:y_i=k} x_i, \quad \hat{\sigma}^2 = \frac{1}{n-K} \sum_{k=1}^{K} \sum_{i:y_i=k} (x_i - \hat{\mu}_k)^2,$$

其中 n 为观测总量, n_k 为属于第 k 类的观测量. $\hat{\mu}_k$ 为第 k 类观测的样本均值, $\hat{\sigma}^2$ 可看成是 K 类样本方差的加权平均. 对于参数 π_k, 线性判别分析用属于第 k 类观测的比例去估计 π_k, 即 $\hat{\pi}_k = n_k/n$. 因此, 线性判别分析分类器将观测 x 分入使得

$$\hat{\delta}_k(x) = x\frac{\hat{\mu}_k}{\hat{\sigma}^2} - \frac{\hat{\mu}_k^2}{2\hat{\sigma}^2} + \ln \hat{\pi}_k \tag{3.4.5}$$

达到最大的那一类.

接下来把线性判别分析分类器推广至多元预测变量的情形. 假设 $\boldsymbol{X} = (X_1, \cdots, X_p)^{\mathrm{T}}$ 服从多元正态分布. 同时假设当 $\boldsymbol{X}$ 属于不同的类时, 它的均值

向量不同但协方差矩阵相同. 多元正态随机向量中的每一个预测变量都服从一元正态分布, 且每两个预测变量之间都可能存在一些相关性. 假设 p 维随机向量 $\boldsymbol{X}$ 服从多元正态分布, 记为 $\boldsymbol{X} \sim N(\boldsymbol{\mu}, \boldsymbol{\Sigma})$. $\boldsymbol{X}$ 的密度函数可写为

$$f(\boldsymbol{x}) = \frac{1}{(2\pi)^{p/2}|\boldsymbol{\Sigma}|^{1/2}} \exp\left\{-\frac{1}{2}(\boldsymbol{x}-\boldsymbol{\mu})^{\mathrm{T}}\boldsymbol{\Sigma}^{-1}(\boldsymbol{x}-\boldsymbol{\mu})\right\}, \quad \boldsymbol{x} \in \mathbb{R}^p.$$

在预测变量的维度 $p > 1$ 的情况下, 线性判别分析分类器假设第 k 类的随机观测服从一个多元正态分布 $N(\boldsymbol{\mu}_k, \boldsymbol{\Sigma})$, 其中 $\boldsymbol{\mu}_k$ 是与类有关的均值向量, $\boldsymbol{\Sigma}$ 是所有 K 类共同的协方差矩阵. 将第 k 类的密度函数 $f_k(\boldsymbol{x})$ 代入 (3.4.3), 通过一些简单的运算, 可知贝叶斯分类器将 $\boldsymbol{x}$ 分入使得

$$\delta_k(\boldsymbol{x}) = \boldsymbol{x}^{\mathrm{T}}\boldsymbol{\Sigma}^{-1}\boldsymbol{\mu}_k - \frac{1}{2}\boldsymbol{\mu}_k^{\mathrm{T}}\boldsymbol{\Sigma}^{-1}\boldsymbol{\mu}_k + \ln \pi_k \tag{3.4.6}$$

达到最大的那一类. 上述判别函数其实是 (3.4.4) 的向量形式.

在实际中, 需要估计 $\boldsymbol{\mu}_1, \cdots, \boldsymbol{\mu}_K, \pi_1, \cdots, \pi_K$ 和 $\boldsymbol{\Sigma}$. 估计的方法与一维情形相似, 故不展开详述. 得到参数估计 $\hat{\boldsymbol{\mu}}_1, \cdots, \hat{\boldsymbol{\mu}}_K, \hat{\pi}_1, \cdots, \hat{\pi}_K$ 和 $\hat{\boldsymbol{\Sigma}}$ 后, 把它们代入 (3.4.6), 得到

$$\hat{\delta}_k(\boldsymbol{x}) = \boldsymbol{x}^{\mathrm{T}}\hat{\boldsymbol{\Sigma}}^{-1}\hat{\boldsymbol{\mu}}_k - \frac{1}{2}\hat{\boldsymbol{\mu}}_k^{\mathrm{T}}\hat{\boldsymbol{\Sigma}}^{-1}\hat{\boldsymbol{\mu}}_k + \ln \hat{\pi}_k.$$

对一个新的观测 $\boldsymbol{X} = \boldsymbol{x}$, 线性判别分析将观测分入使得 $\hat{\delta}_k(\boldsymbol{x})$ 达到最大的那一类.

把线性判别分析应用到 Smarket 数据集. 对 2005 年以前的观测进行拟合 (用 R 的 MASS 包的 lda() 函数), 拟合结果如下:

```
Call:
lda(Direction ~ Lag1 + Lag2, data = Smarket[train, ])

Prior probabilities of groups:
  Down        Up
0.491984  0.508016

Group means:
              Lag1         Lag2
Down    0.04279022   0.03389409
Up     -0.03954635  -0.03132544

Coefficients of linear discriminants:
              LD1
```

```
Lag1  -0.6420190
Lag2  -0.5135293
```

线性判别分析的输出结果表明两个先验概率的估计为 $\hat{\pi}_1 = 0.492, \hat{\pi}_2 = 0.508$, 两个类平均值的估计为 $\hat{\boldsymbol{\mu}}_1 = (0.043, 0.034)^{\mathrm{T}}, \hat{\boldsymbol{\mu}}_2 = (-0.040, -0.031)^{\mathrm{T}}$, $(-0.642, -0.514)^{\mathrm{T}}$ 是 (3.4.6) 中 $\boldsymbol{x}$ 的系数向量. 接下来用线性判别分析进行预测, 其预测结果与逻辑斯谛回归的预测结果一致, 如表 3.10 所示. 线性判别分析的测试错误率为 44%, 即 56% 的市场涨跌能被准确预测. 其中, 当应用线性判别分析预测市场下跌时, 准确率为 50%; 当预测市场上涨时, 准确率为 58%.

预测涨跌	实际涨跌	
	跌 (Down)	涨 (Up)
跌 (Down)	35	35
涨 (Up)	76	106

表 3.10 线性判别分析预测结果

预测变量为 Lag1 和 Lag2.

3.4.2 二次判别分析

线性判别分析假设每一类观测服从一个多元正态分布, 其中所有 K 类的协方差矩阵是相同的. 二次判别分析 (quadratic discriminant analysis, QDA) 是另一种判别分析方法. 与线性判别分析类似, 二次判别分析分类器也是假设每一类的随机观测都服从一个正态分布, 然后把参数估计代入贝叶斯分类器进行类别预测. 但是, 与线性判别分析不同的是, 二次判别分析假设每一类观测都有自己的协方差矩阵, 即假设来自第 k 类的随机观测服从 $N(\boldsymbol{\mu}_k, \boldsymbol{\Sigma}_k)$, 其中 $\boldsymbol{\Sigma}_k$ 是第 k 类的协方差矩阵. 在这种假设下, 贝叶斯分类器把观测 $\boldsymbol{X} = \boldsymbol{x}$ 分入使得

$$
\begin{aligned}
\delta_k(\boldsymbol{x}) &= -\frac{1}{2}(\boldsymbol{x}-\boldsymbol{\mu}_k)^{\mathrm{T}}\boldsymbol{\Sigma}_k^{-1}(\boldsymbol{x}-\boldsymbol{\mu}_k) + \ln \pi_k \\
&= -\frac{1}{2}\boldsymbol{x}^{\mathrm{T}}\boldsymbol{\Sigma}_k^{-1}\boldsymbol{x} + \boldsymbol{x}^{\mathrm{T}}\boldsymbol{\Sigma}_k^{-1}\boldsymbol{\mu}_k - \frac{1}{2}\boldsymbol{\mu}_k^{\mathrm{T}}\boldsymbol{\Sigma}_k^{-1}\boldsymbol{\mu}_k + \ln \pi_k
\end{aligned} \tag{3.4.7}
$$

达到最大的那一类. 将 $\boldsymbol{\Sigma}_k, \boldsymbol{\mu}_k, \pi_k$ 的估计 $\hat{\boldsymbol{\Sigma}}_k, \hat{\boldsymbol{\mu}}_k, \hat{\pi}_k$ 代入 (3.4.7), 即可得二次判别分析的判别函数

$$
\hat{\delta}_k(\boldsymbol{x}) = -\frac{1}{2}\boldsymbol{x}^{\mathrm{T}}\hat{\boldsymbol{\Sigma}}_k^{-1}\boldsymbol{x} + \boldsymbol{x}^{\mathrm{T}}\hat{\boldsymbol{\Sigma}}_k^{-1}\hat{\boldsymbol{\mu}}_k - \frac{1}{2}\hat{\boldsymbol{\mu}}_k^{\mathrm{T}}\hat{\boldsymbol{\Sigma}}_k^{-1}\hat{\boldsymbol{\mu}}_k + \ln \hat{\pi}_k. \tag{3.4.8}
$$

给定一个观测 $\boldsymbol{X} = \boldsymbol{x}$, 二次判别分析将 $\boldsymbol{x}$ 分入使得 $\hat{\delta}_k(\boldsymbol{x})$ 达到最大的那一类.

在实际问题中, 何时用线性判别分析进行分类, 何时用二次判别分析进行分类呢? 一般而言, 如果训练观测数据量相对较少, 宜选择线性判别分析, 它可以降低模型的方差; 如果训练数据集很大, 宜选择二次判别分析.

把二次判别分析应用到 Smarket 数据集. 对 2005 年以前的观测进行拟合 (用 R 的 MASS 包的 qda() 函数), 拟合结果如下:

```
Call:
qda(Direction ~ Lag1 + Lag2, data = Smarket[train, ])

Prior probabilities of groups:
      Down         Up
  0.491984   0.508016

Group means:
              Lag1          Lag2
Down    0.04279022    0.03389409
Up     -0.03954635   -0.03132544
```

二次判别分析的输出同样给出了两个先验概率的估计和两个类平均值的估计. 用二次判别分析进行预测, 结果见表 3.11. 二次判别分析的测试错误率为 40%, 即 60% 的市场涨跌能被准确预测. 其中, 当应用二次判别分析预测市场下跌时, 准确率为 60%; 当预测市场上涨时, 准确率也为 60%.

预测涨跌	实际涨跌	
	跌 (Down)	涨 (Up)
跌 (Down)	30	20
涨 (Up)	81	121

预测变量为 Lag1 和 Lag2.

表 3.11 二次判别分析预测结果

k 最近邻分类 3.5

k 最近邻 (k-nearest neighbor, KNN) 法于 1968 年由科夫勒 (Cover) 和哈特 (Hart) 提出, 是一种基本的回归与分类方法, 但这里只讨论分类问题. k 最近邻法首先给定一个训练数据集, 其中的观测类别是给定的. 分类时, 对新的观测, 根据其 k 个最近邻的训练数据的类别, 通过多数表决等方式进行类别预测. 因此, k 最近邻法不具有显式的学习过程. k 的选择、距离度量以及决策规则是 k 最近邻法的三个基本要素.

k 最近邻法简单、直观: 给定一个训练数据集, 对新的观测数据, 在训练数据集中找到与该观测数据最邻近的 k 个数据, 这 k 个数据的多数属于某个类, 就把该观测数据分到这个类. 具体算法如下:

算法 3.1 (k 最近邻法)

1. 输入: 训练数据集

$$T=\{(\boldsymbol{x}_1,y_1),\cdots,(\boldsymbol{x}_n,y_n)\},$$

其中, $\boldsymbol{x}_i\in\mathbb{R}^p$ 为训练数据的特征向量, $y_i\in\{c_1,\cdots,c_L\}$ 为训练数据的类别. 待分类数据的特征向量为 $\boldsymbol{x}$;

2. 过程:

(a) 根据给定的距离度量, 在训练数据集 T 中找到与 $\boldsymbol{x}$ 最邻近的 k 个点, 涵盖这 k 个点的 $\boldsymbol{x}$ 的邻域记作 $N_k(\boldsymbol{x})$;

(b) 在 $N_k(\boldsymbol{x})$ 中根据分类决策规则 (如多数表决) 决定 $\boldsymbol{x}$ 的类别 y:

$$y=\arg\max_{c_j}\sum_{\boldsymbol{x}_i\in N_k(\boldsymbol{x})}I\{y_i=c_j\},\quad i=1,\cdots,k;\ j=1,\cdots,L;$$

3. 输出: 待分类数据 $\boldsymbol{x}$ 所属的类别 y.

特征空间中两个训练数据点 $\boldsymbol{x}_i=(x_{i1},\cdots,x_{ip})^{\mathrm{T}}$ 和 $\boldsymbol{x}_j=(x_{j1},\cdots,x_{jp})^{\mathrm{T}}$ 的距离通常采用欧氏距离:

$$L_2(\boldsymbol{x}_i,\boldsymbol{x}_j)=\left(\sum_{m=1}^{p}|x_{im}-x_{jm}|^2\right)^{1/2}.$$

当然, 也可以采用其他距离, 例如更一般的 L_q 距离:

$$L_q(\boldsymbol{x}_i,\boldsymbol{x}_j)=\left(\sum_{m=1}^{p}|x_{im}-x_{jm}|^q\right)^{1/q},\quad q\geqslant 1.$$

k 的选择对最近邻分类器的性能有着本质的影响. 当 $k=1$ 时, 最近邻分类器虽然偏差较低但方差很大, 决策边界很不规则. 当 k 变大时, 方差较低但偏差却增大, 将得到一个接近线性的决策边界. 在实际中, 可用交叉验证的方法选择 k 的大小.

k 最近邻法的分类决策规则往往采用多数表决, 即由训练数据集中的 k 个最邻近的观测数据中的多数类决定待分类数据的类别. 多数表决规则有如下统计解释: 如果分类的损失函数为 $0-1$ 损失函数, 分类函数为

$$f:\mathbb{R}^p\to\{c_1,\cdots,c_L\},$$

那么误分类的概率为

$$P(Y\neq f(\boldsymbol{X}))=1-P(Y=f(\boldsymbol{X})),$$

其中, $\boldsymbol{X}$ 是 $\boldsymbol{x}_i$ 的总体, Y 是 y_i 的总体. 对给定的待分类数据 $\boldsymbol{x}$, 其最近邻的 k 个训练数据点构成集合 $N_k(\boldsymbol{x})$. 如果涵盖 $N_k(\boldsymbol{x})$ 的区域的类别是 c_j, 那么误分类率为

$$\frac{1}{k}\sum_{\boldsymbol{x}_i\in N_k(\boldsymbol{x})} I\{y_i\neq c_j\}=1-\frac{1}{k}\sum_{\boldsymbol{x}_i\in N_k(\boldsymbol{x})} I\{y_i=c_j\}.$$

要使误分类率最小, 即经验风险最小, 就要使 $\sum_{\boldsymbol{x}_i\in N_k(\boldsymbol{x})} I\{y_i=c_j\}$ 最大, 所以多数表决规则等价于经验风险最小化.

把 k 最近邻法应用到 Smarket 数据集. 把 2005 年以前的数据当成训练数据集, 2005 年的数据当成测试数据集 (用 R 的 class 包的 knn() 函数). 取 $k=1$, 预测结果见表 3.12.

预测涨跌	实际涨跌	
	跌 (Down)	涨 (Up)
跌 (Down)	43	58
涨 (Up)	68	83

预测变量为 Lag1 和 Lag2.

表 3.12
k 最近邻法预测结果 ($k=1$)

$k=1$ 时的预测结果不大理想, 因为此时 k 最近邻法的测试错误率为 50%, 即只有 50% 的市场涨跌能被准确预测. 当 $k=3$ 时, 预测结果见表 3.13. 这时预测结果有所改进, k 最近邻法的测试错误率为 46.4%, 即 53.6% 的市场涨跌能被准确预测.

预测涨跌	实际涨跌	
	跌 (Down)	涨 (Up)
跌 (Down)	48	54
涨 (Up)	63	87

预测变量为 Lag1 和 Lag2.

表 3.13
k 最近邻法预测结果 ($k=3$)

3.6 决策树

本节将介绍基于树的回归和分类方法. 这些方法主要是根据分层和分割的方式把预测变量空间划分为一些简单区域. 对于给定的待预测的观测, 用它所属区域中的训练观测的平均值或众数对其进行预测. 由于划分预测变量空间的分裂规则可以被形容为一棵树, 所以此类方法被称为决策树 (decision tree) 方法.

决策树具有很直观的结构, 能根据安排在树形结构里的一系列规则来对响应变量进行预测. 建模的响应变量可以是数值型的, 此时利用决策树来处理回归问题; 建模的响应变量也可以是类别型的, 此时利用决策树来处理分类问题. 决策树应用于回归问题时叫回归树, 应用于分类问题时则称为分类树.

3.6.1 回归树

来看一个简单的例子. 假设要用工龄 (记为 X_1, 单位: 年) 和上一年度的出勤数 (记为 X_2, 单位: 星期) 来预测某企业一线工人的年薪 (记为 y, 单位: 万元). 图 3.6 表示相应的回归树. 它是由树顶端的一系列分裂规则构成的. 顶部分裂点将工龄小于 3 的观测分配到左边的分支, 将工龄不小于 3 的观测分配到右边的分支. 符合工龄小于 3 的工人的年薪的平均值为他们的年薪预测值. 这部分工人的平均年薪为 5 万元, 所以预测值为 5 万元. 而工龄不小于 3 的观测被分到右边的分支后, 再根据上一年度的出勤数进一步细分: 若上一年度的出勤数小于 35, 则年薪预测值为 7 万元; 否则, 年薪预测值为 8 万元. 这棵树将工人们归入三个关于预测变量 X_1 和 X_2 的区域: 工龄小于 3 的, 工龄不小于 3 且上一年度出勤数小于 35 的, 工龄不小于 3 且上一年度出勤数不小于 35 的. 记 $\boldsymbol{X}=(X_1,X_2)^{\mathrm{T}}$, 这三个区域可记为

$$R_1=\{\boldsymbol{X}|X_1<3\},\quad R_2=\{\boldsymbol{X}|X_1\geqslant 3, X_2<35\},$$

$$R_3=\{\boldsymbol{X}|X_1\geqslant 3, X_2\geqslant 35\}.$$

图 3.7 画出了这些区域. 在这三个区域中, 年薪预测值分别为 5 万元、7 万元和 8 万元.

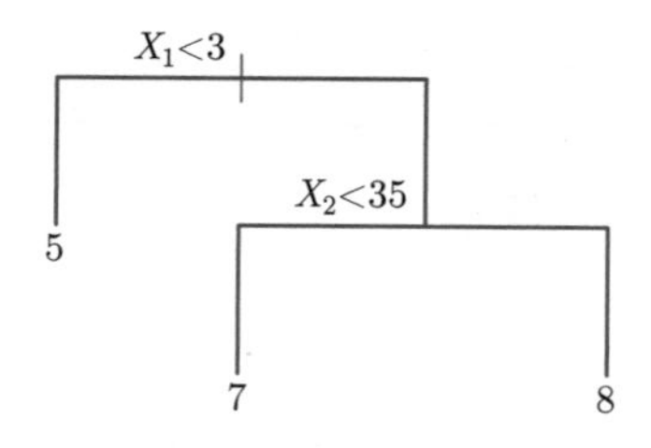

图 3.6
一棵 (个) 简单的决策树

在图 3.7 中, 区域 R_1, R_2 和 R_3 被称为树的叶节点 (leaf node). 在图 3.6 中, 决策树是从上到下绘制而成的, 叶节点位于树的底部. 沿树将预测变量空间分开的点被称为内节点 (internal node). 在图 3.6 中, 文字 $X_1<3$ 和 $X_2<35$ 标示出了两个内节点. 树内部各节点的连接部分被称为树枝.

记 $\boldsymbol{X}=(X_1,\cdots,X_p)^{\mathrm{T}}$. 建立回归树的过程可分为两步:

(1) 将预测变量空间 (即 $X_1,\cdots,X_p$ 的可能取值构成的集合) 分割成 J 个互不相容的区域 $R_1,\cdots,R_J$.

(2) 对落入区域 R_j 的每个观测作同样的预测, 预测值取为 R_j 上训练数据的平均响应值.

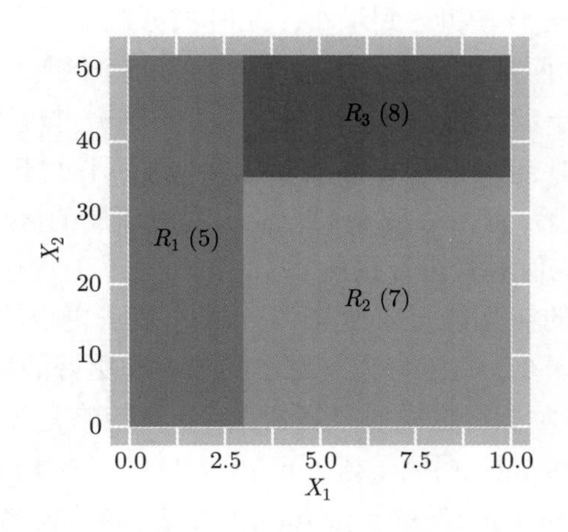

图 3.7 划分的三个区域

建立回归树的第一步是至关重要的. 如何构建区域 $R_1, \cdots, R_J$ 呢? 理论上, 区域的形状可以是任意的, 但出于简化模型和增加模型的可解释性的考虑, 通常将预测变量空间划分为高维矩形, 或称为盒子. 划分区域的目标是找到使模型的残差平方和 RSS 最小的矩形区域 $R_1, \cdots, R_J$. 这里, 残差平方和的定义是

$$\sum_{j=1}^{J} \sum_{i \in R_j} (y_i - \hat{y}(R_j))^2,$$

其中 $\hat{y}(R_j)$ 是第 j 个矩形区域中训练观测的平均响应值. 遗憾的是, 要考虑将预测变量空间划分为 J 个矩形区域的所有可能性在计算上往往是不可行的. 因此, 一般采用一种自上而下、贪婪的方法: 递归二叉分裂. 自上而下指的是它从树的顶端开始依次分裂预测变量空间, 每个分裂点产生两个新的分支. 贪婪指的是在构建树的每一过程中, "最优" 分裂仅限于某一局部过程, 而不是针对全局过程.

在执行递归二叉分裂时, 先选择预测变量 X_j 和分割点 s, 将预测变量空间分为两个区域 $\{\boldsymbol{X}|X_j < s\}$ 和 $\{\boldsymbol{X}|X_j \geqslant s\}$, 使残差平方和尽可能地减少. 也就是说, 考虑所有预测变量 $X_1, \cdots, X_p$ 以及与每个预测变量对应的分割点的所有取值, 然后选择其中的一对预测变量和分割点, 使构造出的树具有最小的残差平方和. 具体地, 对 j 和 s, 定义一对半 (超) 平面:

$$R_1(j,s) = \{\boldsymbol{X}|X_j < s\}, \quad R_2(j,s) = \{\boldsymbol{X}|X_j \geqslant s\}.$$

寻找 j 和 s, 使得下式取到最小值,

$$\sum_{i:\boldsymbol{x}_i \in R_1(j,s)} (y_i - \hat{y}(R_1))^2 + \sum_{i:\boldsymbol{x}_i \in R_2(j,s)} (y_i - \hat{y}(R_2))^2,$$

其中 $\hat{y}(R_k)$ 表示 $R_k(j,s)$ 中训练观测的平均响应值, $k=1,2$.

重复上述步骤, 继续寻找分割数据集的最优预测变量和最优分割点, 使随之产生的区域的残差平方和达到最小. 此时被分割的不再是整个预测变量空间, 而是之前确定的两个区域之一. 这样将得到三个区域. 接着仍以最小化残差平方和为准则进一步分割三个区域中的一个. 这一过程不断持续, 直到符合某个停止准则, 例如, 当所有区域包含的观测个数都不大于 5 时, 分裂停止. 区域 $R_1,\cdots,R_J$ 产生后, 就可以确定某一给定观测所属的区域, 并用这一区域的训练观测的平均响应值对其进行预测.

上述方法得到的树可能过于复杂. 一棵分裂点更少、规模更小 (即区域 $R_1,\cdots,R_J$ 的个数更少) 的树将会有更小的方差和更好的可解释性 (以增加微小的偏差为代价). 为得到这样的“好树”, 一种策略是先生成一棵很大的树 T_0, 然后通过剪枝 (prune) 得到子树 (sub-tree). 那么该如何剪枝呢？下面介绍成本复杂性剪枝 (cost complexity pruning) 方法. 该方法考虑以非负调节参数 α 标记的一列子树, 每一个 α 的取值对应一棵子树 $T\subset T_0$, 当 α 值给定时, 其对应的子树需使下式

$$\sum_{m=1}^{|T|}\sum_{i:\boldsymbol{x}_i\in R_m}(y_i-\hat{y}(R_m))^2+\alpha|T| \tag{3.6.1}$$

最小，这里的 $|T|$ 表示树的叶节点个数, R_m 是第 m 个叶节点对应的矩形 (预测向量空间中的一个子集), $\hat{y}(R_m)$ 是与 R_m 对应的响应预测值 (R_m 中训练观测的平均响应值). 调节参数 α 在子树的复杂性和树与训练数据的拟合度之间控制权衡. 当 $\alpha=0$ 时, 子树 T 即为原树 T_0. 当 α 增大时, 叶节点数多的树将为它的复杂性付出代价, 所以使 (3.6.1) 取到最小值的子树规模会变小.

在 (3.6.1) 中, 当 α 从 0 开始逐渐增大时, 树枝以一种嵌套的模式被修剪. 因此容易获得与 α 对应的子树序列. 可以用交叉验证或者验证集来挑选最优的 α, 从而确定相应的最优子树. 完整地建立一棵回归树的算法见算法 3.2.

算法 3.2 (回归树)

1. 利用递归二叉分裂在训练集中生成一棵大树, 当叶节点包含的观测值个数小于某个阈值时才停止;
2. 对大树进行成本复杂性剪枝, 得到一列 (相对) 最优子树, 子树是 α 的函数;
3. 利用 K 折交叉验证选择最优的 α. 具体做法是, 先将训练集分成 K 折, 然后对所有的 $k=1,\cdots,K$,
   (a) 对训练集上所有不属于第 k 折的数据重复步骤 1 和 2, 得到与 α 对应的子树;
   (b) 求出上述子树在 k 折上的均方预测误差, 并选取使均方预测误差达到最小的 α 值;
4. 在步骤 2 中找到与选出的 α 值相对应的子树.

对 MASS 库中的 Boston(波士顿) 数据集建立一棵回归树. R 中的 tree 程

序包可以用来做决策树分析, 构建决策树的函数是 tree(). Boston 数据集中含有 13 个预测变量: crim, zn, indus, chas, nox, rm, age, dis, rad, tax, ptratio, black, lstat. 其中几个比较重要的变量的含义: rm 表示每栋房子的平均房间数, dis 表示与波士顿的五个就业中心的加权平均距离, lstat 表示社会经济地位较低的个体所占的比例, 响应变量是 medv(单位: 10^3 美元), 表示房价的中位数. 样本容量是 506. 表 3.14 给出了这个数据集中的前 6 组观测数据.

序号	1	2	3	4	5	6
crim	0.00632	0.02731	0.02729	0.03237	0.06905	0.02985
zn	18	0	0	0	0	0
indus	2.31	7.07	7.07	2.18	2.18	2.18
chas	0	0	0	0	0	0
nox	0.538	0.469	0.469	0.458	0.458	0.458
rm	6.575	6.421	7.185	6.998	7.147	6.430
age	65.2	78.9	61.1	45.8	54.2	58.7
dis	4.0900	4.9671	4.9671	6.0622	6.0622	6.0622
rad	1	2	2	3	3	3
tax	296	242	242	222	222	222
ptratio	15.3	17.8	17.8	18.7	18.7	18.7
black	396.90	396.90	392.83	394.63	396.90	394.12
lstat	4.98	9.14	4.03	2.94	5.33	5.21
medv	24.0	21.6	34.7	33.4	36.2	28.7

表 3.14
Boston 数据集中的前 6 组观测数据

随机选择一半的数据作为训练集, 另一半的数据作为测试集. 然后用训练集构造一棵回归树. 输出结果如下:

```
Regression tree:
tree(formula = medv ~ ., data = Boston, subset = train)
Variables actually used in tree construction:
[1]  "lstat"    "rm"    "dis"
Number of terminal nodes: 8
Residual mean deviance: 12.65 = 3099/245
Distribution of residuals:
      Min.    1stQu.     Median      Mean     3rdQu      Max.
-14.10000  -2.04200  -0.05357  0.00000  1.96000  12.60000
```

需要说明的是, 由于随机抽样的原因, 读者自行运行 R 代码产生的结果可能会与本书的结果不同 (此说明适用于本章所有由 R 代码产生的结果). 这个输出结果表明, 在创建回归树时只用到了三个变量: lstat, rm, dis, 这棵树共有 8 个叶节点. 图 3.8 画出了这棵树.

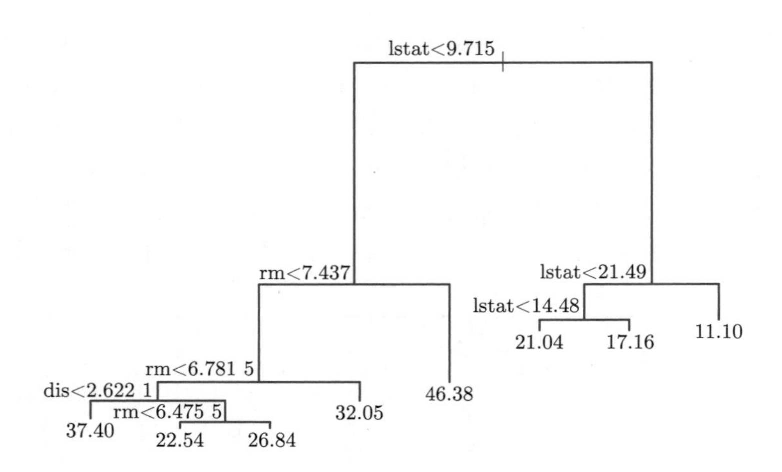

图 3.8
由 Boston 的训练集创建的回归树

这棵树表明 lstat 值越小, 对应的房价就越高. 这棵树预测: 在住户社会经济地位较高的郊区 (lstat<9.715), 大房子 (rm⩾ 7.437) 的房价中位数是 46380 美元. 接下来用交叉验证法对树进行剪枝, 剪枝后的树只有 5 个叶节点, 见图 3.9.

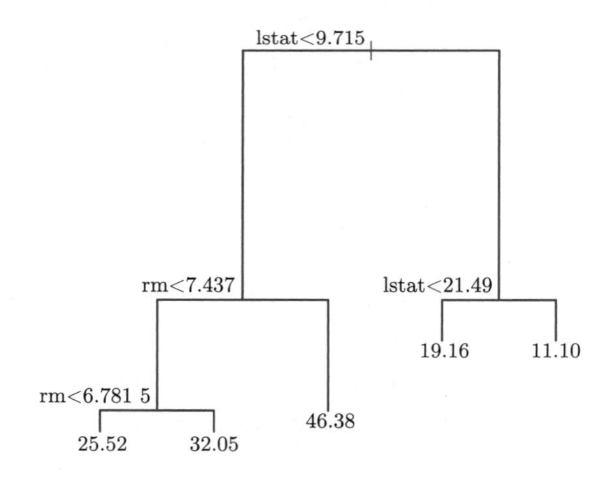

图 3.9
由 Boston 的训练集创建的剪枝后的回归树

把剪枝后的回归树应用于测试集. 图 3.10 为预测值与观测值的散点图 (图中直线的斜率为 1). 另外, 回归树的测试均方误差为 26.83, 其平方根为 5.180. 这意味着这个模型在测试集上的预测值与真实房价的中位数的差异在 5180 美元以内.

3.6.2 分类树

分类树 (classification tree) 和回归树十分相似, 区别在于: 分类树被用于预测定性变量 (即类别变量) 而非定量变量; 对一给定观测值, 响应预测值取它所属的叶节点的训练观测中最常出现的类别, 而非平均响应值.

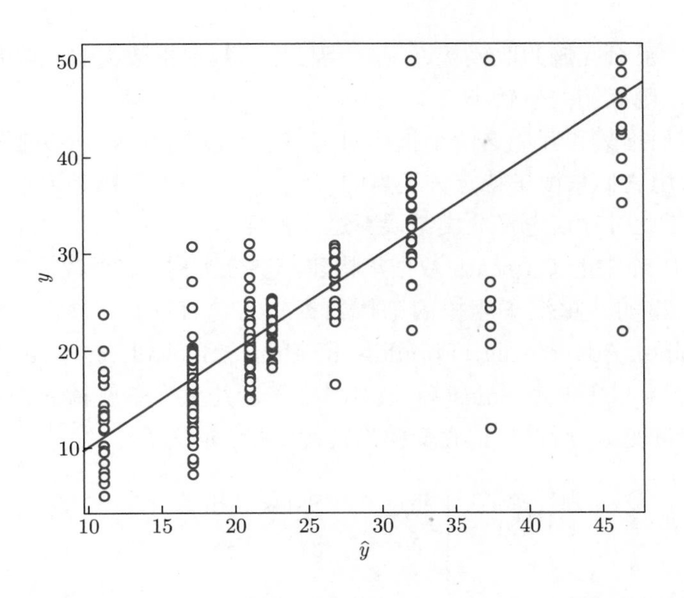

图 3.10 测试集的响应变量的预测值与观测值的散点图

与回归树一样, 分类树也采用递归二叉分裂方法. 但在分类树中, 残差平方和无法作为二叉分裂的准则. 一个很自然的替代指标是分类错误率. 既然要将给定区域内的观测都分到此区域的训练观测中最常出现的类别中, 那么分类错误率可以定义为: 此区域的训练观测中非最常见类别所占的比例, 其数学表达式为

$$E_m = 1 - \max_k \hat{p}_{mk},$$

其中 $\hat{p}_{mk}$ 表示第 m 个区域的训练观测中第 k 类所占的比例. 但分类错误率在构建分类树的过程中不够敏感, 因此在实践中, 人们通常采用下面的两个指标.

第一个指标是基尼指数 (Gini index), 第 m 个节点的基尼指数定义为

$$G_m = \sum_{k=1}^{K} \hat{p}_{mk}(1 - \hat{p}_{mk}),$$

这里, K 表示类别总数. 基尼指数衡量了 K 个类别的总方差. 容易看出, 若所有 $\hat{p}_{mk}$ 的取值都接近 0 或 1, 那么基尼指数会很小. 因此基尼指数可用来衡量节点的纯度. 如果它的值较小, 意味着第 m 个节点所包含的观测值几乎都来自同一类别.

另一个指标是互熵 (cross-entropy), 它的定义为

$$D_m = -\sum_{k=1}^{K} \hat{p}_{mk} \ln \hat{p}_{mk}.$$

由于 $0 \leqslant \hat{p}_{mk} \leqslant 1$, 可知 $0 \leqslant -\hat{p}_{mk} \ln \hat{p}_{mk}$. 显然, 如果所有的 $\hat{p}_{mk}$ 的取值都接

近于 0 或 1, 那么互熵的取值接近于 0. 因此, 与基尼指数类似, 若第 m 个节点的纯度较高, 则互熵的值较小.

因为基尼指数和互熵这两个指标对节点的纯度更敏感, 所以在构建分类树的过程中常用它们来衡量特定分裂点的分裂效果. 但若目标是追求更高的预测准确性的话, 此时建议选择分类错误率这一指标.

对 ISLR 库中的 Carseats 数据集构建一棵分类树. 这个数据集收集了 400 家不同商店里的儿童汽车座椅的销售数据. 它含有 10 个预测变量: CompPrice, Income, Advertising, Population, Price, ShelveLoc, Age, Education, Urban, US. 响应变量是 Sales(单位: 10^3), 表示儿童汽车座椅的销量. 因为响应变量是定量变量, 所以先把它变换为定性变量. 定义

$$\text{High} = \begin{cases} \text{Yes}, & \text{Sales} > 8, \\ \text{No}, & \text{Sales} \leqslant 8. \end{cases}$$

表 3.15 给出了这个数据集中的前 6 组观测数据.

序号	1	2	3	4	5	6
Sales	9.50	1.22	10.06	7.40	4.15	10.81
CompPrice	138	111	113	117	141	124
Income	73	48	35	100	64	113
Advertising	11	16	10	4	3	13
Population	276	260	269	466	340	501
Price	120	83	80	97	128	72
ShelveLoc	Bad	Good	Medium	Medium	Bad	Bad
Age	42	65	59	55	38	78
Education	17	10	12	14	13	16
Urban	Yes	Yes	Yes	Yes	Yes	No
US	Yes	Yes	Yes	Yes	No	Yes
High	Yes	Yes	Yes	No	No	Yes

表 3.15 Carseats 数据集中的前 6 组观测数据

随机选择一半的数据作为训练集, 另一半作为测试集. 下面, 用训练集构造一棵分类树. 为了追求预测准确性, 采用分类错误率作为二叉分裂准则. 输出结果如下:

```
Classification tree:
tree(formula = High ~ . - Sales, data = Carseats, subset = train)
Variables actually used in tree construction:
[1] "ShelveLoc"  "Price"  "Income"  "Age"  "Advertising"
[6] "CompPrice"  "Population"
Number of terminal nodes: 19
Residual mean deviance: 0.4282 = 77.51/181
```

```
Misclassification error rate: 0.105 = 21/200
```

这个输出结果告诉我们: 在创建分类树时用到了除 Education, Urban 和 US 外的其他 7 个预测变量; 这棵树共有 19 个叶节点. 图 3.11 是这棵分类树.

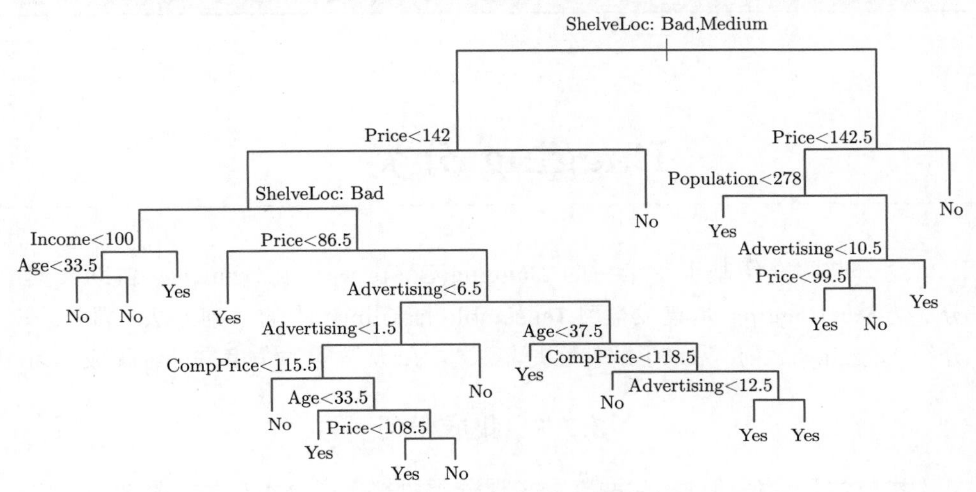

图 3.11 由 Carseats 的训练集创建的分类树

这棵分类树过于庞大, 采用成本复杂性方法对树进行剪枝, 剪枝后的树只有 9 个叶节点, 见图 3.12.

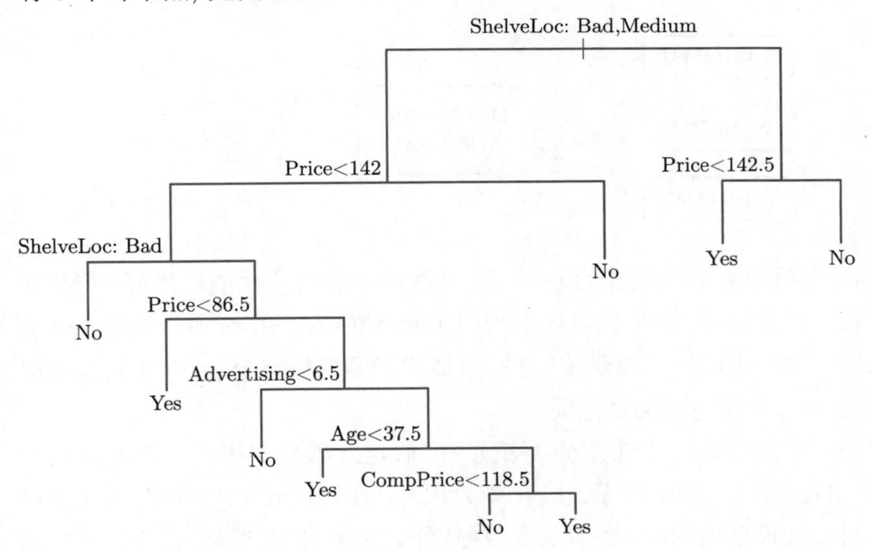

图 3.12 由 Carseats 的训练集创建的剪枝后的分类树

把剪枝后的分类树应用到测试集上, 预测结果见表 3.16, 这棵分类树在测试集上的预测准确率为 $(94+60)/200=77\%$.

表 3.16 剪枝后的分类树在测试集上的预测表现

预测结果	实际结果	
	No	Yes
No	94	24
Yes	22	60

3.7 Bagging 分类

这一节将介绍基于决策树的 Bagging(Bootstrap aggregating, 自助聚集) 分类方法. Bagging 是集成学习 (ensemble learning) 中的一种方法. 因此, 在介绍 Bagging 之前, 先来了解什么是集成学习. 从分类的角度来介绍集成学习.

3.7.1 集成学习

集成学习就是通过构建并整合多棵分类树来完成分类任务. 图 3.13 展示了集成学习的一般结构: 先产生一组 (个体) 分类树, 然后再用某种策略将它们整合成一棵树, 不妨称为集成树, 最后利用集成树进行预测输出.

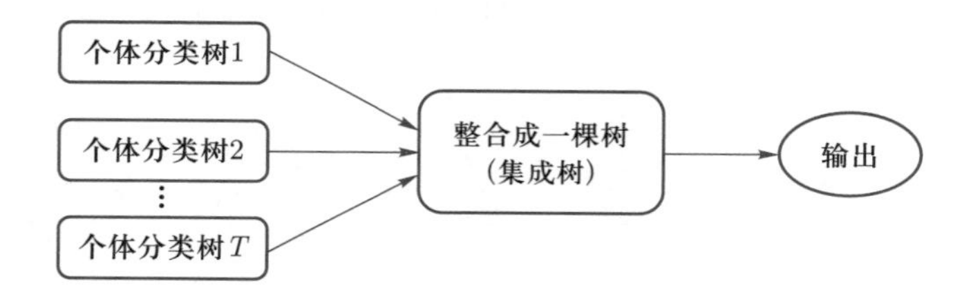

图 3.13 集成学习示意图

集成学习将多棵分类树整合在一起, 这些树可能有些性能比较好, 有些却比较差. 在一般经验中, 如果把好坏不均的东西掺在一起, 那么通常结果会是比最坏的要好一些, 比最好的却要差一些. 集成树把多棵树整合起来, 如何能获得比最好的那棵分类树更好的性能呢?

考虑一个简单的例子, 在二分类任务中, 假定三棵分类树在三个测试观测上的表现如表 3.17—3.19 所示, 其中 "√" 表示分类正确, "×" 表示分类错误. 集成树通过投票法 (即少数服从多数原则) 产生预测结果. 在表 3.17 中, 每棵分类树都只有 66.6% 的预测准确率, 但集成树的预测准确率却达到了 100%. 在表 3.18 中, 三棵分类树没有差别, 集成之后预测准确率没有提高. 在表 3.19 中, 每棵分类树的预测准确率都只有 33.3%, 集成树的预测表现更糟糕. 这个例子告诉我们: 要想获得好的集成树, 个体分类树应 "好而不同", 即个体分类树要有一定的 "准确性", 即预测性能不能太差, 同时要有 "多样性", 即个体分类树之间要有差异.

	测试数据 1	测试数据 2	测试数据 3
分类树 1	√	√	×
分类树 2	×	√	√
分类树 3	√	×	√
集成树	√	√	√

表 3.17
集成性能提升

	测试数据 1	测试数据 2	测试数据 3
分类树 1	√	√	×
分类树 2	√	√	×
分类树 3	√	√	×
集成树	√	√	×

表 3.18
集成不起作用

	测试数据 1	测试数据 2	测试数据 3
分类树 1	√	×	×
分类树 2	×	√	×
分类树 3	×	×	√
集成树	×	×	×

表 3.19
集成起负作用

经“好而不同”的个体分类树整合后, 集成树有什么优点呢？我们来做个简单的分析. 考虑一个二分类问题 $y \in \{-1, 1\}$ 和真实函数 f. 我们把 T 个个体分类树记为 $h_1, \cdots, h_T$, 假设它们的分类错误率都为 ϵ, 即

$$P(h_i(\boldsymbol{x}) \neq f(\boldsymbol{x})) = \epsilon, \quad i = 1, \cdots, T.$$

记集成树为 H. 假设集成树通过投票法来整合这 T 个个体分类树: 若有超过半数的个体分类树分类正确, 则集成树就分类正确, 即

$$H(\boldsymbol{x}) = \operatorname{sign}\left(\sum_{i=1}^{T} h_i(\boldsymbol{x})\right).$$

若这 T 个个体分类树是相互独立的, 那么由霍夫丁 (Hoeffding) 不等式可知: 集成树的分类错误率

$$P(H(\boldsymbol{x}) \neq f(\boldsymbol{x})) = \sum_{k=0}^{\lfloor T/2 \rfloor} \binom{T}{k} (1-\epsilon)^k \epsilon^{T-k} \leqslant \exp\left\{-\frac{1}{2} T (1-\epsilon)^2\right\},$$

其中, $\lfloor \cdot \rfloor$ 表示取整符号. 上式告诉我们: 随着集成树中的个体分类树数目 T 的增大, 集成树的分类错误率呈指数级下降.

根据个体分类树的生成方式, 集成树的产生方法大致可分为两大类: 个体分类树之间不存在强依赖关系、可同时生成的并行化方法; 个体分类树之间存在强依赖关系、必须串行生成的序列化方法. 前者的代表是 Bagging 和随机森

林, 后者的代表是 Boosting(本章将介绍的 AdaBoost 算法是 Boosting 的一个特例).

3.7.2 Bagging 分类

Bagging 主要关注降低预测模型的方差. 它是如何实现这一目的的呢? 我们知道: 给定 n 个独立随机变量 $Z_1, \cdots, Z_n$, 假设它们的方差都为 σ^2, 那么样本均值 $\overline{Z} = \sum_{i=1}^{n} Z_i/n$ 的方差为 σ^2/n. 因此, 要降低某种统计学习方法的方差从而增加预测准确性, 一种很自然的方法就是: 从总体中抽取多个训练集, 对每个训练集分别建立预测模型, 再对由此得到的全部预测模型求平均, 得到一个集成模型. 也就是说, 可以用 B 个独立的训练集训练出 B 个模型: $\hat{f}^1(\boldsymbol{x}), \cdots, \hat{f}^B(\boldsymbol{x})$, 然后对它们求平均, 得到一个低方差的模型:

$$\hat{f}_{\text{avg}}(\boldsymbol{x}) = \frac{1}{B}\sum_{b=1}^{B}\hat{f}^b(\boldsymbol{x}).$$

但是在实际中, 往往不容易得到多个训练集, 导致上述方法不可行. 自助抽样法 (Bootstrap) 可以解决这个问题. 从一个单一的训练集中重复抽样, 这样就能生成 B 个不同的自助抽样训练集. 然后, 用第 b 个自助抽样训练集训练出模型 $\hat{f}^{*b}(\boldsymbol{x})$, $b = 1, \cdots, B$, 最后进行平均:

$$\hat{f}_{\text{bag}}(\boldsymbol{x}) = \frac{1}{B}\sum_{b=1}^{B}\hat{f}^{*b}(\boldsymbol{x}).$$

这就是 Bagging.

在分类问题中, 对于一个给定的测试观测, 先记录全部 B 棵个体分类树对这个测试观测的预测结果, 然后采取投票法进行预测输出, 即将 B 个预测结果中出现频率最高的类别作为最后的预测结果.

大量实践表明, B 的大小不是一个对 Bagging 起决定作用的参数, B 值很大时也不会产生过拟合. 在处理实际问题的时候, 往往取足够大的 B 值, 使分类错误率能够大幅降低并稳定下来.

值得一提的是, 自助抽样法还给 Bagging 带来了另一个优点: 无需使用交叉验证法就能直接估计 Bagging 的测试误差 (指在测试集上的分类错误率). 我们来解释一下. 给定一棵树, 它只使用了训练集中约三分之二的数据①, 剩下的约三分之一的训练数据被称为此树的袋外 (out-of-bag, OOB) 观测, 可以用所有将第 i 个观测作为袋外观测的树来预测第 i 个观测的响应值. 这样, 便会产

① 考虑一个含有 m 个观测的数据集 D, 采用有放回抽样得到另一个含有 m 个观测的数据集 D', 那么对 D 中的任一观测, 它在 D' 中不出现的概率为 $(1-1/m)^m \to 1/\mathrm{e} \approx 0.368$ $(m \to \infty)$.

生约 $B/3$ 个对第 i 个观测的 (响应值) 预测. 对这些预测执行投票法, 便可得到第 i 个观测的袋外预测. 用这种方法可以求出训练集中所有观测的袋外预测并由此计算分类错误率. 这个分类错误率就是 Bagging 的测试误差的一个有效估计.

实验表明, Bagging 比未剪枝决策树、神经网络等易受样本扰动的学习器在模型预测的准确性上更优. 但 Bagging 也是有缺点的. 决策树的优点之一是它能够得到漂亮且易于解释的图形, 然而, 当大量的决策树被整合后, 就无法仅用一棵树来展现相应的统计学习过程, 也不清楚哪些变量在分类过程中比较重要. 因此 Bagging 对预测准确性的提升是以牺牲模型可解释性为代价的.

把 Bagging 分类方法应用到 ISLR 库中的 Carseats 数据集. 调用 R 中的 randomForest 程序包进行 Bagging 分类 (Bagging 其实是随机森林的一个特例), 函数 randomForest() 可以完成 Bagging 分类. 随机选择一半的样本作为训练集, 另一半作为测试集. 个体分类树的总数 B 取为 randomForest() 默认的 500. 用 Bagging 方法得到的 Bagging 分类树的基本信息如下:

```
randomForest(formula=High ~ . - Sales, data=Carseats, mtry=10,
             importance = TRUE, subset = train)
Type of random forest: classification
Number of trees: 500
No. of variables tried at each split: 10
OOB estimate of error rate: 24.5%

Confusion matrix:
     No  Yes    class.error
No   97   23    0.1916667
Yes  26   54    0.3250000
```

测试误差的袋外估计为 24.5%. 把这棵 Bagging 分类树应用于测试集, 看看预测效果如何. 预测结果见表 3.20. 这棵 Bagging 分类树在测试集上的预测准确率达到了 $(105+62)/200 = 83.5\%$, 比 3.7 节单棵分类树的预测表现要好.

预测结果	实际结果	
	No	Yes
No	105	22
Yes	11	62

表 3.20 Bagging 分类树在测试集上的预测表现

3.8 随机森林分类

随机森林 (random forest, RF) 是对 Bagging 的一个改进. 随机森林在以决策树为基础构建 Bagging 分类树的基础上, 进一步在决策树的训练过程中引入了预测变量的随机选择, 从而达到对树的去相关 (decorrelating), 实现对 Bagging 的改进. 在随机森林中, 需要对自助抽样训练集建立一系列的个体分类树, 这与 Bagging 类似. 但是, 在建立这些个体分类树时, 每考虑树上的一个分裂点, 都要从全部的 p 个预测变量中选出一个包含 $q(1 \leqslant q \leqslant p)$ 个预测变量的随机样本作为候选变量. 这个分裂点所用的预测变量只能从这 q 个变量中选择. 在每个分裂点处都重新进行抽样, 选出 q 个预测变量. 若 $q = p$, 则随机森林就是 Bagging. 通常取 $q = \sqrt{p}$.

换言之, 在建立随机森林的过程中, 对树上的每一个分裂点来说, 算法将大部分可用的预测变量排除在考虑范围之外. 这听起来可能十分不妥, 但这么做还是非常有道理的. 假设数据集中有一个很强的预测变量和其他一些中等强度的预测变量. 那么在 Bagging 方法中, 大多 (甚至可能是所有) 的个体分类树都会将最强的预测变量用于顶部分裂点. 这造成 Bagging 中所有的个体分类树看起来都很相似, 导致它们的预测输出具有高度相关性. 问题是, 与对不相关的变量求平均相比, 对高度相关的变量求平均所带来的方差减少量是无法与前者相提并论的. 在这种情况下, Bagging 分类树与单棵分类树相比不会带来方差的大幅度降低.

随机森林通过强迫每个分裂点仅考虑预测变量的一个子集, 克服了上述的困难. 如此一来, 最强的那个预测变量不会出现在大约 $(p-q)/p$ 比例的分裂点上, 所以其他预测变量就有更多的入选分裂点的机会. 这一过程可以被认为是对个体分类树的去相关. 这样得到的集成树有更小的模型方差, 因此预测结果更加稳定、可靠.

可以看出, Bagging 中分类树的“多样性”仅来自样本扰动 (通过对初始训练集进行多次抽样), 而随机森林中分类树的多样性不仅来自样本扰动, 还来自预测变量的扰动, 这就使得最终的集成分类树可通过个体分类树之间的差异性的增加而得到进一步的提升.

随机森林与 Bagging 一样, 不会因为 B 的增大而造成过拟合, 所以在实践中应取足够大的 B, 使分类错误率能降低到一个稳定的水平.

把随机森林方法应用到 ISLR 库中的 Carseats 数据集. 调用 R 中的 randomForest 程序包进行随机森林分类, 函数 randomForest() 可以完成随机森林分类. 我们也随机选择一半的样本作为训练集, 另一半作为测试集. 个体分类树的总数 B 仍取为 randomForest() 默认的 500, q 取为 3(因为 $\sqrt{p} =$

$\sqrt{10} \approx 3$). 用随机森林方法得到的随机森林分类树的基本信息如下:

```
randomForest(formula=High ~ . - Sales, data=Carseats, mtry=3,
             importance = TRUE, subset = train)
Type of random forest: classification
Number of trees: 500
No. of variables tried at each split: 3

OOB estimate of error rate: 19.5%
Confusion matrix:
    No  Yes   class.error
No  93   17     0.1545455
Yes 22   68     0.2444444
```

测试误差的袋外估计为 19.5%. 把得到的随机森林分类树应用于测试集, 看看它的预测效果如何. 预测结果见表 3.21. 这棵随机森林分类树在测试集上的预测准确率达到了 $(105+62)/200 = 83.5\%$. 在 $q = 3$ 时, 随机森林分类树与 Bagging 分类树相比, 预测性能没有得到提升, 这主要是因为在这个特定的例子里 Bagging 分类树的表现已足够好.

预测结果	实际结果	
	No	Yes
No	105	12
Yes	21	62

表 3.21 随机森林分类树在测试集上的预测表现

3.9 AdaBoost 算法分类

先介绍 Boosting 的含义. Boosting 是一族可将弱分类器提升为强分类器的算法. 这族算法的工作机制如下: 先从初始训练集训练出一个 (弱) 分类器, 再根据这个分类器的表现对训练样本分布进行调整, 使得先前分类器错分的训练样本在后续得到更多的关注, 然后基于调整后的样本分布来训练下一个分类器. 如此重复进行, 直至获得的分类器的数目达到事先给定的值 T, 最终将这 T 个分类器进行加权整合, 得到一个强分类器.

AdaBoost(Adaptive Boosting, 自适应增强) 算法是 Boosting 算法中最著名的代表. 它的具体算法见算法 3.3, 其中 $y_i \in \{-1, 1\}$, f 表示真实的分类函数.

算法 3.3 (AdaBoost 算法)

1. 输入: 训练集 $D=\{(\boldsymbol{x}_1,y_1),\cdots,(\boldsymbol{x}_m,y_m)\}$, 分类器算法 $\mathfrak{L}$, 训练轮数 T;
2. 过程:

   (a) $\mathcal{D}_1(\boldsymbol{x})=1/m$;

   (b) 对 $t=1,\cdots,T$, 执行;

   (c) $h_t=\mathfrak{L}(D,\mathcal{D}_t)$;

   (d) $\epsilon_t=P_{\boldsymbol{x}\sim\mathcal{D}_t}(h_t(\boldsymbol{x})\neq f(\boldsymbol{x}))$;

   (e) 如果 $\epsilon_t>0.5$, 则停止; 否则, 继续执行;

   (f) $\alpha_t=\dfrac{1}{2}\ln\left(\dfrac{1-\epsilon_t}{\epsilon_t}\right)$;

   (g) 令

$$\begin{aligned}\mathcal{D}_{t+1}&=\frac{\mathcal{D}_t(\boldsymbol{x})\exp\{-\alpha_t f(\boldsymbol{x})h_t(\boldsymbol{x})\}}{Z_t}\\&=\frac{\mathcal{D}_t(\boldsymbol{x})}{Z_t}\times\begin{cases}\exp\{-\alpha_t\}, & h_t(\boldsymbol{x})=f(\boldsymbol{x}),\\ \exp\{\alpha_t\}, & h_t(\boldsymbol{x})\neq f(\boldsymbol{x}),\end{cases}\end{aligned}$$

   其中 Z_t 是某一常数, 具体的定义见 (3.9.4);

   (h) 循环结束.

3. 输出: $H(\boldsymbol{x})=\operatorname{sign}\left(\sum_{t=1}^{T}\alpha_t h_t(\boldsymbol{x})\right)$.

在 AdaBoost 算法的“过程”中, 步骤 (a) 初始化样本权值分布, 步骤 (c) 基于分布 $\mathcal{D}_t$ 从数据集 D 中训练出分类器 h_t, 步骤 (d) 给出 h_t 的分类误差, 步骤 (f) 确定分类器 h_t 的权重, 步骤 (g) 更新样本分布, 其中 Z_t 是规范化因子, 以确保 $\mathcal{D}_{t+1}$ 是一个概率分布.

AdaBoost 算法有多种推导方式, 比较容易理解的一种方式是基于“加性模型” (additive model), 即用分类器的线性组合 $H(\boldsymbol{x})=\operatorname{sign}\left(\sum_{t=1}^{T}\alpha_t h_t(\boldsymbol{x})\right)$ 来最小化指数损失函数 $l_{\exp}(H|\mathcal{D})=E_{\boldsymbol{x}\sim\mathcal{D}}[\mathrm{e}^{-f(\boldsymbol{x})H(\boldsymbol{x})}]$.

为 $H(\boldsymbol{x})$ 能令指数损失函数最小化, 考虑 $l_{\exp}(H|\mathcal{D})$ 关于 $H(\boldsymbol{x})$ 的偏导数:

$$\frac{\partial l_{\exp}(H|\mathcal{D})}{\partial H(\boldsymbol{x})}=-\mathrm{e}^{-H(\boldsymbol{x})}P(f(\boldsymbol{x})=1|\boldsymbol{x})+\mathrm{e}^{H(\boldsymbol{x})}P(f(\boldsymbol{x})=-1|\boldsymbol{x}).$$

令上式为 0 可解得

$$H(\boldsymbol{x})=\frac{1}{2}\ln\frac{P(f(\boldsymbol{x})=1|\boldsymbol{x})}{P(f(\boldsymbol{x})=-1|\boldsymbol{x})}.$$

因此, 若排除 $P(f(\boldsymbol{x})=1|\boldsymbol{x})=P(f(\boldsymbol{x})=-1|\boldsymbol{x})$ 这种情形, 则有

$$\begin{aligned}\operatorname{sign}(H(\boldsymbol{x}))&=\operatorname{sign}\left(\frac{1}{2}\ln\frac{P(f(\boldsymbol{x})=1|\boldsymbol{x})}{P(f(\boldsymbol{x})=-1|\boldsymbol{x})}\right)\\&=\begin{cases}1, & P(f(\boldsymbol{x})=1|\boldsymbol{x})>P(f(\boldsymbol{x})=-1|\boldsymbol{x}),\\ -1, & P(f(\boldsymbol{x})=1|\boldsymbol{x})<P(f(\boldsymbol{x})=-1|\boldsymbol{x})\end{cases}\end{aligned}$$

$$= \underset{y\in\{-1,1\}}{\arg\max}\, P(f(\boldsymbol{x}) = y|\boldsymbol{x}).$$

这意味着 $\mathrm{sign}(H(\boldsymbol{x}))$ 达到了贝叶斯最优错误率. 换言之, 若指数损失函数最小化, 则分类错误率也将最小化. 这说明指数损失函数是分类任务原本 "0/1 损失函数" 的相合 (consistent) 替代损失函数. 由于这个替代函数有更好的数学性质, 例如它是连续可微函数, 因此用它替代 0/1 损失函数作为优化目标.

在 AdaBoost 算法中, 第一个分类器 h_1 是通过直接将分类算法应用于初始数据分布而得, 此后迭代地生成 h_t 和 α_t, 当分类器 h_t 基于分布 $\mathcal{D}_t$ 产生后, 该分类器的权重 α_t 应使得 $\alpha_t h_t$ 能最小化指数损失函数

$$\begin{aligned}
l_{\exp}(\alpha_t h_t|\mathcal{D}_t) &= E_{\boldsymbol{x}\sim\mathcal{D}_t}[\mathrm{e}^{-f(\boldsymbol{x})\alpha_t h_t(\boldsymbol{x})}] \\
&= E_{\boldsymbol{x}\sim\mathcal{D}_t}[\mathrm{e}^{-\alpha_t} I\{f(\boldsymbol{x}) = h_t(\boldsymbol{x})\} + \mathrm{e}^{\alpha_t} I\{f(\boldsymbol{x}) \neq h_t(\boldsymbol{x})\}] \\
&= \mathrm{e}^{-\alpha_t} P_{\boldsymbol{x}\sim\mathcal{D}_t}(f(\boldsymbol{x}) = h_t(\boldsymbol{x})) + \mathrm{e}^{\alpha_t} P_{\boldsymbol{x}\sim\mathcal{D}_t}(f(\boldsymbol{x}) \neq h_t(\boldsymbol{x})) \\
&=: \mathrm{e}^{-\alpha_t}(1-\epsilon_t) + \mathrm{e}^{\alpha_t}\epsilon_t,
\end{aligned}$$

其中, $\epsilon_t = P_{\boldsymbol{x}\sim\mathcal{D}_t}(f(\boldsymbol{x}) \neq h_t(\boldsymbol{x}))$. 考虑这个指数损失函数关于 α_t 的偏导数, 得

$$\frac{\partial l_{\exp}(\alpha_t h_t|\mathcal{D}_t)}{\partial \alpha_t} = -\mathrm{e}^{-\alpha_t}(1-\epsilon_t) + \mathrm{e}^{\alpha_t}\epsilon_t.$$

令上式为 0 可解得

$$\alpha_t = \frac{1}{2}\ln\left(\frac{1-\epsilon_t}{\epsilon_t}\right), \tag{3.9.1}$$

它恰是 AdaBoost 算法的 "过程" 的步骤 (f) 里的分类器权重更新公式. 容易求得 $l_{\exp}(\alpha_t h_t|\mathcal{D}_t)$ 关于 α_t 的二阶偏导数为 $\mathrm{e}^{-\alpha_t}(1-\epsilon_t) + \mathrm{e}^{\alpha_t}\epsilon_t$, 它恒大于 0. 所以 (3.9.1) 中的 α_t 能最小化指数损失函数 $l_{\exp}(\alpha_t h_t|\mathcal{D}_t)$.

AdaBoost 算法在获得 H_{t-1} 之后将样本分布进行调整, 使下一轮的分类器 h_t 能纠正 H_{t-1} 的一些错误. 理想的 h_t 能纠正 H_{t-1} 的全部错误, 即最小化

$$\begin{aligned}
l_{\exp}(H_{t-1} + h_t|\mathcal{D}) &= E_{\boldsymbol{x}\sim\mathcal{D}}[\mathrm{e}^{-f(\boldsymbol{x})(H_{t-1}(\boldsymbol{x}) + h_t(\boldsymbol{x}))}] \\
&= E_{\boldsymbol{x}\sim\mathcal{D}}[\mathrm{e}^{-f(\boldsymbol{x})H_{t-1}(\boldsymbol{x})}\mathrm{e}^{-f(\boldsymbol{x})h_t(\boldsymbol{x})}].
\end{aligned} \tag{3.9.2}$$

注意到 $f^2(\boldsymbol{x}) = h_t^2(\boldsymbol{x}) = 1$, (3.9.2) 可使用 $\mathrm{e}^{-f(\boldsymbol{x})h_t(\boldsymbol{x})}$ 的 Taylor 展开式得

$$\begin{aligned}
l_{\exp}(H_{t-1} + h_t|\mathcal{D}) &\approx E_{\boldsymbol{x}\sim\mathcal{D}}\left[\mathrm{e}^{-f(\boldsymbol{x})H_{t-1}(\boldsymbol{x})}\left(1 - f(\boldsymbol{x})h_t(\boldsymbol{x}) + \frac{f^2(\boldsymbol{x})h_t^2(\boldsymbol{x})}{2}\right)\right] \\
&= E_{\boldsymbol{x}\sim\mathcal{D}}\left[\mathrm{e}^{-f(\boldsymbol{x})H_{t-1}(\boldsymbol{x})}\left(1 - f(\boldsymbol{x})h_t(\boldsymbol{x}) + \frac{1}{2}\right)\right].
\end{aligned}$$

于是, 理想的分类器为

$$\begin{aligned} h_t(\boldsymbol{x}) &= \arg\min_h l_{\exp}(H_{t-1}+h|\mathcal{D}) \\ &= \arg\min_h E_{\boldsymbol{x}\sim\mathcal{D}}\left[\mathrm{e}^{-f(\boldsymbol{x})H_{t-1}(\boldsymbol{x})}\left(1-f(\boldsymbol{x})h(\boldsymbol{x})+\frac{1}{2}\right)\right] \\ &= \arg\max_h E_{\boldsymbol{x}\sim\mathcal{D}}[\mathrm{e}^{-f(\boldsymbol{x})H_{t-1}(\boldsymbol{x})}f(\boldsymbol{x})h(\boldsymbol{x})] \\ &= \arg\max_h E_{\boldsymbol{x}\sim\mathcal{D}}\left[\frac{\mathrm{e}^{-f(\boldsymbol{x})H_{t-1}(\boldsymbol{x})}}{E_{\boldsymbol{x}\sim\mathcal{D}}[\mathrm{e}^{-f(\boldsymbol{x})H_{t-1}(\boldsymbol{x})}]}f(\boldsymbol{x})h(\boldsymbol{x})\right], \end{aligned}$$

其中, $E_{\boldsymbol{x}\sim\mathcal{D}}[\mathrm{e}^{-f(\boldsymbol{x})H_{t-1}(\boldsymbol{x})}]$ 是一个常数. 令 $\mathcal{D}_t$ 表示一个概率分布:

$$\mathcal{D}_t(\boldsymbol{x}) = \frac{\mathcal{D}(\boldsymbol{x})\mathrm{e}^{-f(\boldsymbol{x})H_{t-1}(\boldsymbol{x})}}{E_{\boldsymbol{x}\sim\mathcal{D}}[\mathrm{e}^{-f(\boldsymbol{x})H_{t-1}(\boldsymbol{x})}]}.$$

则根据数学期望的定义, 这等价于令

$$\begin{aligned} h_t(\boldsymbol{x}) &= \arg\max_h E_{\boldsymbol{x}\sim\mathcal{D}}\left[\frac{\mathrm{e}^{-f(\boldsymbol{x})H_{t-1}(\boldsymbol{x})}}{E_{\boldsymbol{x}\sim\mathcal{D}}[\mathrm{e}^{-f(\boldsymbol{x})H_{t-1}(\boldsymbol{x})}]}f(\boldsymbol{x})h(\boldsymbol{x})\right] \\ &= \arg\max_h E_{\boldsymbol{x}\sim\mathcal{D}_t}[f(\boldsymbol{x})h(\boldsymbol{x})]. \end{aligned}$$

由于 $f(\boldsymbol{x}), h(\boldsymbol{x}) \in \{-1,1\}$, 因此 $f(\boldsymbol{x})h(\boldsymbol{x}) = 1-2I\{f(\boldsymbol{x}) \neq h(\boldsymbol{x})\}$, 则理想的分类器

$$h_t(\boldsymbol{x}) = \arg\min_h E_{\boldsymbol{x}\sim\mathcal{D}_t}[I\{f(\boldsymbol{x}) \neq h(\boldsymbol{x})\}].$$

由此可见, 理想的 h_t 将在分布 $\mathcal{D}_t$ 下最小化分类误差. 因此, 弱分类器将基于分布 $\mathcal{D}_t$ 来训练, 且针对 $\mathcal{D}_t$ 的分类误差应小于 0.5. 这在一定程度上类似“残差逼近”的思想. 考虑到 $\mathcal{D}_t$ 和 $\mathcal{D}_{t+1}$ 的关系, 有

$$\begin{aligned} \mathcal{D}_{t+1}(\boldsymbol{x}) &= \frac{\mathcal{D}(\boldsymbol{x})\mathrm{e}^{-f(\boldsymbol{x})H_t(\boldsymbol{x})}}{E_{\boldsymbol{x}\sim\mathcal{D}}[\mathrm{e}^{-f(\boldsymbol{x})H_t(\boldsymbol{x})}]} = \frac{\mathcal{D}(\boldsymbol{x})\mathrm{e}^{-f(\boldsymbol{x})H_{t-1}(\boldsymbol{x})}\mathrm{e}^{-f(\boldsymbol{x})\alpha_t h_t(\boldsymbol{x})}}{E_{\boldsymbol{x}\sim\mathcal{D}}[\mathrm{e}^{-f(\boldsymbol{x})H_t(\boldsymbol{x})}]} \\ &= \mathcal{D}_t(\boldsymbol{x}) \cdot \mathrm{e}^{-f(\boldsymbol{x})\alpha_t h_t(\boldsymbol{x})} \frac{E_{\boldsymbol{x}\sim\mathcal{D}}[\mathrm{e}^{-f(\boldsymbol{x})H_{t-1}(\boldsymbol{x})}]}{E_{\boldsymbol{x}\sim\mathcal{D}}[\mathrm{e}^{-f(\boldsymbol{x})H_t(\boldsymbol{x})}]} \\ &=: \mathcal{D}_t(\boldsymbol{x}) \cdot \mathrm{e}^{-f(\boldsymbol{x})\alpha_t h_t(\boldsymbol{x})}/Z_t, \end{aligned} \tag{3.9.3}$$

其中,

$$Z_t = \frac{E_{\boldsymbol{x}\sim\mathcal{D}}[\mathrm{e}^{-f(\boldsymbol{x})H_t(\boldsymbol{x})}]}{E_{\boldsymbol{x}\sim\mathcal{D}}[\mathrm{e}^{-f(\boldsymbol{x})H_{t-1}(\boldsymbol{x})}]}. \tag{3.9.4}$$

(3.9.3) 恰是 AdaBoost 算法的“过程”的步骤 (g) 的样本分布更新公式.

从偏差–方差权衡的角度看, AdaBoost 主要关注降低偏差, 因此 AdaBoost 能基于泛化性能相当弱的分类器构建出很强的集成分类器.

把 AdaBoost 分类方法应用到 ISLR 库中的 Carseats 数据集. 调用 R 中的 adabag 程序包进行 AdaBoost 分类, 函数 boosting() 可以完成这一任务. 随机选择一半的样本作为训练集, 另一半作为测试集. 取迭代次数 $T = 3$, 得到 3 棵 (弱) 分类树, 运行结果表明这三棵分类树在集成分类树中的权重分别为 $0.848, 0.585, 0.694$. 把得到的集成分类树应用于测试集, 预测结果见表 3.22(迭代次数 $T = 3$). 预测准确率达到 91.5%, 比 Bagging 和随机森林两种方法都要好很多. 如果采用函数 boosting() 默认的迭代次数 $T = 100$, 则预测准确率达到了惊人的 100%.

预测结果	实际结果	
	No	Yes
No	108	10
Yes	7	75

表 3.22 AdaBoost 分类树在测试集上的预测表现

3.10 支持向量机

支持向量机 (support vector machine, SVM) 是 20 世纪 90 年代在计算机界发展起来的一种分类方法. 支持向量机可看作是一类简单、直观的最大间隔分类器 (maximal margin classifier) 的推广. 最大间隔分类器的设计原理较简单, 但对于大部分实际数据, 它却不易应用, 因为该分类器要求不同类别的观测数据是线性可分的. 支持向量分类器 (support vector classifier) 应用范围比最大间隔分类器要广, 而支持向量机是支持向量分类器的一个推广, 可应用于线性不可分的数据集.

3.10.1 最大间隔分类器

先来了解超平面 (hyperplane) 这一概念. 在二维空间中, 超平面就是一条直线; 在三维空间中, 超平面就是一个平面. 在 p 维空间中, 超平面可用如下的线性方程来描述:

$$\boldsymbol{b}^{\mathrm{T}}\boldsymbol{x} + a = 0, \tag{3.10.1}$$

其中 $\boldsymbol{b} = (b_1, \cdots, b_p)^{\mathrm{T}}$ 为法向量, 决定了超平面的方向, a 为位移项, 决定了超平面与原点之间的距离. 下面将超平面记为 $(\boldsymbol{b}, a)$. 样本空间中的任意点

$\boldsymbol{x} = (x_1, \cdots, x_p)^{\mathrm{T}}$ 到超平面 $(\boldsymbol{b}, a)$ 的距离可写为

$$d = \frac{|\boldsymbol{b}^{\mathrm{T}}\boldsymbol{x} + a|}{\|\boldsymbol{b}\|}.$$

在 p 维空间中, 若 $\boldsymbol{b}^{\mathrm{T}}\boldsymbol{x}+a > 0$, 则 $\boldsymbol{x}$ 落在超平面的某一侧; 若 $\boldsymbol{b}^{\mathrm{T}}\boldsymbol{x}+a < 0$, 则 $\boldsymbol{x}$ 落在超平面的另一侧. 因此, 可以认为超平面将 p 维空间分成了两部分. 给定训练集 $D = \{(\boldsymbol{x}_1, y_1), \cdots, (\boldsymbol{x}_m, y_m)\}$, $y_i \in \{-1, 1\}$, 其中 "-1" 代表一个类别, "1" 代表另一个类别. 目标是根据这个训练集构造一个性能优良的分类器. 接下来介绍一种基于分割超平面的方法.

假设可以构建一个超平面, 把类别标签不同的训练样本分割开来. 图 3.14 给出了一个分割超平面的例子 (为了可视化, 取预测变量的维数 $p = 2$, 后面不一一说明了), 标记为黑色和蓝色的观测分别属于两个不同的类别, 黑色表示相应的 $y_i = 1$, 蓝色表示相应的 $y_i = -1$, 直线为分割超平面. 假设分割超平面 $(\boldsymbol{b}, a)$ 能将训练样本正确分类, 则它具有如下性质:

$$\begin{cases} \boldsymbol{b}^{\mathrm{T}}\boldsymbol{x}_i + a > 0, & y_i = 1, \\ \boldsymbol{b}^{\mathrm{T}}\boldsymbol{x}_i + a < 0, & y_i = -1, \end{cases} \quad i = 1, \cdots, m. \tag{3.10.2}$$

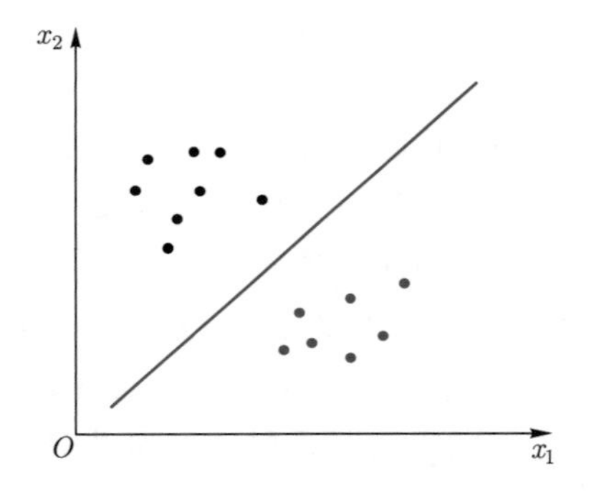

图 3.14 存在分割超平面将两类样本分开

如果分割超平面存在, 就可以用它来构造分类器: 测试观测会被判为哪个类别完全取决于它落在分割超平面的哪一侧. 设 $\boldsymbol{x}^* = (x_1^*, \cdots, x_p^*)^{\mathrm{T}}$ 为一个测试观测. 可以根据 $f(\boldsymbol{x}^*) = \boldsymbol{b}^{\mathrm{T}}\boldsymbol{x}^* + a$ 的符号来对测试观测分类: 若 $f(\boldsymbol{x}^*)$ 的符号为正, 则将测试观测分入 "1" 类; 若 $f(\boldsymbol{x}^*)$ 的符号为负, 则将测试观测分入 "-1" 类. $|f(\boldsymbol{x}^*)|$ 的大小也是非常有价值的. 如果 $|f(\boldsymbol{x}^*)|$ 的大小距离 0 很远, 即 $\boldsymbol{x}^*$ 距离分割超平面很远, 就能对 $\boldsymbol{x}^*$ 的类别归属的判断持更大的把握.

一般来说, 如果数据可以被一个超平面分隔开, 那么事实上存在无数个这样的超平面. 这是因为给定一个分割超平面后, 稍微上移、下移或者旋转这个超平面, 只要不触碰这些观测点, 就可仍然将数据区分开. 一个很自然的方法是寻找最大间隔超平面. 它是离训练观测最远的那个分割超平面. 也就是说, 首

先计算出每个训练观测到一个特定的分割超平面的垂直距离, 这些距离的最小值就是训练观测到这个分割超平面的距离, 这个距离被称为间隔 (margin). 最大间隔超平面就是间隔最大的那个分割超平面. 接下来只需通过观察测试观测落在最大间隔超平面的哪一侧, 就可以判断测试观测的类别归属了. 这就是最大间隔分类器. 图 3.15 给出了图 3.14 中数据的最大间隔超平面, 如图 3.5 中直线所示, 两条虚线为间隔面. 某种意义上来说, 最大间隔超平面就是能够插入到两个类别数据之间的两个最宽间隔面的“中线”.

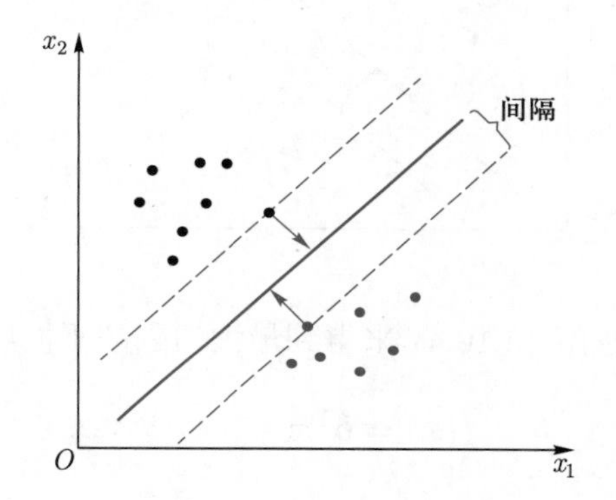

图 3.15 两类样本的最大间隔超平面

观察图 3.15, 可以发现有两个训练观测落在了虚线上, 它们到最大间隔超平面的距离是一样大的. 这两个训练观测就叫做支持向量 (support vector), 因为它们“支持”着最大间隔超平面. 容易看出, 只要这两个点的位置稍微移动, 最大间隔超平面就会随之移动. 因此, 最大间隔超平面只由支持向量决定, 跟其他的训练观测无关. 也就是说, 只要其他观测在移动的时候不落到边界面的另一边, 那么其位置的改变就不会影响最大分割超平面.

一个很重要的问题是如何通过训练观测构建最大间隔分类器. 下面从理论的角度分析这个问题. 先把 (3.10.2) 改写为

$$\begin{cases} \boldsymbol{b}^{\mathrm{T}}\boldsymbol{x}_i + a \geqslant 1, & y_i = 1, \\ \boldsymbol{b}^{\mathrm{T}}\boldsymbol{x}_i + a \leqslant -1, & y_i = -1, \end{cases} \quad i = 1, \cdots, m. \tag{3.10.3}$$

这样的改写是合理的, 因为如果 (3.10.2) 成立的话, 总可以找到一个缩放变换 ($\varsigma\boldsymbol{b} \mapsto \tilde{\boldsymbol{b}}, \varsigma a \mapsto \tilde{a}$) 使得 (3.10.3) 成立. 基于 (3.10.3), 可以得到图 3.16. 此时, 间隔大小为 $1/\|\boldsymbol{b}\|$. 另外, 容易看出 (3.10.3) 可等价地写成

$$y_i(\boldsymbol{b}^{\mathrm{T}}\boldsymbol{x}_i + a) \geqslant 1,\ i = 1, \cdots, m.$$

显然, 为了最大化间隔, 需最小化 $\|\boldsymbol{b}\|^2 = \boldsymbol{b}^{\mathrm{T}}\boldsymbol{b}$. 于是, 为了寻找最大间隔超平面, 需求解下面的优化问题:

$$\begin{cases} \min\limits_{\boldsymbol{b},a}\ \dfrac{1}{2}\|\boldsymbol{b}\|^2, \\ \text{s.t. } y_i(\boldsymbol{b}^{\mathrm{T}}\boldsymbol{x}_i + a) \geqslant 1,\ i = 1, \cdots, m. \end{cases} \tag{3.10.4}$$

注意, 间隔大小貌似仅与 $\boldsymbol{b}$ 有关, 但事实上 a 通过约束隐式地影响着 $\boldsymbol{b}$ 的取值, 进而对间隔大小产生影响. 所以 (3.10.4) 的第一个表达式不仅与 $\boldsymbol{b}$ 有关, 也与 a 有关.

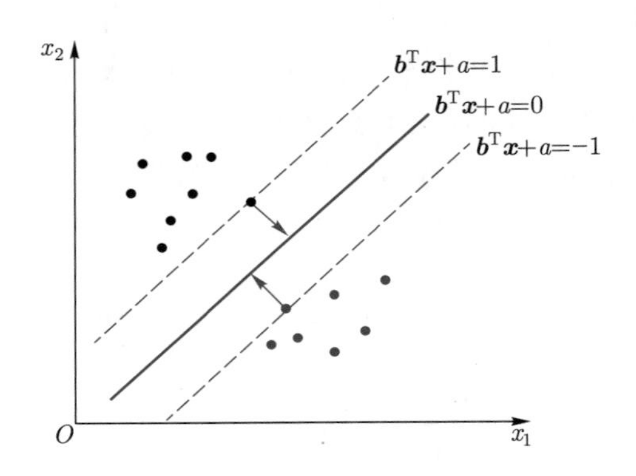

图 3.16 两类样本的最大间隔超平面

现在, 希望通过求解 (3.10.4) 来得到最大间隔超平面所对应的模型

$$f(\boldsymbol{x}) = \boldsymbol{b}^{\mathrm{T}}\boldsymbol{x} + a.$$

因为 (3.10.4) 是一个凸二次规划问题, 所以能直接用现成的优化计算方法求解.

3.10.2 支持向量分类器

如果分割超平面确实存在, 那么最大间隔分类器是一种非常自然的分类方法. 但是, 在许多情况下, 分割超平面并不存在, 因此也就不存在最大间隔分类器. 图 3.17 给出了一个这样的例子, 无法找到最大间隔分类器把两类样本完全区分开来.

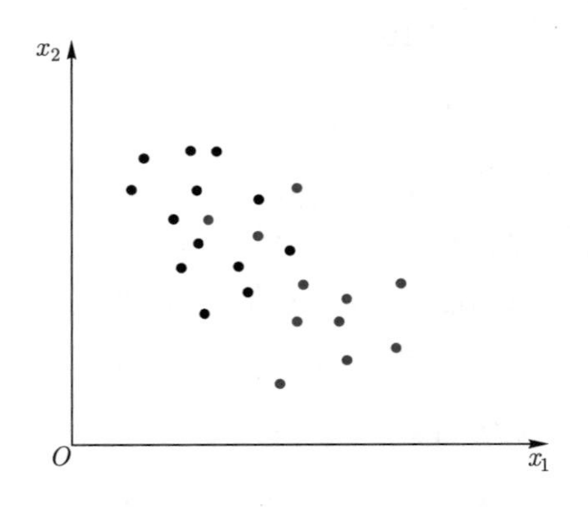

图 3.17 不能被超平面分开的两类样本

另外一方面, 即使分割超平面确实存在, 但基于分割超平面的分类器仍有不可取的时候, 因为基于分割超平面的分类器需要将所有的训练观测都正确分类, 这样的分类器对观测个体是非常敏感的. 图 3.18 给出了一个例子. 图 3.18(a) 中实线为最大间隔超平面; 图 3.18(b) 中额外增加了一个蓝色的观测点,

导致最大间隔超平面发生了移动. 实线是新的最大间隔超平面, 虚线是没有增加蓝色观测点时的最大间隔超平面. 只增加一个观测就使得最大间隔超平面发生了大幅度的变化, 而且最后得到的最大间隔超平面是不尽如人意的, 因为其间隔很小. 这将是有问题的, 因为一个观测到最大间隔超平面的距离可以看做分类的准确性的度量. 此外, 最大间隔超平面对单个观测的变化极其敏感, 这也说明它可能过拟合了训练数据. 在这种情况下, 为了提高分类器对单个观测分类的稳定性以及为了使大部分训练观测能更好地被分类, 可以考虑非完美分类的超平面分类器. 也就是说, 允许小部分训练观测被误分以保证分类器对其余大部分观测能实现更好的分类, 这样的误分是值得的.

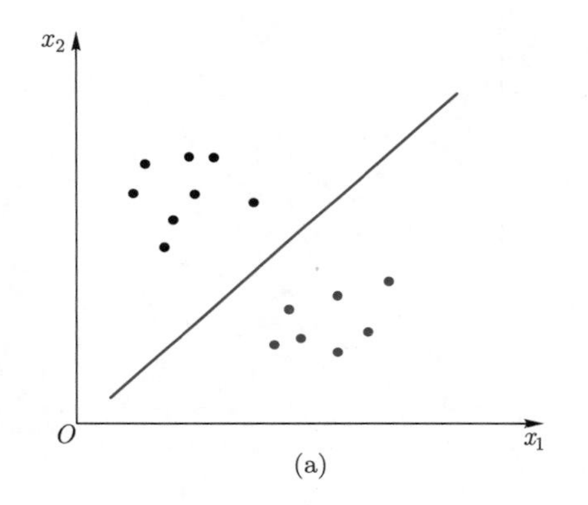

(a)

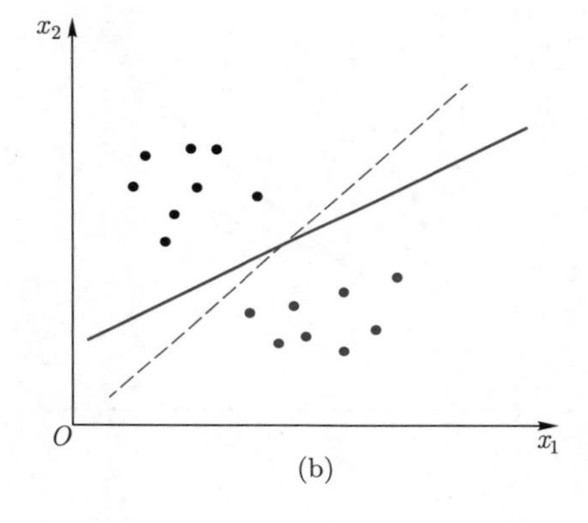

(b)

图 3.18 最大间隔超平面示意图

支持向量分类器 (support vector classifier), 也称为软间隔分类器 (soft margin classifier), 就是在做这么一件事情. 与其寻找可能的最大间隔, 要求每个观测不仅落在超平面外正确的一侧, 而且还必须正确地落在某一间隔面以外, 不如允许一些观测落在间隔面错误的一侧, 甚至落在超平面错误的一侧. 图 3.19 给出这样的一个例子. 在图 3.19(a) 中, 大部分的观测都落在间隔面以外正确的一侧, 小部分落在了间隔面错误的一侧. 在图 3.19(b) 中, 大部分的观测都落在间隔面以外正确的一侧, 小部分落在了间隔面错误的一侧, 甚至还有两个观测点落在了超平面错误的一侧. 刚好落在间隔面上和落在间隔面的错误一侧的观测 (包含那些落在超平面的错误一侧的观测) 叫做支持向量.

支持向量分类器允许某些观测不满足约束

$$y_i(\boldsymbol{b}^{\mathrm{T}}\boldsymbol{x}_i + a) \geqslant 1. \tag{3.10.5}$$

当然, 在最大化间隔的同时, 不满足约束的观测个数应尽可能少. 于是优化目标可写为

$$\min_{\boldsymbol{b},a} \left\{\frac{1}{2}\|\boldsymbol{b}\|^2 + C\sum_{i=1}^{m} l_{0/1}(y_i(\boldsymbol{b}^{\mathrm{T}}\boldsymbol{x}_i + a) - 1)\right\}, \tag{3.10.6}$$

其中, $C>0$ 是调节参数 (tuning parameter), 在间隔大小和越过间隔面的观测个数之间维持权衡关系, $l_{0/1}$ 是“0/1 损失函数”:

$$l_{0/1}(z)=\begin{cases}1, & z<0,\\ 0, & z\geqslant 0.\end{cases}$$

显然, 当 $C=\infty$ 时, (3.10.6) 迫使所有的训练观测均满足约束 (3.10.5). 于是, (3.10.6) 等价于 (3.10.4). 当 C 取有限值时, (3.10.6) 允许一些训练观测不满足约束 (3.10.5).

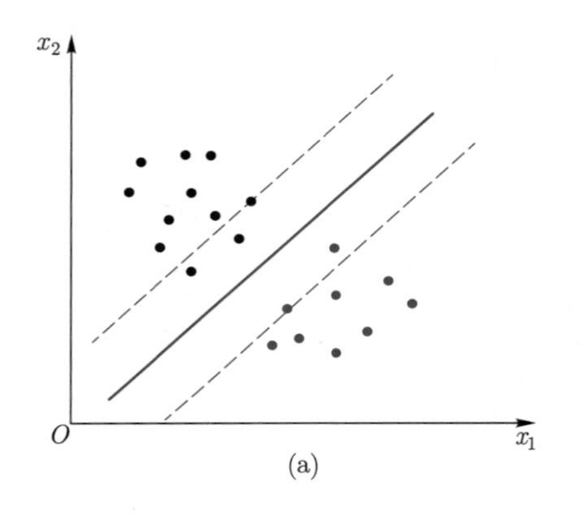

(a)

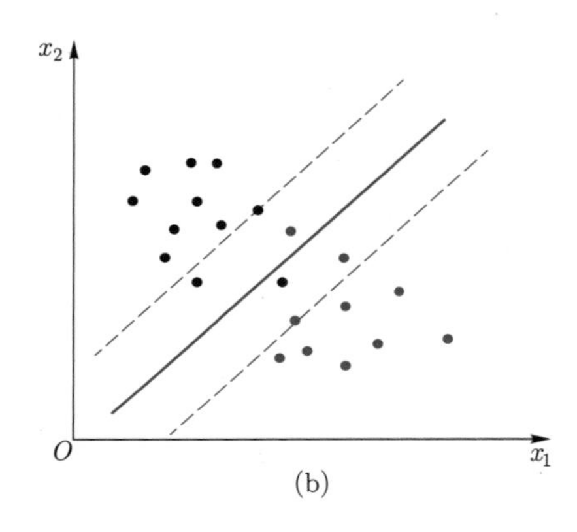

(b)

图 3.19
间隔面示意图

然而, $l_{0/1}$ 是一个非凸、非连续函数, 数学性质不太好, 使得 (3.10.6) 不易直接求解. 于是, 人们通常用其他一些函数来替代 $l_{0/1}$. 替代损失函数一般具有良好的数学性质, 如它们通常是凸的连续函数且是 $l_{0/1}$ 的上界. 下面列出三种常用的替代损失函数:

(1) hinge 损失: $l_{\text{hinge}}(z)=\max\{0,1-z\}$.

(2) 指数损失 (exponential loss): $l_{\exp}(z)=\exp\{-z\}$.

(3) 对率损失 (logistic loss): $l_{\log}(z)=\ln(1+\exp\{-z\})$.

通常采用 hinge 损失. 此时, (3.10.6) 演化为

$$\min_{\boldsymbol{b},a}\ \left\{\frac{1}{2}\|\boldsymbol{b}\|^2+C\sum_{i=1}^{m}\max\{0,1-y_i(\boldsymbol{b}^{\mathrm{T}}\boldsymbol{x}_i+a)\}\right\}. \tag{3.10.7}$$

引入松弛变量 (slack variable)$\xi_i\geqslant 0$, 将 (3.10.7) 写为

$$\begin{cases}\min\limits_{\boldsymbol{b},a,\xi_i}\ \left\{\dfrac{1}{2}\|\boldsymbol{b}\|^2+C\sum\limits_{i=1}^{m}\xi_i\right\},\\ \text{s.t. } y_i(\boldsymbol{b}^{\mathrm{T}}\boldsymbol{x}_i+a)\geqslant 1-\xi_i,\\ \qquad \xi_i\geqslant 0,\ i=1,\cdots,m.\end{cases} \tag{3.10.8}$$

(3.10.8) 中每个观测都有一个对应的松弛变量, 用以表征该观测不满足约束 (3.10.5) 的程度. 与 (3.10.4) 相似, (3.10.8) 仍是一个二次规划问题, 能直接用现成的优化计算方法求解.

3.10.3 支持向量机

支持向量机是支持向量分类器的一个推广. 支持向量机使用了一种特殊的方式, 即核函数 (kernel function) 来扩大特征空间. 接下来介绍这种推广.

在响应变量只有两个类别的情况下, 如果两个类别是线性可分的, 使用支持向量分类器进行分类是非常自然的方法. 但是在实际中, 有时候会碰到非线性的分类边界. 例如, 考虑图 3.20(a) 中的数据. 很显然, 支持向量分类器或者任何其他的线性分类器应用到这个数据集上, 分类效果都不会佳. 图 3.20(b) 使用了支持向量分类器对数据进行分类, 从分类效果上来看, 支持向量分类器对这个数据集的确是无效的.

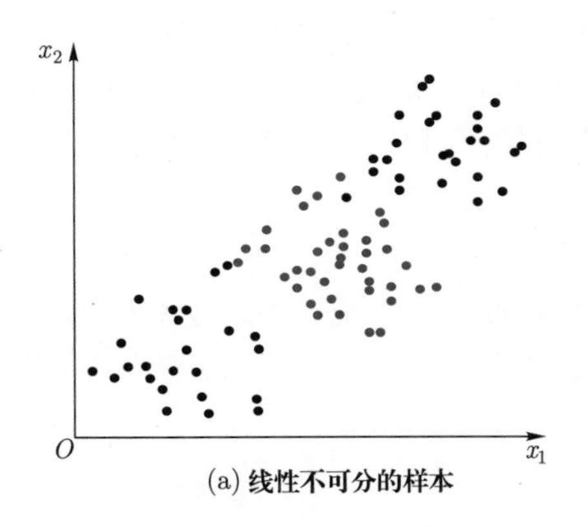

(a) 线性不可分的样本

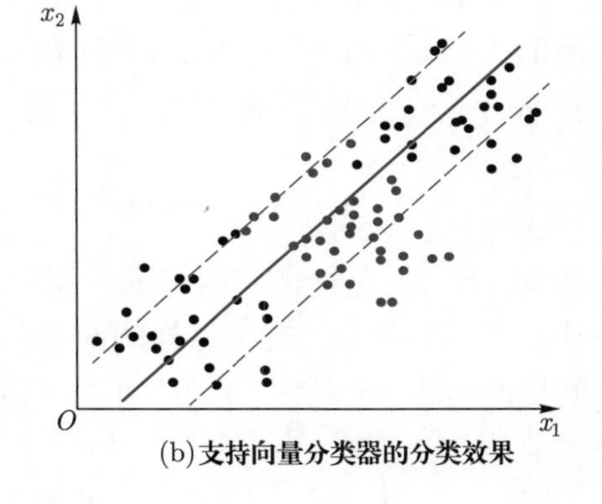

(b) 支持向量分类器的分类效果

图 3.20 数据示意图

对于线性不可分的分类问题, 我们可将样本从原始空间映射到一个更高维的特征空间, 使得样本在这个特征空间里是线性可分的. 幸运的是, 如果原始空间是有限维, 即特征数有限, 那么一定存在一个高维特征空间使样本可分.

令 $\phi(\boldsymbol{x})$ 表示将 $\boldsymbol{x}$ 映射后的特征向量, 于是, 在特征空间中分割超平面所对应的模型可表示为

$$f(\boldsymbol{x}) = \boldsymbol{b}^{\mathrm{T}}\phi(\boldsymbol{x}) + a,$$

其中 $\boldsymbol{b}$ 和 a 是模型参数. 类似 (3.10.6), 需要求解如下的优化问题:

$$\min_{\boldsymbol{b},a} \left\{ \frac{1}{2}\|\boldsymbol{b}\|^2 + C\sum_{i=1}^{m} l_{0/1}(y_i(\boldsymbol{b}^{\mathrm{T}}\phi(\boldsymbol{x}_i) + a) - 1) \right\}.$$

通常采用 hinge 损失替代上式中的 $l_{0/1}$. 此时, 上式变成

$$\min_{\boldsymbol{b},a} \left\{ \frac{1}{2}\|\boldsymbol{b}\|^2 + C\sum_{i=1}^{m} \max\{0, 1 - y_i(\boldsymbol{b}^{\mathrm{T}}\phi(\boldsymbol{x}_i) + a)\} \right\}.$$

引入松弛变量 $\xi_i \geqslant 0$ 后, 优化问题可写成

$$\begin{cases} \min\limits_{\boldsymbol{b},a,\xi_i} \left\{ \dfrac{1}{2}\|\boldsymbol{b}\|^2 + C\sum\limits_{i=1}^{m}\xi_i \right\}, \\ \text{s.t. } y_i(\boldsymbol{b}^{\mathrm{T}}\phi(\boldsymbol{x}_i)+a) \geqslant 1-\xi_i, \\ \quad\quad \xi_i \geqslant 0,\ i=1,\cdots,m. \end{cases}$$

其对偶问题是

$$\begin{cases} \min\limits_{\boldsymbol{\alpha}} \left\{ \sum\limits_{i=1}^{m}\alpha_i - \dfrac{1}{2}\sum\limits_{i=1}^{m}\sum\limits_{j=1}^{m}\alpha_i\alpha_j y_i y_j \phi^{\mathrm{T}}(\boldsymbol{x}_i)\phi(\boldsymbol{x}_j) \right\}, \\ \text{s.t. } \sum\limits_{i=1}^{m}\alpha_i y_i = 0, \\ \quad\quad 0 \leqslant \alpha_i \leqslant C,\ i=1,\cdots,m. \end{cases} \tag{3.10.9}$$

求解 (3.10.9) 涉及计算 $\phi^{\mathrm{T}}(\boldsymbol{x}_i)\phi(\boldsymbol{x}_j)$, 这是 $\boldsymbol{x}_i$ 与 $\boldsymbol{x}_j$ 映射到特征空间之后的内积. 由于特征空间维数可能很高, 甚至可能是无穷维的, 因此直接计算 $\phi^{\mathrm{T}}(\boldsymbol{x}_i)\phi(\boldsymbol{x}_j)$ 通常是困难的. 为了避开这个麻烦, 可以设想有这样一个函数:

$$\kappa(\boldsymbol{x}_i,\boldsymbol{x}_j) = \phi^{\mathrm{T}}(\boldsymbol{x}_i)\phi(\boldsymbol{x}_j),$$

即 $\boldsymbol{x}_i$ 与 $\boldsymbol{x}_j$ 在特征空间里的内积等于它们在原始样本空间中通过函数 $\kappa(\cdot,\cdot)$ 计算得到的结果. 有了这样的函数, 就不必直接去计算高维甚至无穷维特征空间里的内积. 于是, (3.10.9) 可重写为

$$\begin{cases} \min\limits_{\boldsymbol{\alpha}} \left\{ \sum\limits_{i=1}^{m}\alpha_i - \dfrac{1}{2}\sum\limits_{i=1}^{m}\sum\limits_{j=1}^{m}\alpha_i\alpha_j y_i y_j \kappa(\boldsymbol{x}_i,\boldsymbol{x}_j) \right\}, \\ \text{s.t. } \sum\limits_{i=1}^{m}\alpha_i y_i = 0, \\ \quad\quad 0 \leqslant \alpha_i \leqslant C,\ i=1,\cdots,m. \end{cases}$$

求解后即可得到

$$f(\boldsymbol{x}) = \boldsymbol{b}^{\mathrm{T}}\phi(\boldsymbol{x}) + a = \sum_{i=1}^{m}\alpha_i y_i \kappa(\boldsymbol{x},\boldsymbol{x}_i) + a. \tag{3.10.10}$$

这里的函数 $\kappa(\cdot,\cdot)$ 就是“核函数”. 表 3.23 列出了几种常用的核函数.

若采用线性核 (即 $d=1$ 时的多项式核), 此时的支持向量机就是前面介绍的支持向量分类器. 径向核 (radial kernel) 也称为高斯核, 若测试观测 $\boldsymbol{x}^* = (x_1^*,\cdots,x_p^*)^{\mathrm{T}}$ 距离训练观测 $\boldsymbol{x}_i$ 非常远, 则 $\|\boldsymbol{x}^*-\boldsymbol{x}_i\|^2$ 的值就会非常大, 从而 $\kappa(\boldsymbol{x}^*,\boldsymbol{x}_i)$ 会很小. 这意味着在 (3.10.10) 中 $\boldsymbol{x}_i$ 对 $f(\boldsymbol{x}^*)$ 几乎没有任何影

响. 回想一下, 对测试观测 $\boldsymbol{x}^*$ 的类别的预测是基于 $f(\boldsymbol{x}^*)$ 的符号的. 也就是说, 距离 $\boldsymbol{x}^*$ 较远的训练观测对测试观测 $\boldsymbol{x}^*$ 的类别的预测几乎没有任何帮助. 就某种意义而言, 径向核函数方法是一种局部方法, 因为只有测试观测周围的训练观测对测试观测的预测类别有影响.

表 3.23 常用核函数

名称	表达式	参数
线性核	$\kappa(\boldsymbol{x}_i,\boldsymbol{x}_j)=\boldsymbol{x}_i^{\mathrm{T}}\boldsymbol{x}_j$	
多项式核	$\kappa(\boldsymbol{x}_i,\boldsymbol{x}_j)=(\boldsymbol{x}_i^{\mathrm{T}}\boldsymbol{x}_j)^d$	$d\geqslant 1$
径向核	$\kappa(\boldsymbol{x}_i,\boldsymbol{x}_j)=\exp\{-\gamma\Vert\boldsymbol{x}_i-\boldsymbol{x}_j\Vert^2\}$	$\gamma>0$
拉普拉斯核	$\kappa(\boldsymbol{x}_i,\boldsymbol{x}_j)=\exp\{-\Vert\boldsymbol{x}_i-\boldsymbol{x}_j\Vert/\sigma\}$	$\sigma>0$
Sigmoid 核	$\kappa(\boldsymbol{x}_i,\boldsymbol{x}_j)=\tanh(\beta\boldsymbol{x}_i^{\mathrm{T}}\boldsymbol{x}_j+\theta)$	$\beta>0,\theta<0$

图 3.21(a) 把多项式核函数的支持向量机应用在了图 3.20 中的非线性可分的数据集上. 图 3.21(b) 展示的是径向核函数的支持向量机在图 3.20 中的非线性可分的数据集上的应用. 与支持向量分类器比起来, 多项式核函数的支持向量机和径向核函数的支持向量机的分类效果都有了很大的提升, 它们都能很好地把两类观测区分开.

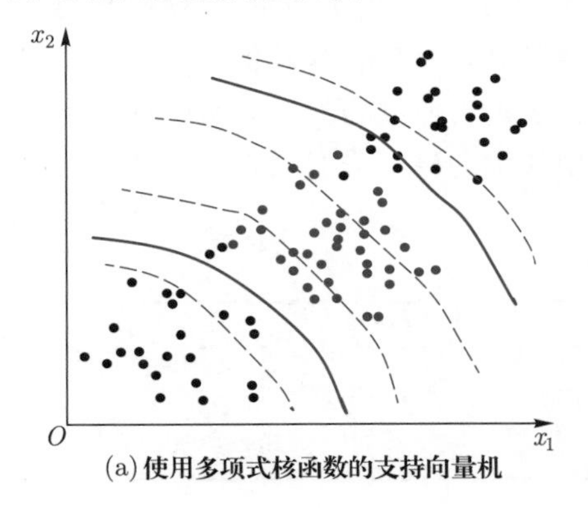

(a) 使用多项式核函数的支持向量机

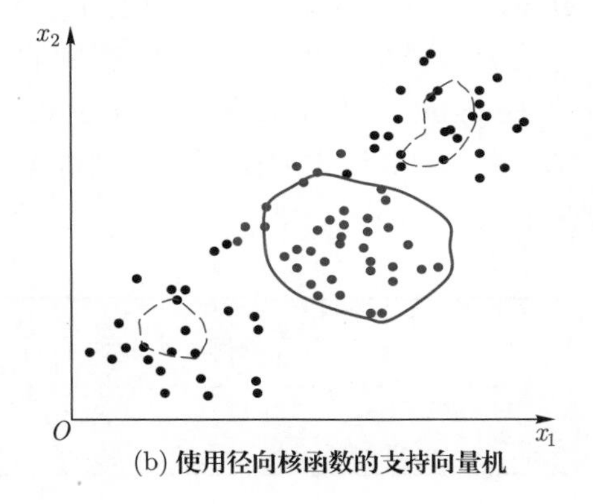

(b) 使用径向核函数的支持向量机

图 3.21 数据示意图

把支持向量机方法应用到 ISLR 库中的 Carseats 数据集. 调用 R 中的 e1071 程序包进行支持向量机分类, svm() 函数可以用来拟合支持向量机, 它有两个主要的参数: kernel 和 cost. kernel= "polynomial" 拟合多项式核函数的支持向量机, kernel= "radial" 拟合径向核函数的支持向量机. cost 参数用来设置观测穿过间隔面的成本. 如果 cost 参数值设置较小, 那么间隔面就会很宽, 会有过多的支持向量落在间隔面上或者穿过分割超平面; 如果 cost 参数值设置较大, 那么间隔面就会很窄, 落在间隔面上或者越过分割超平面的支持向量就会变少. 随机选择一半的样本作为训练集, 另一半作为测试集. 若选择 kernel= "polynomial", 则还需设定 degree 参数来指定多项式核函数的阶数 d; 若选择 kernel= "radial", 则还需指定 gamma 参数为径向核函数中的 γ 赋值. 先使用多项式核函数, 并利用训练集在 degree $\in\{2,3,4\}$, cost

$\in \{0.001, 0.01, 0.1, 1, 5, 10, 100\}$ 中选择一对最优的 degree 和 cost(以训练集的分类错误率为衡量标准) 作为最优的分类模型. 结果, 这个最优分类模型选择了 degree= 2, cost= 10, 此时的支持向量机有 101 个支持向量. 然后, 把这个最优分类模型应用于测试集, 得到的预测结果见表 3.24, 预测准确率达到了 84.5%, 比 Bagging 和随机森林两种方法都要稍好, 但比 AdaBoost 算法要差一些.

表 3.24
支持向量机在测试集上的表现

预测结果	实际结果	
	No	Yes
No	101	16
Yes	15	68

核函数为 $d = 3$ 的多项式核, cost 取 10.

接下来采用径向核函数, 并利用训练集在 gamma $\in \{0.5, 1, 2, 3, 4\}$, cost $\in \{0.001, 0.01, 0.1, 1, 5, 10, 100\}$ 中选择一对最优的 gamma 和 cost(以训练集的分类错误率为衡量标准) 作为最优的分类模型. 结果, 这个最优分类模型选择了 gamma $= 0.5$, cost $= 5$, 此时的支持向量机有 193 个支持向量. 然后, 把这个最优分类模型应用于测试集, 得到的预测结果见表 3.25, 预测准确率为 78.5%, 比 Bagging、随机森林、AdaBoost 以及多项式核函数的支持向量机四种方法都要差一些. 这主要是因为在训练集上表现最优的模型未必会在测试集上表现最优.

表 3.25
支持向量机在测试集上的表现

预测结果	实际结果	
	No	Yes
No	107	34
Yes	9	50

核函数为 $\gamma = 0.5$ 的径向核, cost 取 5.

3.10.4 多分类的支持向量机

前面的讨论都局限于二分类的情形: 即两类别的分类问题. 那么如何把支持向量机推广到更加普遍的情况, 即响应变量有任意多个不同类别的情况呢? 值得注意的是, 支持向量机的基础, 即分割超平面的概念, 并不能自然地应用到类别数大于 2 的情况. 把支持向量机扩展到 $K(K > 2)$ 个类别的方法有很多, 但最普遍的两种方法是一类对一类的多分类支持向量机和一类对其余的多分类支持向量机方法.

一类对一类的分类方法需要构建 $\binom{K}{2}$ 个支持向量机, 每个支持向量机用来分隔两个类别. 例如, 其中的一个支持向量机用来比较第 i 个类别 (记为"+1") 和第 j 个类别 (记为"−1"). 使用所有的 $\binom{K}{2}$ 个支持向量机对一个测试观测进行类别预测, 记录这个测试观测被分到每个类别的次数. 这个测试观测的最终预测类别就是预测次数出现最多的那个类别.

一类对其余分类方法是将支持向量机应用到 $K(K>2)$ 情形的另一种方法. 我们用 K 个支持向量机来拟合数据, 每个支持向量机对 K 个类别中的 1 个类别和其他 $K-1$ 个类别进行区分. 记 $\boldsymbol{b}_k$ 和 a_k 为使用支持向量机比较第 k 类 (记为"+1") 与其他 $K-1$ 类 (记为"−1") 的时候, 参数拟合的结果. 然后, 把测试观测 $\boldsymbol{x}^*$ 的类别预测为使得 $\boldsymbol{b}_k^{\mathrm{T}}\boldsymbol{x}^*+a_k$ 达到最大值的那个类别.

3.11 案例分析

现代金融理论认为, 股票的预期收益是对股票持有者所承担风险的报酬. 多因子模型正是对于风险-收益关系的定量表达, 不同因子代表不同风险类型的预测变量. 在量化投资领域, 多因子模型是应用最为广泛的模型之一. 它的一般表达式如下:

$$r_j=\sum_k X_{jk}f_k+u_j,$$

其中 r_j 表示股票 j 的收益率, X_{jk} 表示股票 j 在因子 k 上的因子载荷 (也叫因子暴露或风险敞口), f_k 表示第 k 个因子, u_j 表示股票 j 的残差收益率.

从上述表达式可以看出, 多因子模型即多元线性回归模型, 它定量地刻画了股票的预期收益率与每个因子之间的线性关系. 然而不少情形里这种关系是非线性的. 越来越多的机器学习模型被尝试应用于量化投资领域. 接下来, 尝试利用随机森林模型去挖掘股票收益率与因子之间的规律.

1. 因子选择

建立随机森林模型时, 需要选择因子作为输入特征, 由于金融数据具有低信噪比的特性, 需要对所选因子进行检验, 考察所选因子的"质量", 筛选出对股票收益率有解释力的因子, 称之为"有效因子". 对于有效因子的识别, 常见的方法有回归法, 计算因子 IC 值等. 下面将采用这两种方法对 PB(市净率 = 股价/账面价值) 因子进行检验.

先采用 IC 值法. 因子的 IC 值是指因子在第 T 期的暴露度与 $T+1$ 期的股票收益率之间的相关系数, 考察的是当期因子和下期收益率之间的相关性, 即

$$IC_d^T=\operatorname{corr}(\boldsymbol{R}^{T+1},\boldsymbol{d}^T),$$

其中 IC_d^T 表示因子 d 在第 T 期的 IC 值, $\boldsymbol{R}^{T+1}$ 表示所有个股的 $T+1$ 期的收益率向量, $\boldsymbol{d}^T$ 表示所有个股第 T 期在因子 d 上的暴露.

常用的因子 IC 值的评价方法有

a) IC 值序列的均值——因子显著性 (一般大于 0.02 即认为显著);

b) IC 值序列的标准差——因子稳定性;

c) IR 比率 (IC 值序列均值与标准差的比值)——因子有效性 (一般大于 0.3 即认为有效);

d) IC 值累计曲线——随时间变化是否稳定;

e) IC 值序列大于零的占比——因子作用方向是否稳定.

采用 2011 年—2017 年我国股市全 A 股的月度数据, 计算出每一期 (即每月) 的 PB 因子 IC 值, 然后计算出因子 IC 值评价方法所需要的指标, 结果如下:

a) IC 值序列的均值为 0.0280;

b) IC 值序列的标准差为 0.0839;

c) IR 比率为 0.334;

d) IC 值累计曲线见图 3.22;

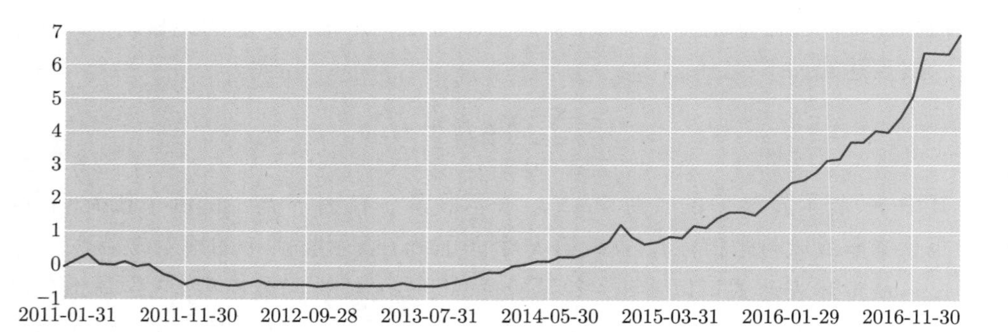

图 3.22 PB 因子的 IC 值累计曲线

e) IC 值序列大于零的占比为 0.64.

接下来采用回归法. 假设所有数据都已经过标准化处理. 回归法所使用的模型为

$$r_i^{T+1} = \sum_j X_j^T f_{ji}^T + X_d^T d_i^T + u_i^T,$$

其中 r_i^{T+1} 表示股票 i 在 $T+1$ 期的收益率, d_i^T 表示股票 i 在第 T 期时在因子 d 上的暴露度, f_{ji}^T 表示股票 i 在第 T 期第 j 个行业因子上的暴露度, X_j^T 表示第 T 期第 j 个行业因子的收益率, X_d^T 表示第 T 期因子 d 的收益率, u_i^T 表示股票 i 在第 T 期的残差收益率. 在所有截面期 T, 对因子 d 进行回归分析, 能够得到该因子收益率序列和对应的 t 值序列. t 值是回归系数 X_d^T 的 t 检验统计量, t 值的绝对值大于临界值说明该因子是统计显著的, 即该因子是真正影响收益率的一个因素. 一般地, t 值的绝对值大于 2 就认为本期回归系数 X_d^T 是显著异于零的.

采用与 IC 值法同样的数据对 PB 因子进行回归分析, (图 3.23 是 PB 因子的 t 值序列图), 计算出回归法的评价指标如下:

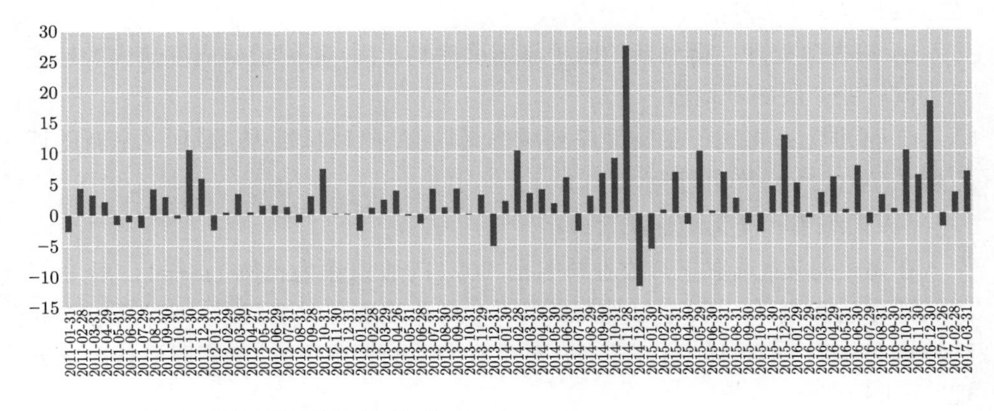

图 3.23 PB 因子的 t 值序列图

a) t 值序列绝对值的平均值为 4.104;

b) t 值序列绝对值大于 2 的占比 (判断因子的显著性是否稳定) 为 0.64;

c) 因子收益率序列平均值为 0.010;

d) 因子收益率序列的均值零假设检验的 t 值为 4.756;

e) t 值序列均值的绝对值除以 t 值序列的标准差为 0.481.

根据因子 IC 值法和回归法计算结果, 认为 PB 因子具有显著性和有效性且作用方向较为稳定, 因此认为 PB 因子为有效因子. 类似 PB 因子的识别过程, 最终选择市盈率、市净率等 70 个有效因子作为随机森林模型的输入特征.

2. 模型构建

模型构建的一般步骤如图 3.24 所示:

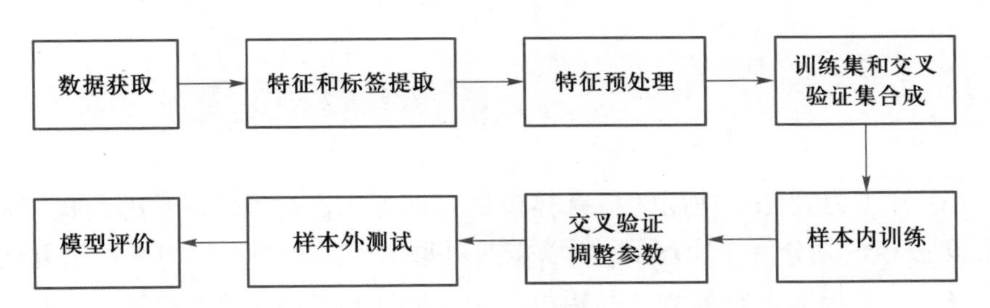

图 3.24 随机森林模型构建示意图

如图 3.24 所示, 随机森林模型的构建方法包含下列步骤:

(1) 数据获取:

a) 股票池: 全 A 股.

b) 时间区间: 2011-01-31 至 2017-03-31.

(2) 特征和标签提取: 每月的最后一个交易日, 计算之前所选的 70 个因子值, 作为样本的原始特征, 计算下一个月的个股收益, 作为样本标签.

(3) 特征预处理：

a) 中位数去极值：设第 T 期某因子在所有个股上的暴露度序列为 D_i, D_M 为该序列中位数, D_{M1} 为序列 $|D_i - D_M|$ 的中位数, 将序列 D_i 中所有大于 $D_M + 5D_{M1}$ 的数重设为 $D_M + 5D_{M1}$, 将序列 D_i 中所有小于 $D_M - 5D_{M1}$ 的数重设为 $D_M - 5D_{M1}$.

b) 缺失值处理：得到新的因子暴露度序列之后, 将因子暴露度缺失的地方设为同行业个股的平均值.

c) 标准化：将因子暴露度序列减去其均值, 除以标准差, 得到一个新的近似服从 $N(0,1)$ 分布的序列.

(4) 训练集和交叉验证集合成：

在每个月末, 选取下月收益排名前 30% 的股票作为正例 ($y = 1$), 后 30% 的股票作为负例 ($y = 0$). 在实际应用中, 只关注涨幅排名靠前 (买入做多) 和涨幅排名靠后 (卖出做空) 的股票, 对于每个截面期剩下的 40% 股票作删除处理, 不进行训练.

将当前年份往前推 72 个月的样本进行合并, 随机选取 90% 的样本作为训练集, 余下 10% 的样本作为交叉验证集, 当前年份的数据作为测试集. 不同年份的训练集样本的具体选取方式如图 3.25 所示.

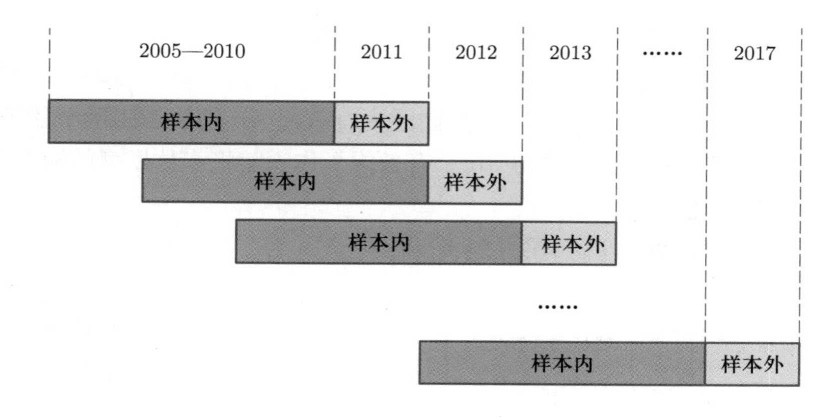

图 3.25
不同年份训练集选取方式

(5) 样本内训练：使用随机森林模型对训练集进行训练. 考虑到我们将回测区间按年份划分为 7 个区间, 所以需要对每个子区间的不同训练集重复训练.

(6) 交叉验证调整参数：利用每个子区间随机选取的训练集进行训练, 训练完成后, 使用该模型对交叉验证集进行预测. 选取交叉验证集的 AUC 最高的一组参数作为模型的最优参数.

(7) 样本外测试：确定最优参数后, 以第 T 期所有样本预处理后的特征作为模型的输入, 得到每个样本的第 $T+1$ 期的预测值, 然后与真实值进行比较, 计算测试集的准确率、AUC 等衡量模型性能的指标值.

AUC 是衡量分类器性能的一个常用指标, 来简单介绍它. 先引入 ROC, 这个名字来自通信领域, 是接受者操作特性 (receiver operating characteristics) 的英文缩写. ROC 曲线是二维平面 $[0,1]\times[0,1]$ 上的一条曲线, 横坐标采用假阳性率 (false positive rate), 纵坐标采用真阳性率 (true positive rate). 假阳性率是指真实分类为 0 但预测分类为非 0 的比例, 真阳性率是指真实分类为非 0 且预测分类也为非 0 的比例. 这两个比例都是阈值的函数, 但在 ROC 曲线图中阈值这个变量并不显示. 一条理想的 ROC 曲线会紧贴 $[0,1]\times[0,1]$ 的左上角, 如图 3.26 所示. AUC 是英文 area under the ROC curve 的缩写, 指 ROC 曲线与横坐标所围成的面积, 取值介于 0 和 1 之间. AUC 越大, 表示分类器性能越好.

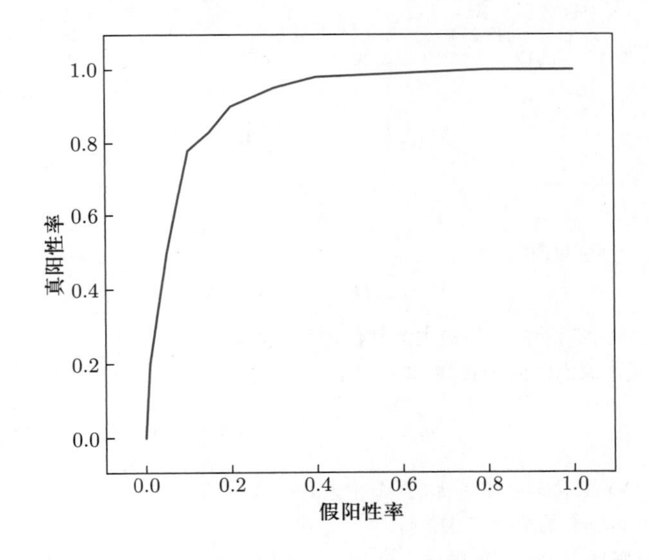

图 3.26
ROC 曲线

按照如上步骤进行建模. 为了使模型能够及时捕捉到市场变化, 采用七个阶段的滚动训练. 按年份把时间跨度分划为 7 个子区间, 因此需要对每个子区间的不同训练集重复训练. 在模型训练中, 输入的数据按照 90% 与 10% 的比例拆分成训练集与验证集. 训练时, 调整不同的参数, 选取验证集上 AUC(或 AUC 均值) 最高的一组参数作为模型的最优参数.

每次训练完, 模型的测试必须选用训练样本外的数据, 测试样本选取一年的数据. 最终测试集的准确率、AUC 等模型性能指标如图 3.27 所示.

从图 3.27 可知, 随机森林模型的测试集的平均准确率为 57%, 平均 AUC 为 0.60, 具备对股票收益率良好的预测能力. 随机森林防止过拟合能力较强, 能很好地适应金融数据信噪比低的特性. 若能挖掘到大量低相关性的有效因子 (这也是金融领域中量化多因子模型最重要的工作), 则可以尝试采用对样本拟合能力更强、偏差更小的模型, 如 AdaBoost 算法.

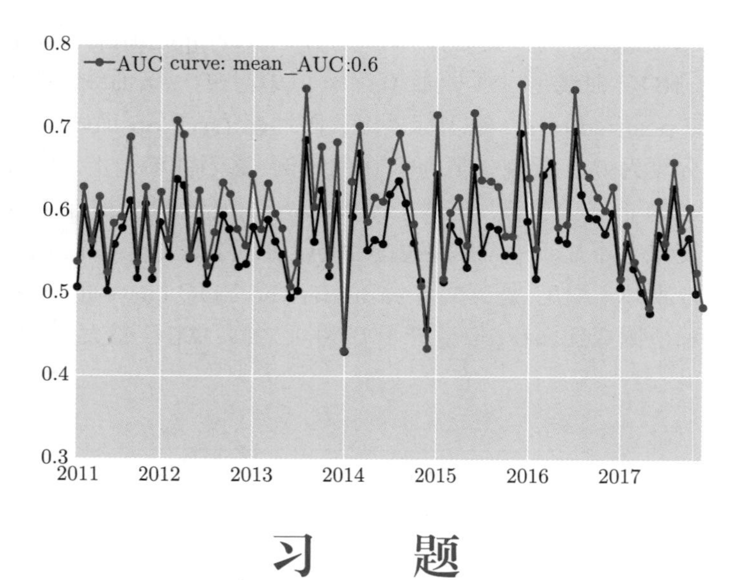

图 3.27
2011—2017 年测试集的准确率和 AUC

习　题

3.1 对于正态线性回归模型

$$\boldsymbol{Y}=\boldsymbol{X}\boldsymbol{\beta}+\boldsymbol{\varepsilon},\ \boldsymbol{\varepsilon}\sim N(\boldsymbol{0},\sigma^2\boldsymbol{I}_n),$$

证明: $\boldsymbol{\beta}$ 的最小二乘估计与极大似然估计是一致的.

3.2 考虑一个通过原点的回归直线, 即线性回归模型为

$$y_i=\beta x_i+\varepsilon_i,\ \ i=1,\cdots,n,$$

$E(\varepsilon_i)=0,\mathrm{Var}(\varepsilon_i)=\sigma^2$, 各 ε_i 互不相关.

(1) 写出 β 和 σ^2 的最小二乘估计;

(2) 记响应变量 y 在 x_0 处的响应值为 y_0, 预测值为 $\hat{y}_0=\hat{\beta}x_0$, 求 $\mathrm{Var}(\hat{y}_0-y_0)$.

3.3 在动物学研究中, 有时需要找出某种动物的体积与体重的关系, 因为体重相对容易测量, 而测量体积比较困难. 我们可以利用体重预测体积的值. 表 3.26 给出了某种动物的 18 个随机样本的体重 x(单位:kg) 与体积 y(单位:$10^{-3}\mathrm{m}^3$) 的数据:

表 3.26
某种动物体重与体积的数据

x/kg	$y/10^{-3}\mathrm{m}^3$	x/kg	$y/10^{-3}\mathrm{m}^3$
17.1	16.7	15.8	15.2
10.5	10.4	15.1	14.8
13.8	13.5	12.1	11.9
15.7	15.7	18.4	18.3
11.9	11.6	17.1	16.7
10.4	10.2	16.7	16.6
15.0	14.5	16.5	15.9
16.0	15.8	15.1	15.1
17.8	17.6	15.1	14.5

(1) 画出散点图;

(2) 求回归直线 $\hat{y} = \hat{\beta}_0 + \hat{\beta}_1 x$, 并画出回归直线的图像;

(3) 对体重 $x_0 = 15.3\text{kg}$ 的这种动物, 预测它的体积 y_0.

3.4 在化学工业的可靠性研究中, 对象是某种产品 A. 在制造时单位产品中必须含有 0.50 的有效氯气. 已知产品中的氯气随着时间增加而减少, 在产品到达用户之前的最初 8 周内, 氯气含量衰减到 0.49. 但由于随后出现了许多无法控制的因素 (如库房环境、处理设备等), 因而在后 8 周理论的计算对有效氯气的进一步预报是不可靠的. 为有利于管理, 需要决定产品所含的有效氯气随时间的变化规律. 在一段时间中观测若干盒产品得到的数据如表 3.27 所示.

序号	生产后的时间 x/周	有效氯气y	序号	生产后的时间 x/周	有效氯气y
1	8	0.49	9	22	0.40
2	10	0.48	10	24	0.42
3	10	0.47	11	26	0.41
4	12	0.46	12	28	0.40
5	14	0.43	13	30	0.40
6	16	0.43	14	32	0.41
7	18	0.45	15	34	0.40
8	20	0.42	16	36	0.38

表 3.27
产品 A 所含的有效氯气随时间变化的数据

(1) 试分别用多项式回归、样条回归以及局部回归方法进行统计建模;

(2) 对测试数据集 $\{(x,y):(38,0.40),(40,0.39),(42,0.39)\}$ 计算以上三种建模方法的测试均方误差.

3.5 在一次关于公共交通的社会调查中, 一个调查项目是"是乘坐公共汽车上下班还是骑自行车上下班". 因变量 $y=1$ 表示乘公共汽车上下班, $y=0$ 表示骑自行车上下班. 自变量 x_1 是年龄, x_2 是月收入, x_3 是性别 (1 表示男性, 0 表示女性). 调查对象为工薪族群体, 数据见表 3.28. 试建立逻辑斯谛回归模型.

序号	x_3	x_1	x_2/元	y	序号	x_3	x_1	x_2/元	y
1	0	18	4250	0	15	1	20	5000	0
2	0	21	6000	0	16	1	25	6000	0
3	0	23	4750	1	17	1	27	6500	0
4	0	23	4750	1	18	1	28	7500	0
5	0	28	6000	1	19	1	30	4750	1
6	0	31	4250	0	20	1	32	5000	0
7	0	36	7500	1	21	1	33	9000	0
8	0	42	5000	1	22	1	33	5000	0
9	0	46	4750	1	23	1	38	6000	0
10	0	48	6000	0	24	1	41	7500	0
11	0	55	9000	1	25	1	45	9000	1
12	0	56	10500	1	26	1	48	5000	0
13	0	58	9000	1	27	1	52	7500	1
14	1	18	4250	0	28	1	56	9000	1

表 3.28
关于公共交通的社会调查数据

3.6 根据经验, 今天与昨天的温度差 x_1 及湿度差 x_2 是预报明天是否下雨的两个重要因素. 现有一批已收集的数据资料, 如表 3.29 所示. 今测得 $(x_1, x_2) = (8.1, 2.0)$, 试分别用线性判别分析、二次判别分析以及 k 最近邻分类方法预报明天是否下雨.

雨天		非雨天	
x_1(温度差)	x_2(湿度差)	x_1(温度差)	x_2(湿度差)
−1.9	3.2	0.2	0.2
−6.9	10.4	−0.1	7.5
5.2	2.0	0.4	14.6
5.0	2.5	2.7	8.3
7.3	0.0	2.1	0.8
6.8	12.7	−4.6	4.3
0.9	−15.4	−1.7	10.9
−12.5	−2.5	−2.6	13.1
1.5	1.3	2.6	12.8
3.8	6.8	−2.8	10.0

表 3.29
气象数据

3.7 表 3.30 是关于西瓜的一个数据集 (摘自周志华《机器学习》), 其中色泽、根蒂、敲声、纹理、脐部、触感为 6 个预测变量, 是否好瓜为响应变量. 试分别用基尼指数、互熵和分类错误率作为二叉分裂准则建构一棵分类树.

序号	色泽	根蒂	敲声	纹理	脐部	触感	是否好瓜
1	青绿	蜷缩	浊响	清晰	凹陷	硬滑	是
2	乌黑	蜷缩	沉闷	清晰	凹陷	硬滑	是
3	乌黑	蜷缩	浊响	清晰	凹陷	硬滑	是
4	青绿	蜷缩	沉闷	清晰	凹陷	硬滑	是
5	浅白	蜷缩	浊响	清晰	凹陷	硬滑	是
6	青绿	稍蜷	浊响	清晰	稍凹	软粘	是
7	乌黑	稍蜷	浊响	稍糊	稍凹	软粘	是
8	乌黑	稍蜷	浊响	清晰	稍凹	硬滑	是
9	乌黑	稍蜷	沉闷	稍糊	稍凹	硬滑	否
10	青绿	硬挺	清脆	清晰	平坦	软粘	否
11	浅白	硬挺	清脆	模糊	平坦	硬滑	否
12	浅白	蜷缩	浊响	模糊	平坦	软粘	否
13	青绿	稍蜷	浊响	稍糊	凹陷	硬滑	否
14	浅白	稍蜷	沉闷	稍糊	凹陷	硬滑	否
15	乌黑	稍蜷	浊响	清晰	稍凹	软粘	否
16	浅白	蜷缩	浊响	模糊	平坦	硬滑	否
17	青绿	蜷缩	沉闷	稍糊	稍凹	硬滑	否

表 3.30
关于西瓜的
一组数据

3.8 使用 ISLR 库中的 Caravan 数据集, 这个数据集收集了购买房车保险的投保人信息.

(1) 把这个数据集的前 1000 个数据作为训练集, 剩下的数据作为测试集;

(2) 将变量 Purchase 作为响应变量, 其余变量作为预测变量, 在训练集上分别用 Bagging 和随机森林方法建立分类树;

(3) 用 AdaBoost 算法预测测试集的响应值. 若估计出的购买可能性大于 20%, 则预测为购买. 有多少被预测为购买的人真的购买了?

3.9 在二维情形, 线性决策边界的形式为 $\beta_0+\beta_1x_1+\beta_2x_2=0$. 现在研究非线性决策边界.

(1) 画出曲线 $(1+x_1)^2+(2-x_2)^2=4$;

(2) 在所画的图上, 分别指出 $(1+x_1)^2+(2-x_2)^2>4$ 的点集与 $(1+x_1)^2+(2-x_2)^2\leqslant 4$ 的点集;

(3) 假设分类器在 $(1+x_1)^2+(2-x_2)^2>4$ 时把观测分为蓝色的类, 否则分为红色的类. 那么, $(0,0)$ 会被分为哪一类?$(-1,1),(2,2),(3,8)$ 呢?

(4) 试说明 (3) 中的决策边界对 x_1 和 x_2 不是线性的, 但对 x_1,x_1^2, x_2,x_2^2 来说是线性的.

3.10 使用 ISLR 库中的 OJ 数据集.

(1) 创建一个训练集, 它包含数据集中的 800 个随机观测, 把剩下的观测作为测试集;

(2) 把 Purchase 作为响应变量, 其他的变量作为预测变量, 取参数 cost= 0.1, 使用支持向量分类器拟合训练数据, 用 summary() 函数生成描述性统计量, 并且描述你得到的结果;

(3) 训练集和测试集的预测错误率分别是多少?

(4) 用 tune() 函数选择最优的 cost 值, cost 的取值范围为 0.01 到 10;

(5) 用 cost 的新值计算训练集和测试集的预测错误率;

(6) 使用径向核函数的支持向量机重复 (2)—(5) 的过程, gamma 取默认值;

(7) 使用多项式核函数的支持向量机重复 (2)—(5) 的过程, degree 值取为 2;

(8) 总体而言, 对于这个数据集, 哪种方法可以得到最好的结果?

4

第四章

聚类及相关数据分析方法

无监督学习是一种不使用训练数据集进行监督的机器学习技术. 相反, 模型本身会从给定数据中找到隐藏的模式. 无监督学习算法可以进一步分为两类问题：聚类是一种将对象分组的方法, 使得最相似的对象保留在同一个组中, 并且与另一组的对象具有较小的相似性. 聚类分析发现数据对象之间的共性, 并根据这些共性的存在和不存在对它们进行分类. 关联规则是另一种无监督学习方法, 用于查找大型数据库的数据集中一起出现的项目集, 以确定变量之间的关系.

本章介绍聚类分析方法、关联规则, 另外还介绍经典的文本分析和推荐系统.

4.1 聚类分析

聚类分析 (cluster analysis) 是一类将数据所对应的研究对象进行分类的统计方法. 这一类方法的共同特点是：事先不知道类别的个数与结构, 进行分析的依据是对象之间的相似性 (similarity) 或相异性 (dissimilarity). 将这些相似 (相异) 数据看成是对象之间的"距离"远近的一种度量, 将距离近的对象归入一类, 同时让不同类之间的对象的距离尽可能远. 这就是聚类分析方法的基本思路.

聚类分析根据分类对象不同分为 Q 型聚类分析和 R 型聚类分析. 前者是指以变量为基础对样本进行聚类, 而后者是指以样本为基础对变量进行聚类. 在本节中, 我们只讨论 Q 型聚类, 因为只需将数据矩阵进行转置就可实现 R 型聚类.

现在可用的聚类算法超过 100 种, 它们大致可以分为四类：

(1) 基于重心的算法

基于数据中的多个重心来分离数据点. 每个数据点根据其与这些重心的平方距离分配给一个簇. 这是最常用的聚类类型.

(2) 分层算法

在所有数据点之间构建一个层次结构, 这种算法通常用于分层数据结构, 如公司数据库或动物物种分类. 分层算法主要有两种类型：

(a) 凝聚聚类——所有数据点先被单独作为一个类, 依次合并到更大的类中.

(b) 分裂聚类——所有数据点被视为一个大类, 依次划分成更小的类.

(3) 基于分布的算法

假设数据从一个混合分布中产生, 每个组成成分代表一个聚类. 数据点聚类的归属取决于它属于各个组成成分的概率. 随着与一个聚类中心距离的增加, 数据点属于该类的概率会降低. 这种方法将在下一节详细介绍.

(4) 基于密度的算法

考虑空间中不同部分点的密度, 按具有相似密度的子空间进行聚类, 并通过空白或者稀疏的区域将不同的子空间分开. 不属于任何子空间的点被看成噪声, 其中也包括数据中的异常值.

4.1.1 距离的定义

1. 数据标准化

在聚类分析过程中, 常常需要将数据进行标准化, 以消除量纲的影响. 以下介绍几种常用的标准化方法.

(1) 标准化变换. 称

$$x_{ij}^* = \frac{x_{ij} - \bar{x}_j}{s_j}, \quad i = 1, \cdots, n;\ j = 1, \cdots, p$$

为标准化变换, 其中

$$\bar{x}_j = \frac{1}{n}\sum_{k=1}^{n} x_{kj}, \quad s_j = \sqrt{\frac{1}{n-1}\sum_{k=1}^{n}(x_{kj} - \bar{x}_j)^2}.$$

变换后数据的样本均值为 0, 样本标准差为 1, 且标准化后的数据没有量纲.

(2) 极差标准化变换. 称

$$x_{ij}^* = \frac{x_{ij} - \bar{x}_j}{R_j}, \quad i = 1, \cdots, n;\ j = 1, \cdots, p$$

为极差标准化变换, 其中

$$R_j = \max_{1 \leqslant k \leqslant n} x_{kj} - \min_{1 \leqslant k \leqslant n} x_{kj}.$$

变换后数据的样本均值为 0, 极差为 1, 且变换后的数据没有量纲.

(3) 极差正规化变换. 称

$$x_{ij}^* = \frac{x_{ij} - \min\limits_{1 \leqslant k \leqslant n} x_{kj}}{R_j}, \quad i = 1, \cdots, n;\ j = 1, \cdots, p$$

为极差正规化变换, 其中 R_j 定义如上. 变换后, $0 \leqslant x_{ij}^* \leqslant 1$, 极差为 1, 也没有量纲.

2. 样本之间的距离

设 x_{ik} 为第 i 个样本的第 k 个指标, 观测值如表 4.1 所示.

样本	变量			
	x_1	x_2	$\cdots$	x_p
1	x_{11}	x_{12}	$\cdots$	x_{1p}
2	x_{21}	x_{22}	$\cdots$	x_{2p}
$\vdots$	$\vdots$	$\vdots$		$\vdots$
n	x_{n1}	x_{n2}	$\cdots$	x_{np}

表 4.1
样本观测值

每个样本有 p 个变量, 故每个样本可以看成 $\mathbb{R}^p$ 中的一个点, n 个样本就是 $\mathbb{R}^p$ 中的 n 个点. 在 $\mathbb{R}^p$ 中需要定义某种距离, 第 i 个样本与第 j 个样本之间的距离记为 d_{ij}, 在聚类过程中, 距离较近的点归为一类, 距离较远的点归为不同类. 定义的距离一般满足如下 4 个条件:

(1) $d_{ij} \geqslant 0$, 对一切 i, j 成立.

(2) $d_{ij} = 0$ 当且仅当第 i 个样本与第 j 个样本的各变量值相同.

(3) $d_{ij} = d_{ji}$, 对一切 i, j 成立.

(4) $d_{ij} \leqslant d_{ik} + d_{kj}$, 对一切 i, j, k 成立.

最常用的有以下几种距离:

(1) 绝对值距离

$$d_{ij}(1) = \sum_{k=1}^{p} |x_{ik} - x_{jk}|.$$

(2) 欧氏距离 (Euclidean distance)

$$d_{ij}(2) = \sqrt{\sum_{k=1}^{p} (x_{ik} - x_{jk})^2}.$$

(3) 闵可夫斯基距离 (Minkowski distance)

$$d_{ij}(q) = \left(\sum_{k=1}^{p} |x_{ik} - x_{jk}|^q \right)^{1/q}, \quad q > 0.$$

不难看出绝对值距离和欧氏距离是闵可夫斯基距离的特例.

(4) 切比雪夫距离 (Chebyshev distance)

$$d_{ij}(\infty) = \max_{1 \leqslant k \leqslant p} |x_{ik} - x_{jk}|.$$

(5) 马哈拉诺比斯距离 (Mahalanobis distance)

$$d_{ij}(M) = \sqrt{(\boldsymbol{x}_i - \boldsymbol{x}_j)^{\mathrm{T}} \boldsymbol{S}^{-1} (\boldsymbol{x}_i - \boldsymbol{x}_j)},$$

其中 $\boldsymbol{x}_i=(x_{i1},\cdots,x_{ip})^{\mathrm{T}}$, $\boldsymbol{x}_j=(x_{j1},\cdots,x_{jp})^{\mathrm{T}}$, $\boldsymbol{S}$ 为样本协方差矩阵. 马哈拉诺比斯距离的优点是考虑到了变量之间的相关性, 且与变量的量纲无关. 其缺点是距离公式中的 $\boldsymbol{S}$ 有时不易确定.

(6) 兰氏距离 (Lance and Williams distance)

$$d_{ij}(L)=\sum_{k=1}^{p}\frac{|x_{ik}-x_{jk}|}{x_{ik}+x_{jk}},$$

其中 $x_{ij}>0, i=1,\cdots,n;\ j=1,\cdots,p$.

以上几种距离的定义均要求变量是定量变量, 下面介绍一种定性变量距离的定义方法.

(7) 定性变量样本间的距离

在数量化的理论中, 常将定性变量称为项目, 而将定性变量的各种不同取“值”称为类别. 例如, 性别是项目, 而男或女是这个项目的类别. 设样本

$$\boldsymbol{x}_i=(\delta_i(1,1),\cdots,\delta_i(1,r_1),\delta_i(2,1),\cdots,\delta_i(2,r_2),\cdots,\delta_i(m,1),\cdots,\delta_i(m,r_m)),\quad i=1,\cdots,n,$$

其中 n 为样本容量, m 是项目的个数, r_k 为第 k 个项目的类别数, $r_1+\cdots+r_m=p$,

$$\delta_i(k,l)=\begin{cases}1, & \text{第}i\text{个观测的第}k\text{个项目的数据为第}l\text{个类别},\\ 0, & \text{否则}.\end{cases}$$

称 $\delta_i(k,l)$ 为第 k 个项目之 l 类在第 i 个样本中的反应.

例如, 考虑项目 1 为性别, 其类别为男、女; 项目 2 为外语种类, 其类别为英、日、德、俄; 项目 3 为专业, 其类别为统计、会计、金融; 项目 4 为职业, 其类别为教师、工程师. 现有 2 个观测, 第 1 个人是男性, 所学外语是英语, 所学专业是金融, 其职业是工程师; 第 2 个人是女性, 所学外语是英语, 所学专业是统计, 其职业是教师. 表 4.2 给出了相应的项目、类别和观测的取值情况. 这里 $n=2, m=4, r_1=2, r_2=4, r_3=3, r_4=2, p=11$.

表 4.2 项目、类别和观测的取值

观测	性别		外语				专业			职业	
	男	女	英	日	德	俄	统计	会计	金融	教师	工程师
$\boldsymbol{x}_1$	1	0	1	0	0	0	0	0	1	0	1
$\boldsymbol{x}_2$	0	1	1	0	0	0	1	0	0	1	0

设有两个样本 $\boldsymbol{x}_i,\boldsymbol{x}_j$, 若 $\delta_i(k,l)=\delta_j(k,l)=1$, 则称这两个样本在第 k 个项目的第 l 个类别上 1–1 配对; 若 $\delta_i(k,l)=\delta_j(k,l)=0$, 则称这两个样本在第

k 个项目的第 l 个类别上 0–0 配对; 若 $\delta_i(k,l) \neq \delta_j(k,l)$, 则称这两个样本在第 k 个项目的第 l 个类别上不配对.

记 m_1 为 $\boldsymbol{x}_i$ 和 $\boldsymbol{x}_j$ 在 m 个项目的所有类别中 1–1 配对的总数, m_0 为 0–0 配对的总数, m_2 为不配对的总数. 显然

$$m_0 + m_1 + m_2 = p.$$

样本 $\boldsymbol{x}_i$ 和 $\boldsymbol{x}_j$ 之间的距离可以定义为

$$d_{ij} = \frac{m_2}{m_1 + m_2}.$$

对于表 4.2 中的数据, $m_0 = 4, m_1 = 1, m_2 = 6$, 因此距离为 $d_{12} = 6/(1 + 6) = 0.857$.

3. 类之间的距离

假设 $G_1, G_2, \cdots$ 表示类, 我们用 D_{KL} 表示 G_K 与 G_L 的距离.

(1) 最短距离法

定义类与类之间的距离为两类最近样本间的距离, 即

$$D_{KL} = \min_{i \in G_K, j \in G_L} d_{ij}.$$

称这种系统聚类法为最短距离法 (single linkage method).

当在某步时, 类 G_K 和 G_L 合并为 G_M, 按最短距离法计算新类 G_M 与其他类 G_J 的类间距离, 其递推公式为

$$D_{MJ} = \min\{D_{KJ}, D_{LJ}\}.$$

(2) 最长距离法

定义类与类之间的距离为两类最远样本间的距离, 即

$$D_{KL} = \max_{i \in G_K, j \in G_L} d_{ij}.$$

称这种系统聚类法为最长距离法 (complete linkage method).

当在某步时, 类 G_K 和 G_L 合并为 G_M, 则 G_M 与其他类 G_J 的距离为

$$D_{MJ} = \max\{D_{KJ}, D_{LJ}\}.$$

(3) 中间距离法

类与类之间的距离既不取两类样本的最近距离, 也不取两类样本的最远距离, 而是取介于两者中间的距离, 这种方法称为中间距离法 (median method).

如图 4.1 所示, 设某一步将 G_K 和 G_L 合并为 G_M, 对于任一类 G_J, 考虑由长度为 D_{KL}, D_{LJ} 和 D_{KJ} 的 3 条线段组成的三角形, 3 条边不妨仍记为 D_{KL}, D_{LJ} 和 D_{KJ}. 记 D_{KL} 边的中线为 D_{MJ}, 其长度也记为 D_{MJ}.

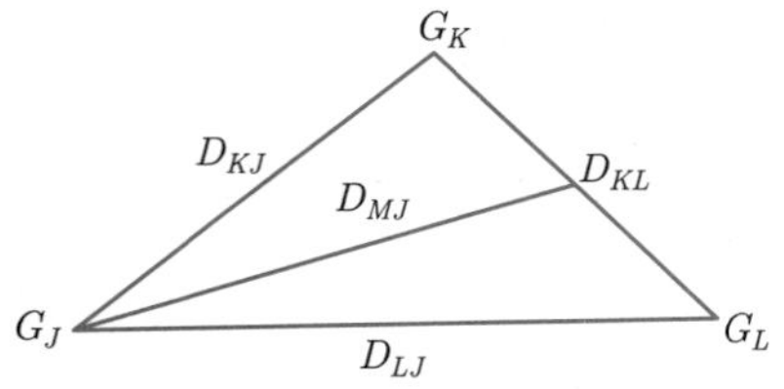

图 4.1 中间距离法的几何表示

由平面几何知识,

$$D_{MJ}^2 = \frac{1}{2}D_{KJ}^2 + \frac{1}{2}D_{LJ}^2 - \frac{1}{4}D_{KL}^2.$$

这就是中间距离法的递推公式.

将上述递推公式改为

$$D_{MJ}^2 = \frac{1-\beta}{2}(D_{KJ}^2 + D_{LJ}^2) + \beta D_{KL}^2,$$

其中 $\beta(0 \leqslant \beta \leqslant 1)$ 为参数, 这种方法称为可变法. 当 $\beta = 0$ 时, 递推公式变为

$$D_{MJ}^2 = \frac{1}{2}(D_{KJ}^2 + D_{LJ}^2),$$

它被称为 McQuitty 相似分析法.

(4) 类平均法

类平均法 (average linkage method) 有两种定义, 一种是把类与类之间的距离定义为所有样本对之间的平均距离, 即定义 G_K 和 G_L 之间的距离为

$$D_{KL} = \frac{1}{n_K n_L}\sum_{i\in G_K, j\in G_L} d_{ij},$$

其中 n_K 和 n_L 分别为类 G_K 和 G_L 的样本容量, d_{ij} 为样本 i 与样本 j 之间的距离. 容易得到它的递推公式为

$$D_{MJ} = \frac{n_K}{n_M}D_{KJ} + \frac{n_L}{n_M}D_{LJ}.$$

另一种方法是定义类与类之间的平方距离为样本对之间平方距离的平均值, 即

$$D_{KL}^2 = \frac{1}{n_K n_L}\sum_{i\in G_K, j\in G_L} d_{ij}^2.$$

它的递推公式为

$$D_{MJ}^2 = \frac{n_K}{n_M}D_{KJ}^2 + \frac{n_L}{n_M}D_{LJ}^2. \tag{4.1.1}$$

类平均法较充分地利用了所有样本之间的信息. 在很多情况下, 它被认为是一种较好的系统聚类法.

在递推公式 (4.1.1) 中, D_{KL} 的影响没有被反映出来, 为此可将该递推公式进一步推广为

$$D_{MJ}^2=(1-\beta)\left(\frac{n_K}{n_M}D_{KJ}^2+\frac{n_L}{n_M}D_{LJ}^2\right)+\beta D_{KL}^2,$$

其中 $\beta(0\leqslant\beta\leqslant 1)$ 为参数, 称这种系统聚类法为可变类平均法.

(5) 重心法

类与类之间的距离定义为它们的重心 (均值) 之间的欧氏距离. 设 G_K 和 G_L 的重心分别为 $\bar{\boldsymbol{x}}_K$ 和 $\bar{\boldsymbol{x}}_L$, 则 G_K 与 G_L 之间的平方距离为

$$D_{KL}^2=d_{\bar{\boldsymbol{x}}_K\bar{\boldsymbol{x}}_L}^2=(\bar{\boldsymbol{x}}_K-\bar{\boldsymbol{x}}_L)^{\mathrm{T}}(\bar{\boldsymbol{x}}_K-\bar{\boldsymbol{x}}_L). \tag{4.1.2}$$

这种系统聚类法称为重心法 (centroid hierarchical method). 递推公式为

$$D_{MJ}^2=\frac{n_K}{n_M}D_{KJ}^2+\frac{n_L}{n_M}D_{LJ}^2-\frac{n_Kn_L}{n_M^2}D_{KL}^2.$$

重心法在处理异常值方面比其他系统聚类法更稳健, 但是在别的方面一般不如类平均法或下面即将介绍的离差平方和法的效果好.

(6) 离差平方和法 (沃德 (Ward) 方法)

离差平方和法是沃德于 1936 年提出来的, 也称为沃德方法. 它基于方差分析思想, 若类分得正确, 则同类样本之间的离差平方和应当较小, 不同类样本之间的离差平方和应当较大.

设类 G_K 和 G_L 合并为新的类 G_M, 则 G_K,G_L,G_M 的离差平方和分别为

$$W_K=\sum_{i\in G_K}(\boldsymbol{x}_i-\bar{\boldsymbol{x}}_K)^{\mathrm{T}}(\boldsymbol{x}_i-\bar{\boldsymbol{x}}_K),$$

$$W_L=\sum_{i\in G_L}(\boldsymbol{x}_i-\bar{\boldsymbol{x}}_L)^{\mathrm{T}}(\boldsymbol{x}_i-\bar{\boldsymbol{x}}_L),$$

$$W_M=\sum_{i\in G_M}(\boldsymbol{x}_i-\bar{\boldsymbol{x}}_M)^{\mathrm{T}}(\boldsymbol{x}_i-\bar{\boldsymbol{x}}_M),$$

其中 $\bar{\boldsymbol{x}}_K,\bar{\boldsymbol{x}}_L$ 和 $\bar{\boldsymbol{x}}_M$ 分别是 G_K,G_L 和 G_M 的重心. 所以 W_K,W_L 和 W_M 反映了各自类内样本的分散程度. 若 G_K 和 G_L 这两类相距较近, 则合并后所增加的离差平方和 $W_M-W_K-W_L$ 应较小; 否则, 应较大. 于是定义 G_K 和 G_L 之间的平方距离为

$$D_{KL}^2=W_M-W_K-W_L.$$

这种系统聚类法称为离差平方和法. 它的递推公式为

$$D_{MJ}^2=\frac{n_J+n_K}{n_J+n_M}D_{KJ}^2+\frac{n_J+n_L}{n_J+n_M}D_{LJ}^2-\frac{n_J}{n_J+n_M}D_{KL}^2.$$

G_K 和 G_L 之间的平方距离也可写成

$$D_{KL}^2=\frac{n_K n_L}{n_M}(\bar{\boldsymbol{x}}_K-\bar{\boldsymbol{x}}_L)^{\mathrm{T}}(\bar{\boldsymbol{x}}_K-\bar{\boldsymbol{x}}_L).$$

可见, 这个距离与由 (4.1.2) 给出的重心法的距离只相差一个常数倍. 重心法的类间距与两类的样本数无关, 而离差平方和法的类间距与两类的样本数有较大的关系, 两个较大类倾向于有较大的距离, 因而不易合并, 这更符合对聚类的实际要求. 离差平方和法在许多场合下优于重心法, 是一种比较好的系统聚类法, 但它对异常值很敏感.

注 4.1 统计学家比较喜欢使用类平均法、最长距离法和最短距离法. 但类平均法和最长距离法一般比最短距离法更常用, 因为这两种方法能产生更均衡的谱系图.

4. 相似系数

聚类分析方法不仅可以用来对样本进行分类, 而且可用来对变量进行分类, 在对变量进行分类时, 常用相似系数来度量变量之间的相似程度.

设 c_{ij} 表示变量 x_i 和 x_j 之间的相似系数, 一般要求:

(1) $c_{ij}=\pm 1$ 当且仅当存在 $a\neq 0$ 使得 $x_i=ax_j$.

(2) $|c_{ij}|\leqslant 1$, 对一切 i,j 成立.

(3) $c_{ij}=c_{ji}$, 对一切 i,j 成立.

$|c_{ij}|$ 越接近 1, 表示 x_i 和 x_j 的关系越密切, c_{ij} 越接近 0, 则两者的关系越疏远. 下面介绍两种相似系数.

(1) 夹角余弦. 变量 x_i 的 n 次观测值为 $(x_{1i},\cdots,x_{ni})$, 则 x_i 与 x_j 的夹角余弦称为两向量的相似系数, 记为 $c_{ij}(1)$, 即

$$c_{ij}(1)=\frac{\sum\limits_{k=1}^{n}x_{ki}x_{kj}}{\sqrt{\sum\limits_{k=1}^{n}x_{ki}^2}\sqrt{\sum\limits_{k=1}^{n}x_{kj}^2}},\quad i,j=1,\cdots,p.$$

当 x_i 和 x_j 平行时, $c_{ij}=\pm 1$, 说明这两个向量完全相似; 当 x_i 和 x_j 正交时, $c_{ij}(1)=0$, 说明这两个向量不相关.

(2) 样本相关系数. 样本相关系数就是对数据作标准化处理后的夹角余弦, 记为 $c_{ij}(2)$. 即

$$c_{ij}(2)=\frac{\sum_{k=1}^{n}(x_{ki}-\bar{x}_i)(x_{kj}-\bar{x}_j)}{\sqrt{\sum_{k=1}^{n}(x_{ki}-\bar{x}_i)^2}\sqrt{\sum_{k=1}^{n}(x_{kj}-\bar{x}_j)^2}},\quad i,j=1,\cdots,p.$$

当 $c_{ij}(2)=\pm 1$ 时表示两向量线性相关.

变量之间常借助相似系数来定义距离, 例如, 令

$$d_{ij}^2=1-c_{ij}^2.$$

4.1.2 系统聚类法

系统聚类法 (hierarchical clustering method) 是一种层次算法. 它的基本思想是：开始时将 n 个样本各自作为一类, 并计算样本之间的距离和类与类之间的距离, 然后将距离最近的两类合并为一个新类, 计算新类与其他类的距离; 重复进行两个最近类的合并, 每次减少一个类, 直至所有的样本合并为一类. 系统聚类法的一个优点是它可以输出一个关于各个样本的树形表示, 即谱系图 (dendrogram). 它可看作一棵上下颠倒的树, 从树叶开始将类聚集到树干上.

我们把系统聚类法的具体算法概括如下：

算法 4.1 (系统聚类法)

1. 输入: 样本观测 $\{\boldsymbol{x}_1,\cdots,\boldsymbol{x}_n\}$.
2. 过程:

   (a) 计算 n 个观测中所有 $\binom{n}{2}=n(n-1)/2$ 对数据的距离 (比如欧氏距离), 将每个观测看作一类;

   (b) 对 $i=n,\cdots,2$ 执行 (c) 和 (d);

   (c) 在 i 个类中, 计算任意两个类间的距离 (比如最长距离), 找到距离最小的那一对, 将它们归为一类;

   (d) 对 $i-1$ 个新类, 计算它们两两之间的距离;

   (e) 循环结束.
3. 输出: 谱系图.

例 4.1 设有 6 个观测, 每个观测只有一个指标, 这 6 个观测分别是: 1, 2, 6, 8, 11, 13. 观测之间的距离选用欧氏距离计算, 类之间的距离分别采用最短距离法、最长距离法、中间距离法、McQuitty 相似分析法、类平均法、重心法和离差平方和法计算. 我们用 R 中的函数 hclust() 进行聚类. 图 4.2 是分别应用最短距离法、最长距离法、中间距离法和 McQuitty 相似分析法得到的谱系图, 图 4.3 是分别应用类平均法、重心法和离差平方和法得到的谱系图. 谱系图底部的数字表示观测的序号.

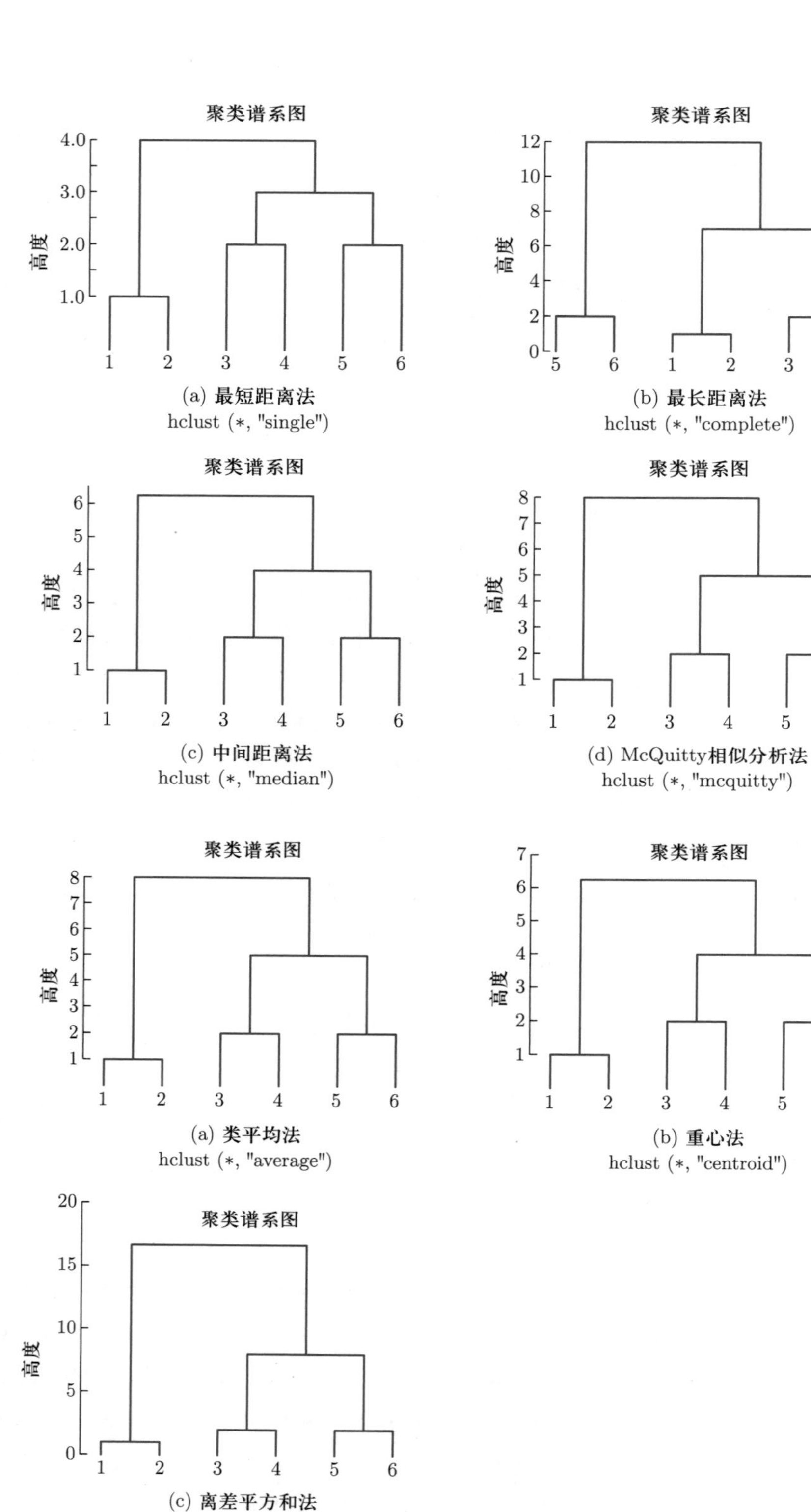

图 4.2
由前 4 种距离方法得到的谱系图

图 4.3
由后 3 种距离方法得到的谱系图

在这些谱系图中, 每片叶子 (在谱系图的最底部) 代表 1, 2, 6, 8, 11, 13 这 6 个观测中的 1 个. 沿着这棵树向上看, 一些树叶开始汇入某些枝条中, 这表示相应的观测是非常相似的. 继续沿着树干往上, 枝条本身也开始同其他叶子或者枝条汇合. 越早 (在树的较低处) 汇合的各组观测越相似, 而越晚 (在接近树顶处) 汇合的各组观测之间的差异会越大.

在聚类过程中类的个数如何确定才是适宜的呢? 这是一个十分困难的问题, 至今仍未找到令人满意的方法, 但这又是一个不可回避的问题. 目前基本的方法有四种.

(1) 给定一个阈值. 通过观察谱系图, 给出一个自己认可的阈值 T, 要求类与类之间的距离 (观察谱系图的纵坐标) 要大于 T.

(2) 观测的散点图. 对于二维或三维变量的样本, 可以通过观测数据的散点图来确定类的个数.

(3) 使用统计量. 利用一些统计量去分析分类个数如何选择更合适.

(4) 根据谱系图确定分类个数的准则.

通常我们需要根据研究目的来确定适当的分类方法, 下列是一些根据谱系图来分析的准则:

准则 A: 各类重心的距离必须大.

准则 B: 确定的类中, 各类所包含的观测都不要太多.

准则 C: 类的个数必须符合实用目的.

准则 D: 若采用几种不同的聚类方法处理, 则在各自的聚类谱系图中应发现相同的类.

在例 4.1中, 我们将类的个数分别取为 3 和 2, 采用最长距离法, 相应的谱系图见图 4.4, 在图中, 我们把同一类的观测用线框起来.

4.1.3 K 均值聚类

系统聚类法是一种事先不需要规定类数的聚类方法. 接下来要介绍的 K 均值聚类 (K-means clustering) 是一种基于重心的算法, 它把数据集划分成 K 个类, 这里类数 K 是事先给定的. 也就是说, 在进行 K 均值聚类时, 需要先确定想要得到的类数 K, K 均值聚类算法会将所有观测分配到 K 个类中.

我们先来定义一些符号. 用 $C_1, \cdots, C_K$ 表示在每个类中包含的观测指标的集合, 这些集合满足以下两个性质:

(1) $C_1 \bigcup \cdots \bigcup C_K = \{1, \cdots, n\}$, 即每个观测至少属于 K 类中的一个类.

(2) 对所有的 $k \neq k'$ 有 $C_k \bigcap C_{k'} = \varnothing$, 即类与类之间是无重叠的 (或者说, 没有一个观测同时属于两个类或更多的类).

K 均值聚类的思想是: 一个好的聚类法可以使类内差异尽可能小. 第 C_k 类的类内差异是对第 C_k 类中观测差异性的度量, 不妨记为 $W(C_k)$. 因此, K

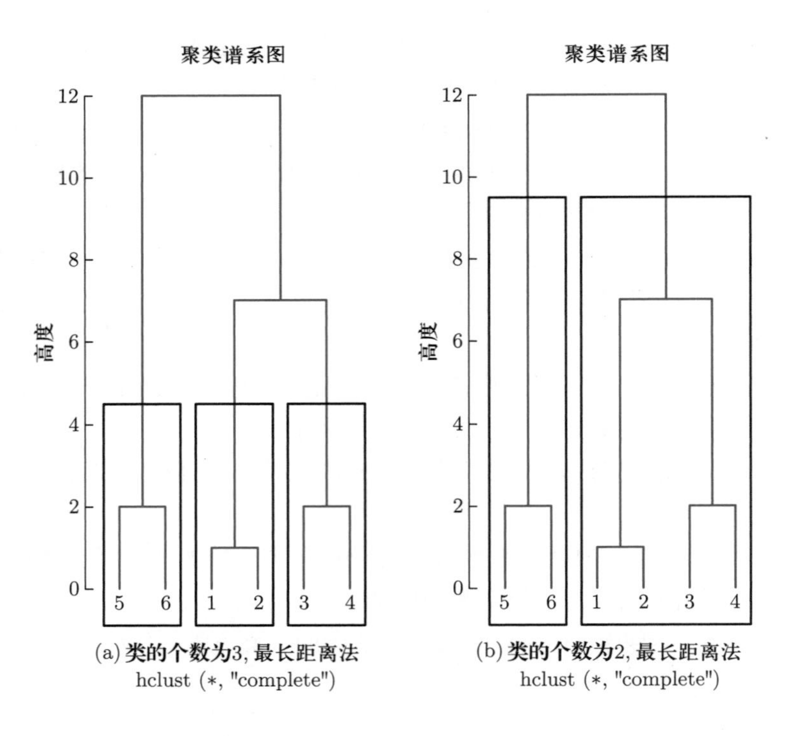

图 4.4 取类的个数分别为 3 和 2 时的谱系图

均值聚类需要解决以下的最小化问题:

$$\min_{C_1,\cdots,C_K} \sum_{k=1}^{K} W(C_k). \tag{4.1.3}$$

意思是: 把所有的观测分配到 K 个类中, 使得 K 个类的总的类内差异尽可能小.

为了能通过 (4.1.3) 实现聚类, 我们需要给类内差异一个定义. 有很多种方法可以定义这个概念, 但用得最多的是平方欧氏距离, 即定义

$$W(C_k) = \frac{1}{|C_k|} \sum_{i,i' \in C_k} \|\boldsymbol{x}_i - \boldsymbol{x}_{i'}\|^2 = \frac{1}{|C_k|} \sum_{i,i' \in C_k} \sum_{j=1}^{p} (x_{ij} - x_{i'j})^2, \tag{4.1.4}$$

其中 $|C_k|$ 表示在第 k 个类中的观测的个数. 由 (4.1.3) 和 (4.1.4), 可以得到 K 均值聚类的优化问题:

$$\min_{C_1,\cdots,C_K} \sum_{k=1}^{K} \frac{1}{|C_k|} \sum_{i,i' \in C_k} \sum_{j=1}^{p} (x_{ij} - x_{i'j})^2. \tag{4.1.5}$$

现在, 我们需要找到一种算法来解决 (4.1.5) 的最小化问题, 即将 n 个观测分配到 K 个类中使得 (4.1.5) 的目标函数达到最小值的一种分割方法. 找到这

个最优解是非常困难的 (是一个 NP 难问题①, 参考文献 [28]), 因为有将近 K^n 种方法可以把 n 个观测分配到 K 个类中. 除非 K 和 n 都很小, 否则这将是一个非常巨大的数字. K 均值聚类的算法采用了贪心 (greedy) 策略, 通过迭代优化来近似求解 (4.1.5), 但要注意, 得到的解是一个局部最优解. 我们把 K 均值聚类的算法概括如下:

这个算法可以保证在每次迭代后, (4.1.5) 的目标函数值都会减少 (至少不会增大). 以下这个恒等式有助于理解这个性质:

$$\begin{aligned}\frac{1}{|C_k|}\sum_{i,i'\in C_k}\sum_{j=1}^{p}(x_{ij}-x_{i'j})^2 &= \frac{1}{|C_k|}\sum_{i,i'\in C_k}\sum_{j=1}^{p}((x_{ij}-\bar{x}_{kj})-(x_{i'j}-\bar{x}_{kj}))^2\\ &= 2\sum_{i\in C_k}\sum_{j=1}^{p}(x_{ij}-\bar{x}_{kj})^2,\end{aligned}$$

其中 $\bar{x}_{kj}=\frac{1}{|C_k|}\sum_{i\in C_k}x_{ij}$ 是 C_k 类中第 j 个分量的均值. 因此, 在算法 4.2 过程的 (c) 步, 类重心可以使得类内观测的总离差平方和最小化; 在过程的 (d) 步, 重新分配观测可以改善 (4.1.5) 的目标函数值. 这意味着当算法运行时, 所得到的聚类分析结果会持续改善, 直到分类结果不再改变为止, 此时已经达到了一个局部最优的水平.

算法 4.2 (K **均值聚类法**)

1. 输入: 样本观测 $\{\boldsymbol{x}_1,\cdots,\boldsymbol{x}_n\}$ 和类数 K.
2. 过程:
   (a) 为每个观测随机分配一个从 1 到 K 的数字, 这些数字可以看做是对这些观测的初始分类;
   (b) 重复执行 (c) 和 (d) 直到类的分配停止更新为止:
   (c) 分别计算 K 个类的类重心, 第 k 个类的类重心取为第 k 个类中的所有 p 维观测向量的均值向量;
   (d) 将每个观测分配到距离其最近的类重心所在的类中 (用欧氏距离来衡量);
   (e) 循环结束.
3. 输出: K 个类 $C_1,\cdots,C_K$.

因为 K 均值聚类法找到的是局部最优解, 所以算法停止时的聚类未必是全局最优解, 所得结果依赖于算法中的过程 (a) 中每个观测被随机分配到的初始类形态. 正因为如此, 有必要从不同的随机初始类形态开始多次运行这个算法, 然后从中挑选一个最优的方案. 建议随机初始类形态的个数取一个较大值, 例如 20 或 50, 以避免产生一个不理想的局部最优解.

① NP(Non-deterministic Polynomial) 难问题即非确定性多项式问题.

另外, 要进行 K 均值聚类必须先要确定类数 K, 但选择 K 的问题并非那么简单. 在实际应用中, 通常可以先尝试几种不同的 K 值, 然后从中确定最有用且最容易解释的一个 K. 至于如何选择, 没有统一的标准答案. 此外, 还可以借鉴系统聚类法的类数确定方案.

例 4.2 我们利用随机数产生 50 个二维的正态随机数: $\boldsymbol{x}_1, \cdots, \boldsymbol{x}_{50}$, 其中 $\boldsymbol{x}_i = (x_{i1}, x_{i2})$. 然后对前 25 个观测进行如下的位移变换:

$$x_{i1} = x_{i1} + 3,\ x_{i2} = x_{i2} - 4, \quad i = 1, \cdots, 25.$$

最后得到表 4.3 中的 50 个二维观测. 这个数据集有两个类, 前 25 个观测是一类, 后 25 个观测为另一类.

序号	x_{i1}	x_{i2}	序号	x_{i1}	x_{i2}	序号	x_{i1}	x_{i2}	序号	x_{i1}	x_{i2}
1	2.37	−3.60	14	0.79	−3.97	26	−0.06	0.29	39	1.10	0.37
2	3.18	−4.61	15	4.12	−4.74	27	−0.16	−0.44	40	0.76	0.27
3	2.16	−3.66	16	2.96	−3.81	28	−1.47	0.00	41	−0.16	−0.54
4	4.60	−5.13	17	2.98	−5.80	29	−0.48	0.07	42	−0.25	1.21
5	3.33	−2.57	18	3.94	−2.53	30	0.42	−0.59	43	0.70	1.16
6	2.18	−2.02	19	3.82	−3.85	31	1.36	−0.57	44	0.56	0.70
7	3.49	−4.37	20	3.59	−1.83	32	−0.10	−0.14	45	−0.69	1.59
8	3.74	−5.04	21	3.92	−3.52	33	0.39	1.18	46	−0.71	0.56
9	3.58	−3.43	22	3.78	−4.71	34	−0.05	−1.52	47	0.36	−1.28
10	2.69	−4.14	23	3.07	−3.39	35	−1.38	0.59	48	0.77	−0.57
11	4.51	−1.60	24	1.01	−4.93	36	−0.41	0.33	49	−0.11	−1.22
12	3.39	−4.04	25	3.62	−5.25	37	−0.39	1.06	50	0.88	−0.47
13	2.38	−3.31				38	−0.06	−0.30			

表 4.3
50 个二维观测

我们先画出这 50 个二维观测的散点图, 见图 4.5.

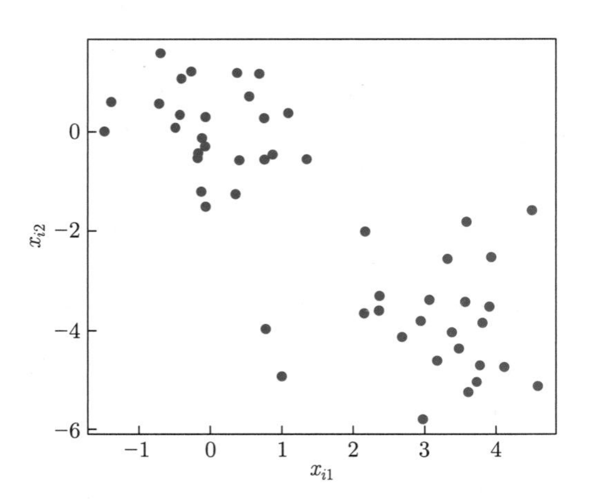

图 4.5
散点图

现在我们利用 K 均值聚类法进行聚类, R 中的函数 kmeans() 可以完成这一任务. 取 $K = 2$, 重复运行 K 均值聚类法 20 次, 然后返回最优结果 (用 (4.1.5) 的目标函数值衡量, 越小越好). 所得分类结果 (类标签) 为

```
> km.out$cluster
[1] 1 1 1 1 1 1 1 1 1 1 1 1 1 1 1 1 1 1 1 1 1 1 1 1 1 2 2 2 2 2 2 2 2 2
[35] 2 2 2 2 2 2 2 2 2 2 2 2 2 2 2 2
```

这里, km.out 是自己命名的 K 均值聚类的结果, 而 km.out$cluster 表示输出其中的 cluster 变量. 括号内数字表示输出向量中元素的序号, [1] 表示输出向量的第 1 个元素, [35] 是第 35 个元素. 容易看出, K 均值聚类法把 50 个观测完美地分配到 2 个类中, 其中前 25 个观测和后 25 个观测各被聚为一类. (4.1.5) 的目标函数值为 79.51. 还可以绘制出包含这些聚类信息的图, 见图 4.6(a), 我们用两种不同的颜色区分两个类. 这个例子的数据是人为产生的, 真实的类数是 2. 但对于现实中的数据, 真实的类数是未知的. 所以在这个例子中, 不妨再取 $K=3$ 进行聚类, 结果为

```
> km.out$cluster
[1] 1 1 1 1 2 2 1 1 2 1 2 1 2 1 1 1 1 2 1 2 2 1 2 1 1 3 3 3 3 3 3 3 3 3
[35] 3 3 3 3 3 3 3 3 3 3 3 3 3 3 3 3
```

其输出结果中的数字 1, 2 和 3 表示类别. (4.1.5) 的目标函数值为 60.37(这个值比前面的 79.51 小并不奇怪, 因为我们取了不同的 K 值). 绘制出的聚类结果见图 4.6(b), 我们用三种不同的颜色区分三个类.

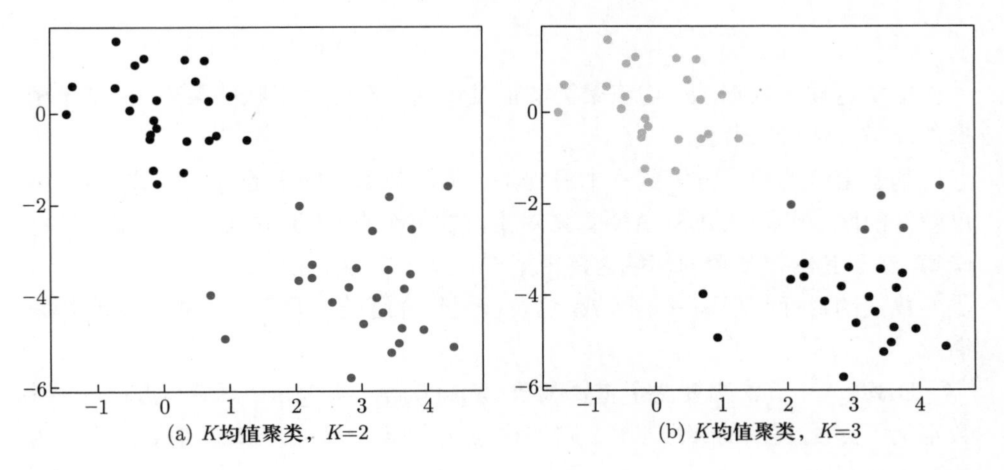

(a) K均值聚类, K=2 (b) K均值聚类, K=3

图 4.6 聚类图

4.1.4 DBSCAN 算法

DBSCAN(density-based spatial clustering and application with noise) 算法是一种基于密度的聚类算法 (参见文献 [52]), 可用于识别数据集中包含噪声和异常值的任何形状的聚类.

基于重心的聚类算法 (K 均值聚类等) 和分层聚类适用于寻找球形聚类或凸聚类. 或者说, 它们仅适用于紧凑且分离良好的聚类. 此外, 它们还受到数据中存在的噪声和异常值的严重影响. 而现实生活中的数据可能包含: (1) 任意

形状的类, 如图 4.7 所示 (椭圆形、线性和"S"形); (2) 异常值和噪声. 如图 4.7 包含 5 个聚类和异常值, 其中有 2 个椭圆聚类, 2 个线性聚类和 1 个紧凑型聚类.

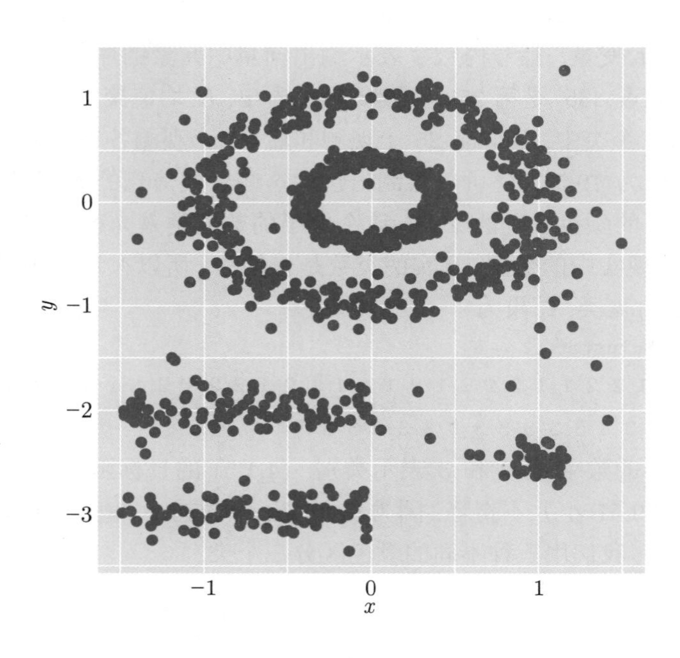

图 4.7
模拟聚类图

给定这样的数据, K 均值聚类法很难识别具有任意形状的聚类, 而基于密度的聚类方法可以做到.

基于密度的聚类方法的基本思想是：类是数据空间中的密集区域, 由点密度较低的区域分隔. DBSCAN 算法对集群的每个点, 判断它属于某个聚类还是噪声, 在于其给定半径的邻域内是否至少包含一定数量的点.

算法的目标是识别密集区域, 这可以通过靠近给定目标的数据点的数量来衡量.

DBSCAN 算法需要两个重要参数：eps(误差) 和 MinPts(最小点). eps 参数定义了点 x 周围的邻域半径. 它被称为 x 的 ε 邻域. MinPts 是 eps 半径内的最小邻居数.

数据集中的任何点 x, 其邻居计数大于或等于 MinPts, 都被标记为核心点. 若一个点 x 的邻居个数小于 MinPts, 但它属于某个核心点 z 的 ε 邻域, 则 x 被称为边界点. 若一个点既不是核心点也不是边界点, 则它被称为噪声点或离群点.

图 4.8 显示了使用 MinPts = 6 的不同类型的点 (核心点、边界点和离群点). 因为邻域 $_{\varepsilon}(x) = 6$, 所以 x 是核心点; 因为邻域 $_{\varepsilon}(y)$ <MinPts, 并且它属于核心点 x 的 ε 邻域, 所以 y 是边界点; z 是噪声点.

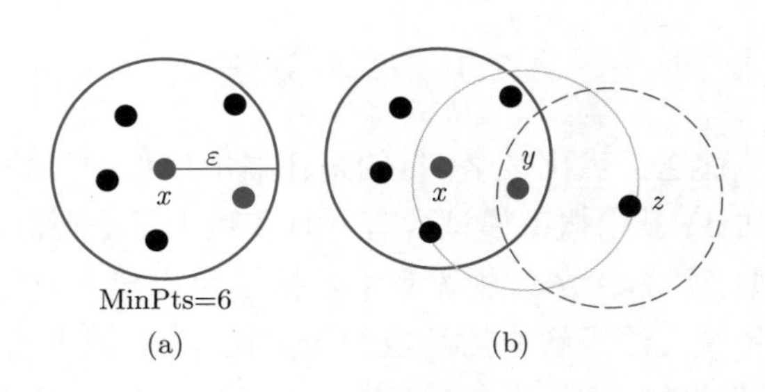

图 4.8
ε-邻域图

我们首先给出理解 DBSCAN 算法所需的 3 个术语：

(1) 直接密度可达：若 (a)A 在 B 的 ε 邻域中, 并且 (b)B 是核心点, 则点 A 是从另一个点 B 直接密度可达的.

(2) 密度可达：若有一组从 B 到 A 的核心点, 则点 A 是从 B 密度可达的.

(3) 密度连通：若存在核心点 C, 则两点 A 和 B 是密度连通的, 使得 A 和 B 都可以从 C 密度可达.

基于密度的聚类被定义为一组密度连通点. 它的算法工作原理如下：

(1) 对于每个点 x_i, 计算它和其他点之间的距离. 查找起点 (x_i) 距离小于 eps 的所有相邻点. 每个邻居计数大于或等于 MinPts 的点都被标记为核心点或已访问点.

(2) 对于每个核心点, 若尚未分配到一类, 则创建一个新聚类. 递归查找其所有密度连通点, 并将它们分配给与核心点相同的类.

(3) 遍历数据集中剩余的未访问点.

优点:

(1) 与 K 均值聚类法不同, DBSCAN 算法不需要用户指定要生成的簇数.

(2) DBSCAN 算法可以找到任何形状的簇; 集群不必是圆形的.

(3) DBSCAN 算法可以识别异常值.

参数估计:

(1) MinPts：数据集越大, MinPts 的取值越大, MinPts 必须至少选择 3.

(2) ε：可以通过使用 k 距离图来选择 ε 的值, 即画出到 $k = \text{MinPts}$ 最近邻的距离; 好的 ε 值能在该图显示强烈弯曲的地方取到.

4.2 EM 算法

基于模型的聚类常用的算法是 EM 算法 (expectation maximization algorithm, 最大期望算法), 它是 K 均值聚类法的一种推广. 与 K 均值聚类相比, 它可以应用于更多种类的数据表示和分布, 也可以应用于许多不同类型的概率建模.

4.2.1 EM 算法

EM 算法是一种迭代优化策略, 目的是在概率模型中寻找参数极大似然估计或者极大后验估计, 其中概率模型含有并且依赖于无法观测的隐含变量.

假设概率模型 M 含参数 θ, 根据观测数据 x 可以建立似然函数 $L(\theta|x)$. 再利用梯度上升等传统方法求解似然函数的极大化问题, 或者通过求解似然函数关于 θ 偏导数等于 0 的方程, 来获得参数 θ 的估计. 但如果模型 M 还包含未知的隐含变量 z, 那么似然函数 $L(x(z)|\theta)$ 就无法采用梯度型方法进行求解了.

考虑一个班级男、女学生的身高概率模型, 假设男、女生的身高都服从高斯分布 $N(\mu_i,\sigma_i^2)$ $(i=1,2)$. 未知参数 μ_i 和 σ_i 可以由身高数据 x 估计得到. 如果已经知道数据是男生还是女生的身高, 那么似然函数 $L(\theta|x)$ 取对数后为

$$\ln L(\theta|x)=\sum_i\left(y_i\ln p(x_i)+(1-y_i)\ln q(x_i)\right), \tag{4.2.1}$$

其中 $\theta=(\mu_1,\mu_2,\sigma_1,\sigma_2)$,

$$p(x)=\frac{1}{\sqrt{2\pi}\sigma_1}\exp\left\{-\frac{(x-\mu_1)^2}{2\sigma_1^2}\right\}, q(x)=\frac{1}{\sqrt{2\pi}\sigma_2}\exp\left\{-\frac{(x-\mu_2)^2}{2\sigma_2^2}\right\}.$$

而 $y_i\in\{0,1\}$ 是已知的, 1 表示数据是男生的身高, 0 为女生的. 对 (4.2.1) 关于 μ_i, σ_i 求偏导数, 通过求解 $\dfrac{\partial\ln L(\theta|x)}{\partial\mu_i}=0$ 和 $\dfrac{\partial\ln L(\theta|x)}{\partial\sigma_i}=0$, 即对数似然函数的极大值问题, 可以得到参数 θ 的估计:

$$\mu_i=\frac{1}{N_i}\sum_{j\in S_i}x_j,$$

$$\sigma_i^2=\frac{1}{N_i}\sum_{j\in S_i}(x-\mu_j)^2,$$

其中 S_i 和 N_i $(i=1,2)$ 分别为男、女生的集合和人数. 但如果事先不知道身高数据 x 是来自男生还是女生的, 那么上述求偏导数方法就不适用了.

从这个例子可以看出, 若能确定隐含变量 y_i, 则能较容易地得到参数的估计. EM 算法正是基于这样的思路. 首先依据上一步估计出的参数值计算隐含变量的值, 再根据计算出的隐含变量, 加上之前已经观测到的数据更新参数值, 然后反复迭代, 直至算法收敛.

4.2.2 预备知识

先介绍两个引理: 无意识的统计学家法则 (the law of the unconscious statistician) 和简森不等式 (Jensen's inequality).

引理 4.1 (无意识的统计学家法则) 假设已知随机变量 X 的概率分布, g 是一个连续函数, 记 $Y=g(X)$. (1) 设 X 是离散型随机变量, 其分布律为 $P(X=x_k)=p_k\ (k=1,2,\cdots)$. 若 $\sum_{k=1}^{\infty}p_k g(x_k)$ 绝对收敛, 则有

$$E[Y]=E[g(X)]=\sum_{k=1}^{\infty}p_k g(x_k).$$

(2) 设 X 是连续型随机变量, 其概率密度为 $p(x)$. 若 $\int_{-\infty}^{\infty}p(x)g(x)\mathrm{d}x$ 绝对收敛, 则有

$$E[Y]=E[g(X)]=\int_{-\infty}^{\infty}p(x)g(x)\mathrm{d}x.$$

引理 4.2 (简森不等式) 若 $f(x)$ 是区间 I 上的凸函数, 则对 $\forall x_i\in I$ 和满足 $\sum_{i=1}^{n}\lambda_i=1$ 的 $\lambda_i>0\ (i=1,\cdots,n)$, 有

$$f\left(\sum_{i=1}^{n}\lambda_i x_i\right)\leqslant\sum_{i=1}^{n}\lambda_i f(x_i);$$

设 X 是随机变量, $E[X]$ 和 $E[f(X)]$ 都存在, 那么

$$f(E[X])\leqslant E[f(X)].$$

如果 f 是严格凸函数, 当且仅当 X 是常量时, 上式等号成立, 即

$$P(X=E[X])=1\Leftrightarrow f(E[X])=E[f(X)].$$

如果 f 是凹函数, 那么

$$f(E[X])\geqslant E[f(X)].$$

4.2.3 算法描述

给定样本集合 $\mathbf{x}=\left\{x^{(1)},\cdots,x^{(N)}\right\}$, 且样本间相互独立. $\mathbf{z}$ 表示未知隐含随机变量 Z 的数据. $\mathbf{x}$ 为不完全数据, $\mathbf{x}$ 和 $\mathbf{z}$ 连在一起为完全数据. 假设 X 服从概率分布 $P_x(x;\theta)$, 其中 θ 为待求的参数; 而 X 和 Z 的联合概率分布为 $P(x,z;\theta)$. 那么似然函数为

$$L(\theta)=\prod_{i=1}^{N}P_x(x^{(i)};\theta).$$

由于数乘运算易使结果过小，可能导致计算的浮点数下溢，故对似然函数取对数，

$$\mathcal{L}(\theta)=\ln L(\theta)=\sum_{i=1}^{N}\ln P_x(x^{(i)};\theta)=\sum_{i=1}^{N}\ln\left(\sum_{z}P(x^{(i)},z;\theta)\right). \tag{4.2.2}$$

上式最后一个等号是对每个样本的隐含变量 Z 求联合分布概率和. 由于隐含变量 Z 的存在, (4.2.2) 的最右边是“和的对数”形式, 如果直接对它求偏导, 形式会非常复杂, 很难求解得到未知的 Z 和 θ. 所以首先对每个样本 $x^{(i)}$ 引入隐含随机变量的概率分布函数 $P_z(z;x^{(i)})$ (注意, 这里样本 $x^{(i)}$ 所包含的参数 θ 是已知的, 记为 $\hat{\theta}$. 下面在不引起歧义的情况下, 后验概率 $P_z(z;x^{(i)})=P_z(z;x^{(i)},\hat{\theta})$ 简记为 $P(z)$),

$$\sum_{z}P(z)=1,\quad P(z)>0.$$

如果 Z 是连续型随机变量, 那么 $P(z)$ 为概率密度函数, 且 $\int_z P(z)\mathrm{d}z=1$, $P(z)>0$. 注意到 $\ln x$ 是凹函数, 且 $\sum_{z}P(z)\dfrac{P(x^{(i)},z;\theta)}{P(z)}$ 是 $\dfrac{P(x^{(i)},z;\theta)}{P(z)}$ 关于 Z 的期望, 利用简森不等式将 (4.2.2) 转化为“对数的和”形式:

$$\begin{aligned}\mathcal{L}(\theta)&=\sum_{i}\ln\left(\sum_{z}P(x^{(i)},z;\theta)\right)\\&=\sum_{i}\ln\left(\sum_{z}P(z)\frac{P(x^{(i)},z;\theta)}{P(z)}\right)\\&\geqslant\sum_{i}\left(\sum_{z}P(z)\ln\frac{P(x^{(i)},z;\theta)}{P(z)}\right).\end{aligned} \tag{4.2.3}$$

如果能确定 Z 的分布, 极值点 θ 的求解就相对容易了. 因此, EM 算法不直接求解对数似然函数 $\mathcal{L}(\theta)$ 的极大值问题, 而是采用了 E 步和 M 步两个步骤的迭代循环①. 在 E 步中, 利用 (4.2.3) 给出 $\mathcal{L}(\theta)$ 的下界, 而且应使得该下界不断增大; 在 M 步中求解获得参数的新估计值, 并将其用于下一个 E 步中, 不断重复 E 步和 M 步进行循环迭代, 直至收敛, 获得最优的参数 θ.

---

① Dempster, Laird, Rubin. Maximum likelihood from incomplete data via the EM algorithm. Journal of the Royal Statistical Society. Series B, 1977, 39(1): 1-38.

4.2.4 基于高斯混合模型的聚类

高斯混合模型 (Gaussian mixture model, GMM) 指的是多个高斯分布的线性组合, 一般具有如下的形式:

$$P(x;\theta)=\sum_{i=1}^{M}\pi_i g_i(x),\tag{4.2.4}$$

上式中 $g_i(x)$ $(i=1,\cdots,M)$ 为第 i 类高斯分布密度函数,

$$g_i(x)=\frac{1}{\sqrt{2\pi}\sigma_i}\exp\left\{-\frac{(x-\mu_i)^2}{2\sigma_i^2}\right\},$$

权重 π_i 满足 $\pi_i\geqslant 0$, $\sum\limits_{i=1}^{M}\pi_i=1$, 表示第 i 类高斯分布被选中的概率. 从公式 (4.2.4) 可以看出高斯混合模型共有 $3M$ 个参数

$$\theta=(\pi_1,\mu_1,\sigma_1^2,\cdots,\pi_M,\mu_M,\sigma_M^2).$$

理论上高斯混合模型可以拟合出任意类型的分布, 所以应用广泛. 在本节的开头, 考虑了学生的身高问题, 假设男、女学生的身高都服从高斯分布, 这就是一个高斯混合模型. 而 EM 算法的一个重要应用就是模型参数 θ 的估计.

假设高斯混合模型观测数据集为 $\mathbf{x}=\{x^{(j)},j=1,\cdots,N\}$, $x^{(j)}$ 之间是独立同分布的, 且由下面的方法产生: 首先根据概率 π_i 来选择第 i 类高斯分布; 然后根据该高斯分布 $N(\mu_i,\sigma_i^2)$ 生成观测数据 $x^{(j)}$. 现在的目标是用不完全数据 $\mathbf{x}$ 来估算高斯混合模型的参数 θ.

引入隐随机变量 $Z^{(j)}=(Z_1^{(j)},\cdots,Z_M^{(j)})$ $(j=1,\cdots,N)$, 其中

$$Z_k^{(j)}=\begin{cases}1, & 第j个观测数据x^{(j)}来自第k个高斯分布,\\ 0, & 第j个观测数据x^{(j)}不来自第k个高斯分布.\end{cases}$$

显然 $\sum\limits_{k=1}^{M}Z_k^{(j)}=1$, 且 $Z_k^{(j)}=1$ 的概率为 π_k. 所以, $Z^{(j)}$ 的概率可以写为

$$P(Z^{(j)})=\prod_{i=1}^{M}(\pi_i)^{Z_i^{(j)}}.$$

假设观测数据 x 来源于第 k 类高斯分布, 那么隐含变量 Z 有分量 $Z_k=1$, $Z_i=0$ $(i\neq k)$, 且

$$P(x|Z)=g_k(x)=\frac{1}{\sqrt{2\pi}\sigma_k}\exp\left\{-\frac{(x-\mu_k)^2}{2\sigma_k^2}\right\}.$$

对于完全数据 $\{x^{(j)}, Z^{(j)}\}$ 有

$$\begin{aligned}P(X, Z; \theta) &= \prod_{j=1}^{N} P(x^{(j)}, Z^{(j)}; \theta) \\ &= \prod_{j=1}^{N} P(Z^{(j)}; \theta) P(x^{(j)} | Z^{(j)}; \theta) \\ &= \prod_{j=1}^{N} \prod_{i=1}^{M} \left(\pi_i g_i(x^{(j)})\right)^{Z_i^{(j)}} .\end{aligned}$$

其对数形式为

$$\ln P(X, Z; \theta) = \sum_{j=1}^{N} \sum_{i=1}^{M} Z_i^{(j)} \left(\ln \pi_i - \frac{1}{2} \ln 2\pi - \ln \sigma_i - \frac{(x^{(j)} - \mu_i)^2}{2\sigma_i^2} \right).$$

在 E 步, 计算

$$\begin{aligned}E[Z_i^{(j)} | x^{(j)}; \theta] &= P(Z_i^{(j)} = 1 | x^{(j)}; \theta) \\ &= \frac{P(x^{(j)} | Z_i^{(j)} = 1; \theta) P(Z_i^{(j)} = 1; \theta)}{P(x^{(j)}; \theta)} \\ &= \frac{\pi_i g_i(x^{(j)})}{\sum_{l=1}^{M} \pi_l g_l(x^{(j)})} = \gamma_i^j. \end{aligned} \tag{4.2.5}$$

注意上式中的 θ 是已知的. 因此,

$$\begin{aligned}Q(\theta, \theta^k) &\stackrel{\text{def}}{=} \sum_{j=1}^{N} \sum_{i=1}^{M} E[Z_i^{(j)} | x^{(j)}; \theta^k] \left(\ln \pi_i - \frac{1}{2} \ln 2\pi - \ln \sigma_i - \frac{(x^{(j)} - \mu_i)^2}{2\sigma_i^2} \right) \\ &= \sum_{j=1}^{N} \sum_{i=1}^{M} \gamma_i^j \left(\ln \pi_i - \frac{1}{2} \ln 2\pi - \frac{1}{2} \ln \sigma_i^2 - \frac{(x^{(j)} - \mu_i)^2}{2\sigma_i^2} \right).\end{aligned}$$

在 M 步, 计算 $\theta^{k+1} = \underset{\theta}{\operatorname{argmax}}\, Q(\theta, \theta^k)$. 由 $\dfrac{\partial Q}{\partial \mu_k} = 0$ 和 $\dfrac{\partial Q}{\partial (\sigma_k^2)} = 0$ 可得

$$\mu_k = \frac{\sum_{j=1}^{N} \gamma_k^j x^{(j)}}{\sum_{j=1}^{N} \gamma_k^j}, \quad \sigma_k^2 = \frac{\sum_{j=1}^{N} \gamma_k^j \left(x^{(j)} - \mu_k\right)^2}{\sum_{j=1}^{N} \gamma_k^j}. \tag{4.2.6}$$

至于 π_k, 由于存在约束 $\sum\limits_{j=1}^{M}\pi_j=1$, 需用拉格朗日乘数法, 将目标函数改为

$$\sum_{j=1}^{N}\sum_{i=1}^{M}\gamma_i^j\left(\ln\pi_i-\frac{1}{2}\ln 2\pi-\frac{1}{2}\ln\sigma_i^2-\frac{(x^{(j)}-\mu_i)^2}{2\sigma_i^2}\right)+\lambda\left(\sum_{i=1}^{M}\pi_i-1\right),$$

其中 λ 为拉格朗日乘数. 由该目标函数关于 π_k 的偏导数为零可得

$$\pi_k=-\frac{1}{\lambda}\sum_{j=1}^{N}\gamma_k^j.$$

由 $\sum\limits_{k=1}^{M}\pi_k=1$ 可得

$$\lambda=-\sum_{k=1}^{M}\sum_{j=1}^{N}\gamma_k^j=-\sum_{j=1}^{N}\sum_{k=1}^{M}\gamma_k^j=-N,$$

所以

$$\pi_k=\frac{1}{N}\sum_{j=1}^{N}\gamma_k^j. \tag{4.2.7}$$

算法 4.3 (高斯混合模型的 EM 算法)

1. 输入观测数据 $\mathbf{x}$; 初始化参数 $\theta=\theta^0$, 给定足够小的正数 ε.
2. E 步: 根据公式 (4.2.5) 和已知的参数值 θ^k 计算 γ_i^j.
   M 步: 根据公式 (4.2.7) 和 (4.2.6) 计算 π_k, μ_k 和 σ_k^2, $k=1,\cdots,M$.
3. 若满足
   $$\|\theta^{k+1}-\theta^k\|<\varepsilon \quad 或 \quad \|Q(\theta^{k+1},\theta^k)-Q(\theta^k,\theta^k)\|<\varepsilon,$$
   则终止迭代, 否则令 $k=k+1$, 转到步骤 2.

以男、女身高的数据为例, 假设有 100 位学生的身高数据, 男、女生比例为 65:35, 其中女生身高服从均值为 158, 方差为 9 的高斯分布, 男生身高服从均值为 170, 方差为 36 的高斯分布. 应用算法 4.3, 初始数据采用 $\theta^0=(0.5,150,5,0.5,175,30)$, 计算的结果见表 4.4.

	真实数据	EM 计算结果	Mclust 结果①
系数	(0.35, 0.65)	(0.3677, 0.6323)	(0.3837 0.6163)
均值	(158, 170)	(157.7549, 169.8013)	(157.8688 170.0430)
方差	(9, 36)	(7.7123, 35.9145)	(8.1660 34.2405)

表 4.4 高斯混合模型的男、女学生身高 EM 算法计算

① Mclust (Mixture Clustering) 方法是一个基于高斯混合模型的聚类方法.

考虑另外一个二元高斯混合分布的例子, 数据是美国怀俄明州黄石国家公园老忠实间歇泉从 1985 年 8 月 1 日到 8 月 15 日的连续测量, 包含了 2 个变量的 299 个观测值. 使用 R 语言 ggpubr 包画出散点图, 见图 4.9, 其中 duration 为喷发持续时间, waiting 为本次喷发的等待时间, 都以 min 为单位.

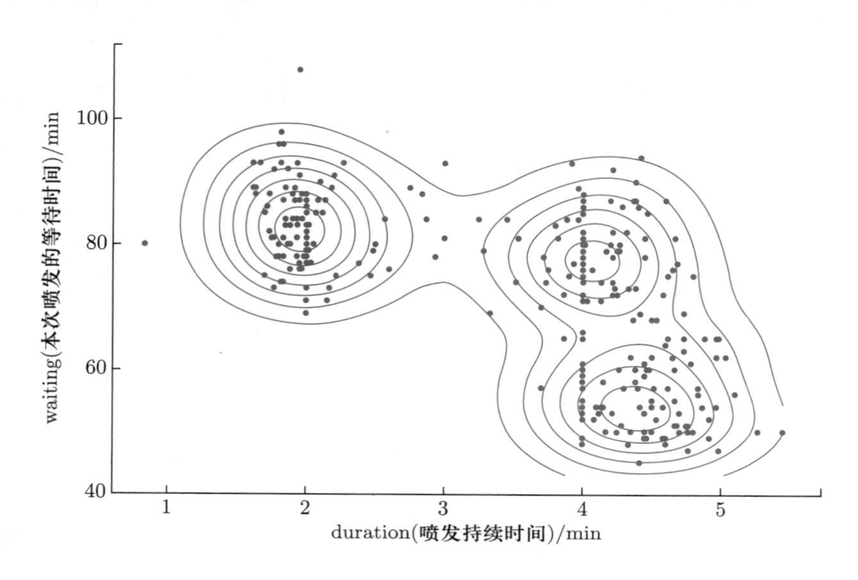

图 4.9 老忠实间歇泉的散点图

图中表明混合分布中至少有 3 个类, 每个类都是近似椭圆的形状, 表明存在 3 个二元变量高斯分布. 由于这 3 个椭圆在体积、形状和方向方面相似, 我们可以假设这个混合分布的 3 个分量可能具有同质协方差矩阵.

Mclust 包中的可用模型选项由标识符表示, 包括 EII, VII, EEI, VEI, EVI, VVI, EEE, EVE, VEE, VVE, EEV, VEV, EVV 和 VVV. 第一个标识符是指体积, 第二个是指形状, 第三个是指方向. E 代表“相等”, V 代表“可变”, I 代表“坐标轴”. 例如:

(1) EVI 表示一个模型, 其中所有簇的体积相等 (E), 簇的形状可以变化 (V), 方向是单位矩阵或“坐标轴”(I).

(2) EEE 意味着簇在 p 维空间中具有相同的体积、形状和方向.

(3) VEI 意味着簇具有可变的体积, 相同的形状和方向. 方向由协方差决定, 若变量间的协方差为 0, 则方向为 I, 或者说等于坐标轴.

Mclust 包使用极大似然来拟合所有这些模型, 使用贝叶斯信息准则选择最佳模型.

用贝叶斯信息准则选择拟合最好的模型是 4 个类的 VVI, 其次是 4 个类的 VVE 和 VVV. 用 4 个类 VVI 的聚类结果如图 4.10 所示.

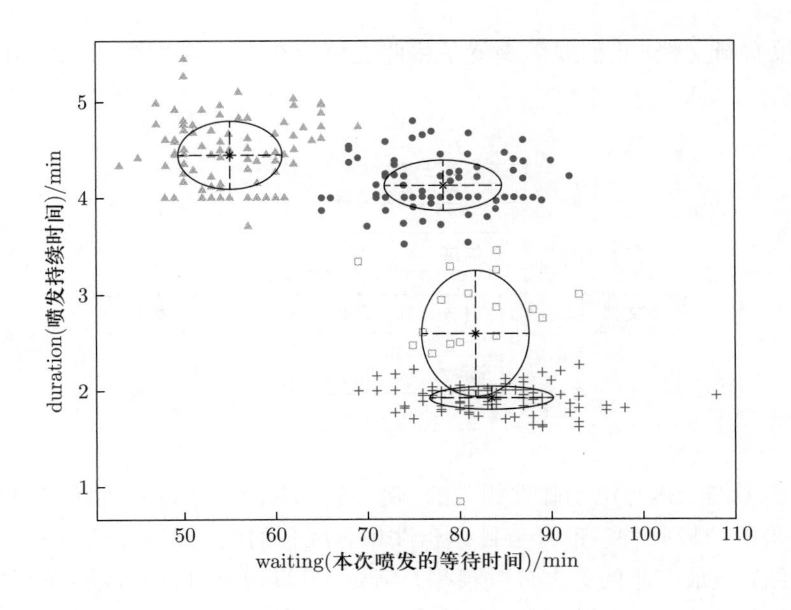

图 4.10 老忠实间歇泉的高斯混合分布聚类

4.3 文本分析

文本分析又称文本挖掘, 是数据挖掘的一个分支, 因为所处理的对象主体是文本, 而不是在数据挖掘中常见的结构化的数值数据, 因此其研究关键在于从非结构文本到结构化数据的转化. 因其和数据挖掘密切的联系, 对于文本挖掘的后处理会运用到很多数据挖掘中已经较为成熟的技术. 综合来看, 文本分析的产生背景可以归结为以下四个方面: 数字化的文本数量不断增长 (例如研究报告、学术论文、在线文献库、电子邮件、Web 页面、公司内部公告、会议纪要等), HTML(超文本标记语言) 等带有结构标记的文本为文本挖掘带来机会和挑战, 新一代搜索引擎的需要 (从以往的通过网络链接进行网页排序到更精确化的语义网), 互联网内容安全 (语句分类、领域分类、安全分类) 的需要.

文本分析的目的, 即文本分析所能解决的问题, 主要是分类 (聚类) 和预测. 它们根据已知样本中的每个样例的属性值建立从已知属性到未知属性之间的映射, 以期找到新实例中的未知属性值. 文档之间的相似性在将无标记的文档进行分组的过程中相当重要. 在大多数时候, 衡量文档间的相似性对文档分析 (尤其是信息检索) 是基础性工作.

目前的文本挖掘应用程序中, 统计和关联关系式发挥了重要作用. 统计方法已经在日益增长的计算机资源中占有显著的优势. 接下来具体介绍文本分析能解决的问题.

文本分类 文档首先被置于给定的几个文件夹中, 每个主题都有一个文件夹, 如果有新文档, 我们要做的就是将此文档放在合适的文件夹中. 如图 4.11 所示.

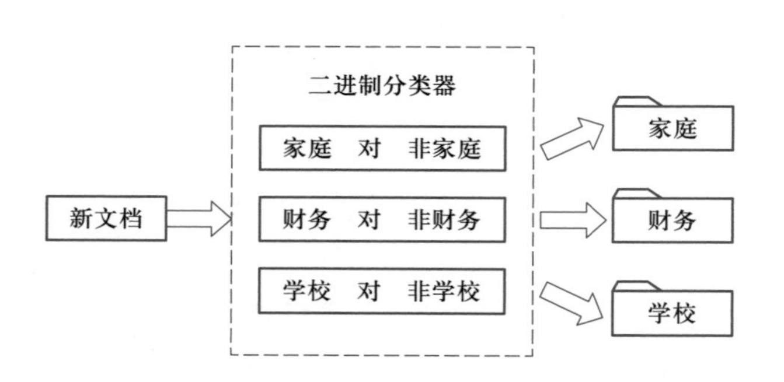

图 4.11
文本分类示意图

另一个例子是与电子邮件相关的, 例如自动转发电子邮件到相应的公司部门或者检测垃圾邮件. 带有与目标属性相对应列的电子表格模型 (将在 4.3.3 小节介绍) 是最广泛的数据分类模型. 例如, 可以通过以往的经验来判断新邮件是不是垃圾邮件. 具体来说, 就是建立以往邮件对应的文档信息和该邮件是不是垃圾邮件的关联关系, 这些文档的标签是二进制的, 1 表示是垃圾邮件, 0 代表不是.

信息检索 对于给定的文档集合, 给出有关被检索文档的一些线索, 然后与线索匹配的文档将会作为查询结果显示出来, 这样的过程称为信息检索. 线索是帮助用户识别相关文件的单词. 在一个典型的调用搜索引擎的实例中, 当用户提交了一些词之后, 搜索引擎就会用这些词去和所存储的文档进行匹配. 最后把最佳匹配项作为检索结果呈现给用户. 具备这个功能的程序称为文档匹配器. 信息检索中最基础的概念是相似度度量, 在 4.3.3 小节会介绍.

文档聚类与组织 文档聚类是指给定一个文档集合, 找到包含类似文档的文件夹集合. 例如, 一个公司可能想要了解用户投诉的类型并将这些投诉分类, 聚类过程相当于将同样类型的投诉文件放在同一个文件夹下, 具体投诉的类型则根据聚类算法以及实际样本情况确定.

信息提取 对于非结构化的文档信息, 我们需要单独的过程提取非结构化的数据, 使之转变成结构化的数据, 这个过程称为信息提取. 一个典型的例子如图 4.12 所示.

预测与评估 我们的最终目标是预测, 即搭建起从已知样例到未知样例的桥梁. 研究文档, 试图寻找一些能够对新样例做出正确判断的广义规则. 而同时, 误差和评估也是必须要做的. 为了判断程序处理新样例的效果, 一个经典的办法是留出 (hold out) 方法, 即分出一部分已知样例留作测试集. 在机器学习领域中有较为系统和成熟的一整套评估和误差的相关理论.

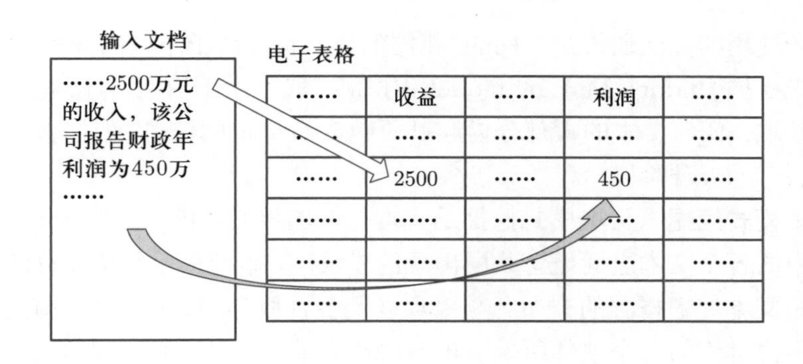

图 4.12
信息提取示意图

4.3.1 基本概念

文本 一个离散数据单元 (把词看做离散数据) 的集合. 如商业报告、电子邮件、研究论文、手稿、新闻稿、小说等. 同一个指定的文本不一定只存在于一个特定语境中. 文本可以是不同集合的成员, 也可以是相同文本集合的不同子集. 例如某公司的反垄断诉讼可能出现在不同的文本集合中, 如时事新闻、法律新闻或软件公司新闻等.

文本格式分类 满足以下条件的文本称为结构化文本：1. 采用抽象概念的形式描述; 2. 具有严格结构, 且结构合法性可验证; 3. 结构与语义一致; 4. 研究子集满足相同的文档结构定义; 5. 结构定义在时间上保持稳定. 例如 XML 文件 (可扩展标记语言) 是典型的结构化文档, 具有规范性、结构化、可扩展性及简洁性, 已成为描述结构化文档的标准通用性语言, 它包含可帮助识别的重要文本子部件如段落、标题、出版日期、作者姓名、表记录、页眉、脚注等. 除标准化的结构化文本, 也有不明显的结构化文本, 称为弱结构化文本, 它很少通过印刷、排版或标注符号来体现结构, 如大多数的科研论文、商业报告、法律文案和新闻报道. 不满足结构化文本要求的文本称为非结构化文本, 其中比较重要的一类就是半结构化文本. 半结构化文本是具有附加描述信息的非结构化文本, 具有严格模板和格式限制的文件, 如电子邮件、HTML 网页、PDF 文件.

文本分析 文本分析是一个知识密集型的处理过程, 在此过程中, 用户使用一套分析工具处理文本集. 旨在通过识别和检索令人感兴趣的模式, 进而从数据源中抽取有用的信息. 在文本挖掘中, 数据源是文本集合, 令人感兴趣的模式不是从形式化的数据库记录中发现, 而是从文本集合中的非/弱结构化文本数据中发现. 文本挖掘指对这类文本的数据挖掘. 文本挖掘系统预处理操作以自然语言文本的特征识别和抽取为重点.

4.3.2 文本分析的任务

文本挖掘预处理 文本挖掘预处理是非结构化数据结构化的过程. 文本挖掘非常依赖于各种预处理技术, 甚至在某种程度上可由这些预处理技术定义.

不同任务使用的算法通常是不同的, 相同的算法也可用于不同的任务. 例如, 隐马尔可夫模型 (hidden Markov model, HMM), 既可用于词性标注, 也可用于命名实体抽取. 任何文本的大部分内容都不包含有价值的信息, 但在被丢弃前必须通过所有的处理阶段.

文本模式挖掘 文本模式挖掘是文本挖掘的核心功能, 表现为分析一个文本集合中的各个文本之间概念共同出现的模式. 文本挖掘系统依靠算法和启发式方法跨文本考虑概念的分布、频繁项以及各种概念的关联, 其目的是使用户发现文本集合作为一个整体所反映出来的概念的种类和关联. 例如在新闻报道文本集中, 有关公司 Y 及其产品 Z 的新闻数量有所增长, 则暗示着消费者对 Y 公司兴趣的焦点有所增加, 其竞争者对此必须有所关注; 再例如在科研论文的文本集中, 一些文章提到蛋白质 P_1 和酶 E_1 存在联系, 一些文章描述了酶 E_1 和酶 E_2 有功能上的相似性, 但没有提到蛋白质的名称, 另一些文章将酶 E_2 和蛋白质 P_2 联系起来. 由此可推断出蛋白质 P_1 和 P_2 存在某种潜在联系. 这种联系是从整个文本集作为一个整体推断出来的. 模式分析的文本挖掘方法致力于在整个语料库中发现概念之间的关联.

挖掘结果可视化 挖掘结果可视化是文本挖掘系统的表示层, 简称浏览, 充当执行系统的核心知识发现算法的后处理, 现在的大多数文本挖掘系统都支持浏览, 这种浏览是动态的和基于内容的. 浏览一般以层次结构图来表达, 有些方法还允许用户拖拉、单击或者和概念模式的图形表示直接交互. 一些文本挖掘系统还提供用户操作、创建和关联等求精约束能力, 以辅助浏览更易处理, 得到更有用的结果集.

文本分析的一般处理过程, 如图 4.13 所示.

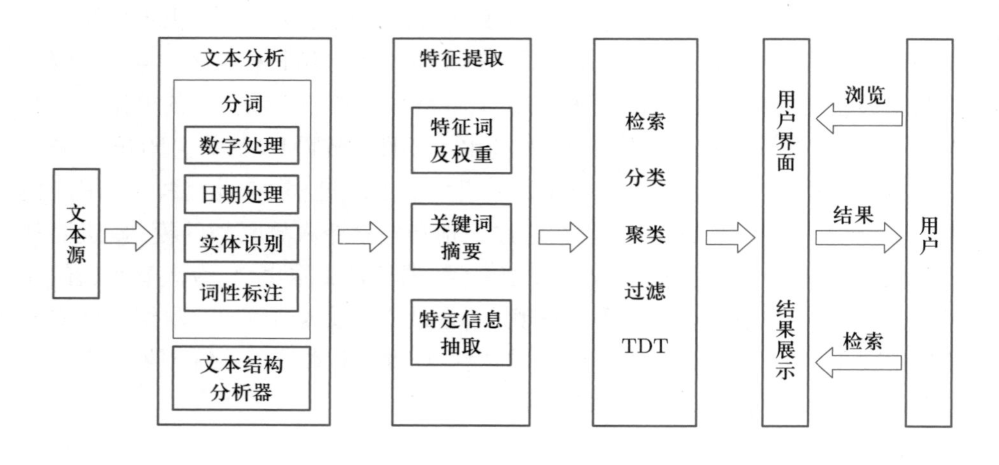

图 4.13 文本分析的一般处理过程

4.3.3 文本表示

1. 向量空间模型 (vector space model, VSM)

基本思想 把文本表示成向量空间中的向量, 采用向量之间的夹角余弦作为文本间的相似性度量.

将文本 d 的内容看成是它含有的基本语言单位 (字、词、词组或短语) 所组成的集合, 这些基本语言单位统称为特征项, 把研究的文本集中所有的特征项记为 $t_1, \cdots, t_n$, 然后根据各个特征项 t_k 在文本中的重要性赋予一定的权重 w_k, 如果把 $t_1, \cdots, t_n$ 可看成一个 n 维坐标系, 而 $w_1, \cdots, w_n$ 是相应的坐标值, 则 $(w_1, \cdots, w_n)$ 看成是 n 维空间的一个向量, 称 $(w_1, \cdots, w_n)$ 为文本 d 的向量表示.

权值计算 (1) 布尔权值. 用 w_k 为 0 或 1 来表示第 k 个特征项在文本 d 中是否出现 (有贡献). 查询语句是由特征变量和操作符 and, or 和 not 组成的表达式. 匹配函数遵循布尔代数规则. 优点是速度快, 易于表示同义关系和词组; 缺点则是不能表示特征相对文本的重要性, 缺乏定量分析和灵活性, 不能进行模糊匹配.

(2) 词频权值. $w_k = f_k$, 其中 f_k 为特征项 t_k 在文本 d 中的词频.

(3) TF-IDF(term frequency-inverse document frequency) 权值. 用统计的办法计算文本 d_i 的第 k 个权重, 应用较多的是

$$w_{ik} = \frac{tf_{ik} \cdot idf_k}{\sqrt{\sum_{k=1}^{n} (tf_{ik} \cdot idf_k)^2}},$$

其中 tf_{ik} 表示在文本 d_i 中的文本频数, $idf_k = \ln(N/n_k)$, N 表示文本集中文本的数量, n_k 表示 t_k 的文本频数 (即文本集中出现 t_k 的文本数量), 称 idf_k 为 t_k 的反比文本频数. 分母是为了归一化. tf_{ik} 反映了 t_k 在文本 d_i 中的出现情况, 而 idf_k 反映了 t_k 在所有文本集的文本中出现的情况, 其值越大说明 t_k 在 d_i 中的特异性越小.

(4) ITC 权值. 为弱化词频差异较大带来的影响, ITC 权值法用词频的对数形式代替 TF-IDF 法中的词汇频率, 即

$$w_{ik} = \frac{(\ln(1 + tf_{ik}) \cdot idf_k)}{\sqrt{\sum_{k=1}^{n} (\ln(1 + tf_{ik}) \cdot idf_k)^2}}.$$

相似度 两个向量 v_i, v_j 之间的 (内容) 相关程度常常用它们之间的相似度 $\mathrm{sim}(v_i, v_j)$ 来度量, 实际上就是两个向量之间的距离. 常见的定义有：

(1) 内积：$\mathrm{sim}(v_i, v_j) = \sum_{k=1}^{n} w_{ik} \cdot w_{jk}$;

(2) 绝对值距离：$\mathrm{sim}(v_i, v_j) = \sum_{k=1}^{n} |w_{ik} - w_{jk}|$;

(3) 欧氏距离：$\mathrm{sim}(v_i, v_j) = \sqrt{\sum_{k=1}^{n} (w_{ik} - w_{jk})^2}$;

(4) 切比雪夫距离：$\mathrm{sim}(v_i, v_j) = \max_{1 \leqslant k \leqslant n} |w_{ik} - w_{jk}|$;

(5) 夹角余弦：$\mathrm{sim}(v_i, v_j) = \sum_{k=1}^{n} w_{ik} \cdot w_{jk} / \sqrt{\left(\sum_{k=1}^{n} w_{ik}^2\right)\left(\sum_{k=1}^{n} w_{jk}^2\right)}$.

将向量空间模型应用于不同的领域, 其相似度的计算有所不同. 例如, 对于信息检索来讲, 向量空间模型采用向量间的某种距离度量来反映文本对查询的满足程度. 在下面的文本挖掘的应用实例中, 会详细比较几种相似度定义的好坏. 相似度最好能划归到 $[0, 1]$ 区间上, 且分布尽可能均匀, 使阈值选取更加容易.

向量空间模型的优缺点　优点：将文章表示为特征项和权值集合的向量, 从而将分类操作转化为向量运算. 向量的权重可以通过简单的统计完成. 缺点：特征项之间两两正交的假设不合理 (所谓两两正交是指, 把特征项 t_k 看做一个文本 d, 则其坐标为除第 k 项非零其余项均为 0 的向量, 因此不同特征项对应向量的内积都为 0), 因为在自然语言中, 词或短语之间存在着十分密切的联系, 所以这种假设对计算结果的可靠性会造成一定的影响.

2. 电子表格模型

对于一个文档集, 在将每个文档都转化成一个向量之后, 从而由这些向量组成一个矩阵, 这是文本表示的最基本的模型——电子表格模型. 例如, 以每行表示一个文档, 每列表示一个词, 用 1 表示该词在该文档中出现, 0 表示该词不在该文档中出现.

这样的电子表格的例子只是用了布尔权值, 根据实际的需要, 还可以采用上面介绍的其他权值. 正常情况下的电子表格模型得到的矩阵是稀疏的, 任何单个文档仅使用字典中词的一个极小的子集. 处理文本的方法希望以稀疏的电子表格作为输入, 并利用它的稀疏性仅仅储存单元格中的正值. 电子表格的稀疏性不是仅有的代表性差异. 在文本挖掘电子表格中所有的值都是正的, 因此文本挖掘的方法主要集中于正匹配, 不担心其他词是否存在于文档. 此观点带来了处理时的极大简化, 往往使得文本挖掘程序可以处理常规数据挖掘认为规模过于庞大的问题.

3. 概率模型

概率模型考虑词与词的相关性, 把文本集里的文本分为相关文本和无关文本. 通过赋予特征词某种概率值来表示这些词在相关文本和无关文本之间出现的概率, 然后计算文本间的相关概率, 以此进行决策. 文本 d 与查询 q 的相似

度定义为

$$\mathrm{sim}(d,q)=P(R|d)/P(\overline{R}|d),$$

其中 R 表示相关文本集合, $\overline{R}$ 表示 R 的补集, $P(R|d)$ 表示文本 d 与查询 q 相关的概率, $P(\overline{R}|d)$ 表示文本 d 与查询 q 不相关的概率. 概率模型的缺点是对文本集的依赖性过强, 而且处理问题过于简单.

4. 概念模型

概念是事物本质特征的概括和抽象, 且概念不受词汇语种、多义性、歧义性影响. 词语是概念的语言形式, 概念是词语的思想内容. 概念词典精确定义了词语及其所对应概念之间的映射关系, 能够用来解决同义词和多义词问题. 在概念词典中, 词被划分为词形、词性和概念定义. 词形是词的物理形态, 词性是词的语法功能, 概念定义是一个或多个基本属性以及它们与主干词之间的语义关系描述.

词形	词性	概念定义
大学	名词	场所 相关: 教学, 教育

表 4.5 词“大学”的概念定义

从表 4.5 可以看出: “大学”这个词具有名词词性, 是一种场所, 是“教”与“学”的空间, 和教育相关. 在概念词典中, 同义词的概念定义相同, 多义词有多个概念定义. 概念距离可以反映概念间的语义关系, 定义为两个概念的各个基本属性之间最短连接路径长度的加权和 (先建立基本属性分类树, 然后获取两个基本属性的最短连接路径及其长度, 最后计算加权和). 记两个概念 W_1 和 W_2 的概念距离为 $\mathrm{dis}(W_1,W_2)$. 因为 $\mathrm{dis}(W_1,W_2)$ 不一定在 $(0,1]$ 中, 应用不方便, 故定义相似度

$$\mathrm{sim}(W_1,W_2)=\frac{\alpha}{\mathrm{dis}(W_1,W_2)+\alpha}\in(0,1]$$

(α 是一个可调节参数). 概念模型的初衷是弥补向量空间模型在语言知识和领域知识中的不足, 特别是解决其中存在的同义词和多义词的问题. 构建步骤如下:

(1) 文本预处理: 把文本表示成一段词语序列, 同时记录词语在文档中的位置信息;

(2) 词语–概念转换: 查询概念词典, 将词映射到概念;

(3) 概念排歧: 对多义词进行概念排歧, 可从词性搭配、语境、概念相似度的角度排歧;

(4) 经过词语–概念转换和概念排歧后, 对文中不同位置的每个词语都有对应的唯一概念, 在此基础上进行特征选择 (去除代词、介词、助词、功能词), 最

终用概念作为文本的特征, 统计各个特征概念的频率, 确定权值, 从而建立以概念为特征的文本表示模型.

4.3.4 特征处理

1. 特征生成

文本的预处理操作的目的是把文本从一种不规范的和隐含的结构表示转变为明确的结构表示. 但实际情况中, 即使很小的文本, 它的字词、短语、句子、印刷元素、排版对象等在不同的语境和组合中也会产生多种不同的意义. 所以大多数文本挖掘系统的一项基本任务就是识别出文本特征的一个最简单的子集, 并用以表示特定的文本, 我们把这样一组特征称为文本特征.

2. 常用的文本特征

字词 包括单个符号级的字母、数字、特殊符号、空格和单个汉字, 它是构成词组、短语、概念等更高级语义特征的结构单元. 往往包含位置信息.

词组 从源文本中挑选特定的词组合在一起, 如成语、有意义的数字等. 特征空间维数依然很大、有最低程度的优化.

短语 短语是直接通过实体抽取方法从原始文本语料库中选择出来的单个字词或词组. 能得到规模较小但语义相对更丰富的特征空间.

概念 概念是通过人工的、统计的、基于规则的或其他方法产生的文本特征. 普遍使用复杂的预处理程序来抽取. 概念级相互参照和验证的标准称为"金标准". 概念级特征可以由不包含在原始文本中的字词组成. 如一篇关于运动型汽车评论的文本集合可能不包含词组"速率", 但其概念仍可在概念集中找到. 例如一篇文本包含以下句子:"文本挖掘是对一个非结构化文本信息进行分析从而获取用户关心或感兴趣、有潜在使用价值的知识的过程. "其包含的词组特征可以是"文本""挖掘""非"和"结构化", 而短语特征是"文本挖掘""非结构化"等.

特征维度 文本集合中的每个文本都是由大量的特征所组成的, 所以文本的维数很高 (即使是优化过的, 至少也有数万个特征), 这几乎影响到了文本挖掘系统的方法、设计、实现等各个方面. 由于文本特征数量巨大, 因此特征选择成为简化表示模型的动力, 使文本挖掘系统从数据挖掘系统中分离出来. 自然语言文本另一个典型的特征称为"特征稀疏", 在所有可能的特征中, 只有很小百分比的特征会出现在单个文本里. 若用二值特征向量表示文本, 则几乎所有的向量值都为 0.

背景知识 概念不仅仅属于特定文本所描述的属性, 通常还属于特定的领域, 如体育、金融、材料科学. 利用领域知识可以大大增强预处理、知识发现和表示层操作的能力.

3. 特征选择

在预处理过程中, 删除不相关的字词的过程称为特征选择. 大多数文本分类系统至少要删除停用词或功能词, 它们对语义没有贡献, 经过过滤往往能删除 90%~99% 的特征. 为了进行过滤, 对每个特征要定义相关性指标, 最简单的度量是特征频率. 实验表明, 仅使用前 10% 最频繁的字词并不会降低系统的性能. 一般来说, 具有中低文本频率的字词包含的信息最丰富. 大多数重要字词的文本频率都很低, 前 10% 包含了所有我们关心的中低频率的字词.

4. 特征抽取

另一种减少维数的方法是从原始特征集产生新的、更少的合成特征集, 即建立从原始特征空间到另一个维数更低的特征空间的映射. 其基本原理为一词多义、同音异义和同义词语. 特征抽取的常用方法有：(1) 潜在语义分析：对特征空间进行奇异值分解. (2) 同义项合并：把同义词语合并. 目前常采用同义词词林、知网、概念层次网络等词典资源计算词语间的相似度来进行同义项合并.

5. 词语相关性和相似度的区别

词语相关性表示两个词语在同一个语境中共现的可能性, 而词语相似度表示两个词语在不同的上下文中可以相互交替使用而不改变文本的句法语义结构的程度, 主观性更强.

4.3.5 文本分类与聚类

概括地说, 文本分类的任务就是把给定数据集的实例划分到预先确定的类别中去. 有两种主要方法：(1) 知识工程方法：由专家的类别知识直接编码为分类规则. 其缺点是知识获取瓶颈——创建和维护需大量脑力劳动. (2) 机器学习方法：根据训练样本集建立分类器, 现在大部分研究集中于此, 需要一些手工分类训练样本.

1. 文本分类的种类

文本分类可以形式地定义为一个函数 (分类器) $F: D \times C \longrightarrow \{0,1\}$, 其中 D 是所有可能的文本集, C 是预定义的类别. 如果文本 d 属于 c 类, 则 $F(d,c)=1$, 否则为 0.

单标签分类与多标签分类 当每个文本只属于一个类别时, 属于单标签分类; 当每个文本可属于多个类别时, 属于多标签分类.

文本主元与类别主元分类 如果已有文本, 找其属类别, 那么这是文本主元分类; 如果已有类别, 找相关文本, 那么这是类别主元分类. 如果是“在线”的分类, 文本一个接一个到来, 那么文本主元分类更适合; 如果类别不是固定的, 文本必须重新归类为新的类别, 那么类别主元分类更合适.

硬分类和软分类 如果 F 的值域为 $\{0,1\}$, 那么这是硬分类; 如果 F 的值域为 $[0,1]$, 那么这是软分类, 此时可划分阈值成硬分类.

2. 文本分类的应用

文本索引 给文本指派关键词的任务称为文本索引. 如果把关键词视为类别, 则文本索引可视为一般文本分类问题的一个实例.

文本过滤 文本过滤只是把文本分为“有关”和“无关”两类. 例如电子邮件客户端过滤垃圾邮件, 个性化广告过滤系统.

网页分类 文本分类最一般的应用是网页的自动层次分类. 例如学术类网页和商业类网页.

3. 文本聚类

文本聚类是在没有先验信息的前提下, 将给定的未标注的文本群分成有意义的类别. 聚类在很多数据分析领域都非常有用, 包括信息搜集、文本恢复、图像分割、模式识别.

4.3.6 文本分析应用实例

文本分析可以运用在许多具体的应用中, 例如, 互联网市场调研、面向数字图书馆的轻型文档匹配、新闻文章主题指定、邮件过滤和搜索引擎等. 下面我们以搜索引擎为例, 阐述文本分析在实际应用中的具体过程. 搜索引擎要解决的问题实际上是一种特殊的信息检索. 用户输入一条包含若干相关单词的查询语句, 搜索引擎要给出与之相关的一列排好序的网页, 最相关的网页应该排在最前面. 为此我们先来介绍信息检索 (IR) 的基本方法. 信息检索的任务是查询检索相关的文件. 基本的步骤是 (1) 给出对查询条件的一般描述; (2) 对文档集合进行搜索; (3) 返回相关文档的子集. 信息检索的基本技术是相似度度量. 所要查询的内容会成为一个新的文档, 以单词向量模型的形式出现. 接着这个文档将会和已储存的文档进行匹配 (即计算它们之间的相似度), 最后会检索到一个文档子集. 下面给出四种逐渐复杂的相似度度量方法:

1. 相同单词计数 (向量内积)

文档之间最明显的相似度度量就是它们之间的相同单词计数. 每个文档都可以用向量空间模型中的布尔权值表示, 从而每个文档都可以用一个由 0 和 1 组成的向量表示. 通过计算两个向量之间的内积, 就可以得出两个文档之间相同单词出现的个数. 对良好组成的字典来说, 结果是高效的, 但是对包含非特异性的大规模的字典来说性能会下降.

2. 单词计数和奖励

在维数很高时, 用相同单词计数法很难区分强预测单词和弱预测单词. 所谓预测单词的强弱, 即预测单词在文档中的特异性强弱 (该单词是否在许多文档中都有出现, 还是仅仅在某些特定的文档中出现). 我们记查询语句 q 中包含

k 个单词, 则它和文档 D_i 的相似度定义为

$$\mathrm{sim}(D_i, q) = \sum_{j=1}^{k} w(j),$$

其中

$$w(j) = \begin{cases} 1 + \dfrac{1}{df(j)}, & \text{单词 } j \text{ 同时出现在 } q \text{ 和 } D_i \text{ 文档中}, \\ 0, & \text{其他}, \end{cases}$$

$df(j)$ 表示文档集合中有单词 j 的文档数目. 相比之前的相同单词计数法, 多了奖励值 $\dfrac{1}{df(j)}$, 如果单词 j 在很多文档中出现, 那么这个奖励值就会很小, 反之就会很大. 这种方法明显比相同单词计数法好, 而且对区分强预测单词和弱预测单词有帮助, 还维持了一种直观的感觉.

3. 余弦相似度

对文档进行比较的经典的信息检索方法是余弦相似度. 它同时考虑了比较文档中相同的单词和它们出现的频率. 对于两个文档 d_1, d_2, 定义它们的余弦相似度 $\cos(d_1, d_2)$ 为

$$\cos(d_1, d_2) = \frac{1}{\mathrm{norm}(d_1) \cdot \mathrm{norm}(d_2)} \sum_{j \in d_1 \bigcup d_2} w_{d_1}(j) \cdot w_{d_2}(j),$$

$$w(j) = tf(j) \cdot \ln\left\{\frac{N}{df(j)}\right\},$$

$$\mathrm{norm}(d) = \sqrt{\sum_{j \in d} w(j)^2},$$

其中 $tf(j)$ 是指单词 j 在文档中出现的频率, N 指的是文档集合中的文档数量. 可以看出此处实际上利用的是在 4.3.3 小节中的 TF-IDF 权值. 通过包含频率信息和归一化计算, 相似度的度量可能不够直观, 但是实践检验已经证明了它的价值. 对信息检索来说, 余弦相似度是默认的计算方法, 在任何应用中, 它都应该作为进一步完善的基准.

4. 反向列表

从文档集中匹配文档的运算量是巨大的, 尤其是同所有文档集中的大文档比较时. 信息检索技术要在可以接受的时间内运算, 并且致力于降低连续地比较集合中所有文档的复杂度. 查询的单词数量和字典中的单词数量相比是比较少的, 因此这种情况下采用倒置表将会带来极大的帮助. 我们放弃采用文档指向单词的模式, 而是采用单词列表指向文档, 这是处理查询和匹配文档过程中主要的内部表现形式. 在反向列表中, 集合中的每个文档被替换成一个由文档

所包含的单词构成的列表, 而且我们只对那些在查询中出现的单词感兴趣. 将以文档排序的列表转换成以单词排序的列表是一个琐碎的工作 (如图 4.14 所示).

文档排序

文档序号	单词序号
1	5，100
2	100，200
……	……

⇨

单词排序

单词序号	文档序号
……	……
5	1，……
……	……
100	1，2，……
……	……
200	2，……
……	……

图 4.14
文档排序列表转换

当提交一个查询后, 系统会处理每一个单词, 单词表将会告诉我们单词出现在哪些文档之中, 并通过一定的规则计算出每个文档的相似度. 这样的搜索引擎运算起来就非常的高效, 只是在前期需要提前建立好反向列表. 在有了基本的相似度度量之后, 就可以建立一个完整的搜索引擎的系统. 当前已有很多搜索引擎, 它们各有不同, 但大致可分为三个部分; 其基本框架如图 4.15 所示.

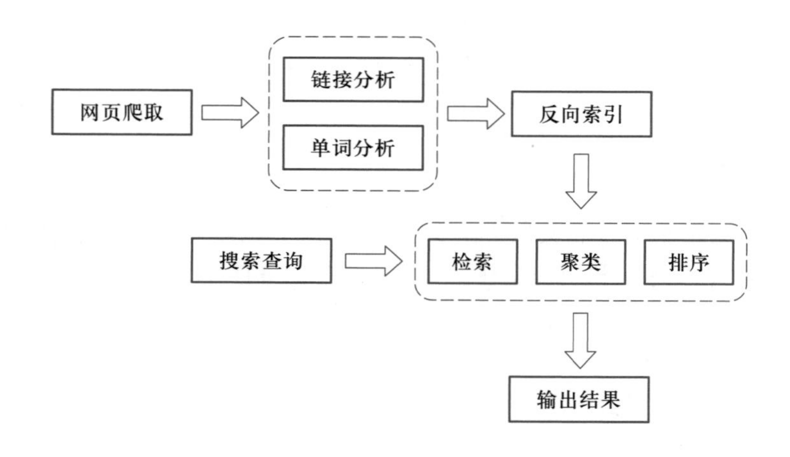

图 4.15
搜索引擎系统

首先建立单词到网页的索引. 这时需要一个网页爬虫对网页进行爬取, 将得到的网页进行链接分析 (即谷歌的 PageRank 算法) 和单词分析 (即计算相似度等), 然后生成连接单词和网页的反向索引 (即之前介绍的反向列表). 这个索引是搜索算法的核心. 由于网页变化很快, 所以需要对索引进行维护和更新. 在用户实际应用搜索引擎时, 搜索引擎前端首先接收用户查询, 进行解析后检索出一组与之相关的网页; 然后对这组网页进行聚类以便根据聚类内的关键词和输入关键词对聚类进行标记; 最后将网页排序.

将排序好的网页呈现给用户. 除了该网页列表, 还可以给用户提供一些额外的有用信息. 比如做好标记的聚类可以方便用户修改其查询, 还有聚类内的权威网页也可以作为附加资源提供给用户.

搜索引擎使用的查询语言十分简单, 只有一列关键词, 再引入一种元语言来处理逻辑操作符 (AND、OR 等) 即可. 高级搜索工具允许用户搜索符合某些要求的查询, 这种过滤可以大大缩减搜索空间.

索引对于搜索质量至关重要 (因为搜索引擎只能找到索引中的内容). 然而当索引逐渐变得庞大时, 搜索过程也必然会更耗时, 同时也需要更复杂的技术. 索引的大小可以通过限制输入文字的长度来控制, 还可以在建立索引时将一些辅助信息, 比如单词位置和频率以及链接信息都加以计算并且存储起来. 反向索引使网页检索能够很简单地完成. 至于网页排序, 既可以简单地用链接分析, 也可以通过为权威网页赋更高权值计算出更精确的网页相关度来实现.

搜索引擎还可以将检索出的链接分类显示, 比如有些搜索引擎在推广链接区域出售广告位. 近来, 搜索引擎开始着重于通过结果分类以便用户进一步查询来提升用户体验. 当用户键入某条查询时, 会实时出现一列查询建议. 搜索结果也可以组织为不同的类别以便更直接地反映查询的需求.

搜索的目的是回答问题, 许多搜索引擎会直接给出答案, 比如某个列车的时刻表可以通过查询直接回答, 但回答另一些问题可能需要一些计算, 比如某个数学公式的结果. 为了满足这种需要, Wolfram-alpha 搜索引擎就应运而生了.

4.3.7 文本分析新的研究方向

指定长度自动生成摘要 用户在面对一个主题时, 可能找到一个较长的文档或者文档集, 在阅读这些文档之前可能需要去了解一下它们的摘要. 目前有这种由用户来定义希望看到的摘要长度然后自动生成相应长度的摘要的技术, 其解决办法与聚类密切相关.

分布式文本挖掘 日益发达的互联网提供了一个巨大的文本数据存储库, 这些数据不能在单个计算机上进行存储和处理, 通常是以分布式方式存储的. 目前出现的一种新趋势是充分利用高性能计算机系统的优势, 使用分布式方法进行数据处理. 此方法面临的挑战是开发一种新算法, 使其能够在并行/分布式计算机设施上实现. Map-Reduce 是比较流行的一种架构. 它对程序员隐藏了分布式系统的详细信息并能够处理所有异步、并行、故障恢复和 I/O 方面的事务, 这样可以使程序员集中精力处理文本任务. 这种模式的一个主要特点是程序使用的是来自功能性编程语言的原件 Map 和 Reduce. 许多文本挖掘任务可以轻松地重塑为一系列的 Map 和 Reduce 步骤.

分布式文本挖掘提供了一系列独特的机遇和挑战. 由于存在大量的数据,需要标注训练数据的监督指导型学习方法变得难以应用, 这样无监督学习方法就成了首选. 在分布式数据的设置中, 首选解决方案是采用加权的组合模型, 而不是一个巨大的单片模型. 随着现实世界文档集合数量不断增长, 分布式文本挖掘方法是目前在指定时间内获得结果的最有前途的方法. 它对于随时间变化的流数据处理特别擅长.

4.4 关联规则和推荐系统

关联规则挖掘 (association rule mining, ARM) 是数据挖掘中最活跃的方法之一, 可以用来发现事情之间的联系. 最早是为了发现超市交易数据库中不同的商品之间的关系. 沃尔玛曾经对数据仓库中一年多的原始交易数据进行了详细的分析, 发现与尿不湿一起被购买最多的商品竟然是啤酒. 借助数据仓库和关联规则, 发现了以下事实: 美国的妇女经常会嘱咐丈夫下班后为孩子买尿不湿, 而 30% ~ 40% 的丈夫在买完尿不湿之后又顺便购买自己爱喝的啤酒. 于是商场调整了货架的位置, 把尿不湿和啤酒放在一起销售, 大大增加了销量.

随着互联网的发展, 人们正处于一个信息爆炸的时代. 面对海量的数据, 对信息的筛选和过滤成为衡量一个系统好坏的重要指标. 一个具有良好用户体验的系统, 会将海量信息进行筛选、过滤, 将用户最关注最感兴趣的信息展现在用户面前. 这大大增加了系统工作的效率, 也节省了用户筛选信息的时间. 搜索引擎的出现在一定程度上解决了信息筛选问题, 但这还不够. 搜索引擎需要用户主动提供关键词来对海量信息进行筛选. 当用户无法准确描述自己的需求时, 搜索引擎的筛选效果将大打折扣, 而用户将自己的需求和意图转化成关键词的过程本身并不轻松. 在此背景下, 推荐系统 (recommender systems,RSS) 出现了, 它的任务就是要解决上述问题. 联系用户和信息, 一方面帮助用户发现对自己有价值的信息, 另一方面让信息能够展现在对它感兴趣的人群中, 从而实现信息提供商与用户的双赢.

4.4.1 关联规则 (association rule)

关联规则讨论的是对象之间的一般规则, 源于给定的数据集. 利用关联规则的相关方法可以解决很多普遍性问题. 这种一般的规则表示某些变量的值和其他的值之间的关联, 被称为关联规则. 由给定数据集产生关联规则的过程, 称作关联规则挖掘.

我们主要讨论 IF-THEN 规则. 规则的左、右两侧是形如 “变量 = 值” 的项, 可能是任何变量或变量组合, 每一个规则的两侧必须至少有一个变量, 并且

在任何规则中都不能出现一次以上的变量. 下面是一个由金融数据产生的关联规则:

IF 是否有抵押 = 是, 银行账户是否有余额 = 是.

THEN 工作状况 = 在职, 年龄 = 65 岁以下且 18 岁以上.

对于一个给定的数据集可能会有多个关联规则, 所以我们定义规则的置信度值: 匹配左侧和右侧所有项的样本量占匹配左侧所有项的样本量的比例. 置信度在度量分类规则的预测精度时有相同的定义和应用, 但是在关联规则中更常用.

关联规则挖掘的主要困难是计算效率. 例如, 有 10 个变量, 如果将其中一个变量放在“变量 = 值”公式的右侧, 那么其余 9 个变量可以逐一放在公式左侧. 对每一个放在右侧的变量可以构造 9 个具有“变量 = 值”的公式. 任何不在左边出现的变量都会出现在右边, 它可以在可能的范围内任意取值. 这种规则可能有一个非常大的数量. 特别是如果在数据集中有大量的样本, 那么生成所有这些可能的情况会涉及大量的计算.

在分类规则已经确定的情况下, 我们一般把感兴趣的一个规则集作为一个整体. 它是所有的规则的组合. 为了应用方便, 我们需要规则的划分原则. 这通常被称为规则的关联度. 该方法可以应用于分类规则, 也可用于关联规则.

现有文献中已提出了很有效的方法, 然而使用的符号没有很好的标准化. 本书中, 将采用我们自己的符号描述这种方法.

IF LEFT THEN RIGHT;

N_{LEFT}: 符合左边公式的样本个数;

N_{RIGHT}: 符合右边公式的样本个数;

N_{BOTH}: 符合左右两边公式的样本个数;

N_{TOTAL}: 总样本量.

这些统计量用作规则的关联度的描述还是太基本和简单了, 但很多有关度量关联度的方法, 可以由他们导出.

置信度 (confidence): $N_{\text{BOTH}}/N_{\text{RIGHT}}$, 表示规则正确预测的样本占据右边样本的比例.

支撑 (support): $N_{\text{BOTH}}/N_{\text{TOTAL}}$, 表示规则正确预测的样本占据全部样本的比例.

可靠性 (completeness): $N_{\text{BOTH}}/N_{\text{LEFT}}$, 表示规则正确预测的样本占据左边样本的比例.

任何规则的关联度都应该满足三个标准: (1) 如果 $N_{\text{BOTH}}/N_{\text{TOTAL}} = (N_{\text{LEFT}} \times N_{\text{RIGHT}})/N_{\text{TOTAL}}^2$, 那么度量值为零. 这是因为如果前提和后果是统计独立的, 关联度应为零; (2) 关联度应该随着 N_{BOTH} 单调递增; (3) 关联度应该随着 N_{LEFT} 和 N_{RIGHT} 单调递减.

标准 (1) 指出, 特定的情况下, 规则中条件和结论 (即其左和右边) 是独立的. 标准 (2) 指出, 如果一切都是固定的, 正确预测的样本增加, 那么规则更正确. 这显然是合理的. 标准 (3) 指出, 在其他条件固定的情况下, 规则中只匹配左边的样本量越多, 规则的关联度越低; 同样的规则中只匹配右边的样本量越多, 规则的关联度也越低.

数据集的样本的数量是 N_{TOTAL}, 匹配的右手边的规则是 N_{RIGHT}. 因此, 如果只是预测右手边, 我们的预测是匹配右边的样本数量与样本总量的比值, 即 $N_{\text{RIGHT}}/N_{\text{TOTAL}}$.

下面给出一个进一步的规则关联度度量, 称为 RI. 这是满足三个标准的最简单的方式.

$$RI = N_{\text{BOTH}} - (N_{\text{LEFT}} \times N_{\text{RIGHT}}/N_{\text{TOTAL}}),$$

即实际的匹配数量和预期的数字之间的差异. 一般来说, 如果规则的左边和右边是独立的, 那么 RI 的值是正的. 若 $RI = 0$, 那么规则没有任何优势. 负值意味着这个规则是表示相反的含义.

4.4.2 推荐系统

推荐系统是向用户提供建议的软件工具和技术. 建议涉及各种决策过程, 如买什么东西, 听什么音乐, 上什么网阅读新闻等. 推荐系统主要是帮助那些缺乏足够的个人经验或能力的客户对为数众多的选择方案做出评价.

推荐系统的功能包括增加商品销量、推销更多不同的商品、提高用户满意度、提高用户黏度、更好地了解用户需求等.

1. 推荐系统的数据和问题

推荐系统是一种信息处理系统, 通过收集各种数据, 建立它们的推荐规则. 数据主要包括关于建议的项目和将收到这些建议的用户. 在任何情况下, 作为一个通用的分类, 推荐系统使用的数据指的是三种对象：项目、用户和交易. 交易即用户和项目之间的关系.

从产品设计的角度, 依次从数据、数据外围的产品和用户三个方面去分析, 在分析之前需要了解以下问题：

(1) 关键元数据

元数据是关于数据的数据, 可以用来描述和管理数据, 如歌曲的演唱者、所属专辑、发行时间、发行公司和所属类别. 歌曲 A 出自华纳唱片 2008 年 12 月发行的某歌手专辑《橙月》. 对于推荐系统而言, 需要找到影响用户喜好的重要元数据. 假设用户是该歌手的粉丝, 那演唱者是关键的元数据, 用户可能还会喜欢此专辑中的其他歌曲 B 与 C, 对于喜欢听新歌的用户, 发行时间可能更为重要.

(2) 结构化和非结构化

元数据之间的结构化的组织 (如歌曲的演唱者和演唱者所属的国籍) 可以很方便获得. 但这些元数据通常只是关键元数据之一, 还有非结构化的元数据 (如节奏、声调和音色) 也会影响用户的选择, 数据之间的隐形联系只能通过大量的分析获得.

(3) 关联性

和用户的行为、背景、特征等相关. 通过分析它们得出数据之间的规律性特征. 常见的如在某购书网站上, 购买了某本书的用户有 40% 购买了另外一本书. 又如通过分析大量消费者的购买单据挖掘出啤酒和尿不湿之间的关联性.

(4) 多样性

关键元数据结构化的强弱影响产品的多样性, 比如图书所属的类别复杂度高导致了图书的多样性, 而音乐相对单一. 产品的多样性意味着数据之间隐性的关联更为复杂, 会增加分析的难度, 推荐系统也更复杂.

(5) 时效性

数据更新的快慢和用户对新数据的需求影响数据的时效性, 如热门论坛中的帖子比博客中的文章时效性高, 微博和新闻这样时效性较高的数据要求服务器数据更新要快. 数据挖掘注重实时分析, 根据用户的每次操作和新的数据的导入提供最新的推荐.

(6) 难以明确

要求用户用几个字词明确表述自己喜好什么样的产品是比较难的. 用户的喜好也会随着时间变化而改变. 像音乐推荐, 对于大部分普通用户而言, 根据自己喜欢的节奏和音色来选择音乐会比较困难. 推荐系统的意义在于根据用户的历史记录去推测用户的喜好, 而不是让用户主动去选择.

(7) 打分机制

通过调查问卷的方式, 用户对每道题的答案进行打分. 分数通常是五分制和两分制 (喜欢/讨厌). 选择越多, 用户选择起来越麻烦, 但区分越明显; 反之, 用户选择越方便, 区分却不明显.

2. 推荐系统技术

一个推荐系统必须预测哪个项目是值得推荐的. 为了做到这一点, 该系统必须能够预测项目的一些结果, 或至少比较一些项目的效用, 然后基于这种比较决定建议什么项目.

为了说明预测步骤, 考虑一个简单的、非个性化的推荐算法. 例如, 建议只推荐最流行的歌曲. 使用这种方法的理由是, 如果没有更精确的信息, 不知用户的喜好, 一个最流行的歌曲, 即一些许多用户喜欢的东西 (高效用), 也至少会比另一个随机选择的歌曲更吸引一个普通的用户. 因此, 这些流行歌曲的效用预测对于这个普通的用户是相当高的.

一些推荐系统在做一个推荐之前无法充分地估计它的效用, 但它们可能会假设一个项目对用户是有用的. 一个典型的例子是以知识为基础的系统. 下面提供六种不同类别的推荐方法:

(1) **基于内容**　系统推荐那些类似于过去用户喜欢的项目;

(2) **协同过滤**　系统向活动用户推荐其他有类似爱好的用户在过去使用的项目;

(3) **人群统计**　基于用户的基本信息来衡量用户相似性从而进行推荐;

(4) **知识基础**　基于特定领域知识推荐项目;

(5) **社区**　在用户朋友的喜好的基础上进行推荐;

(6) **混合推荐系统**　上述两种或几种技术的组合, 取长补短.

3. 推荐系统的应用和评估

推荐系统的研究强调实践和商业应用, 希望向用户推荐他们的产品. 另一个重要的问题是对推荐系统进行必要的评估. 评估在不同阶段有不同的目的. 在设计时, 评估用以验证合适的推荐方法的选择. 在系统推出后也需要进行评估, 验证系统的性能是否达到预期.

4. 基于内容的推荐系统

现代推荐系统的一个常见场景是网络应用程序与用户互动. 通常, 系统向用户呈现项目的摘要列表, 用户在项目中进行选择以获得关于项目的更多细节或以某种方式与项目进行互动. 例如, 在线新闻网站提供网页标题 (有时是新闻摘要) 并允许用户选择标题去读一个故事. 电子商务网站通常会显示包含多个产品列表的页面, 然后允许用户查看有关选中产品和购买的更多信息. 虽然网络服务器传输 HTML 程序, 而用户看到的是网页, 网络服务器通常具有项目数据库并动态构建包含项目列表的页面. 因为通常数据库里有更多可供选择的物品, 有必要选择数据库的一个子集显示给用户. 这样就需要确定显示项目的顺序. 基于内容的推荐系统分析项目描述以识别哪些是用户特别感兴趣的项目.

实现基于内容的推荐系统通常是通过分析一组文档或者由用户对一个项目的评级, 并基于该用户评定的对象的特征来构建用户兴趣的模型或轮廓. 该轮廓是用户兴趣的结构化表示, 用于推荐新的项目. 推荐过程基本上包括将用户轮廓的属性与内容对象的属性进行匹配. 其结果是一个相关性判断, 表示用户对该对象的兴趣程度. 若配置文件准确地反映用户偏好, 则对于匹配的有效性具有很大的优势. 例如, 可以用于通过判断用户是否对特定网页感兴趣来过滤搜索结果, 如果认为用户不感兴趣就不显示它.

4.4.3　基于内容的推荐系统设计过程

一般包括以下三步:

(1) 项目表示 (item representation) 每个项目抽取出一些特征来表示此项目;

(2) 喜好学习 (profile learning) 利用用户过去喜欢 (及不喜欢) 的项目的特征数据, 来学习出此用户的喜好特征;

(3) 推荐 (recommendation) 通过比较上一步得到的用户喜好与候选项目的特征, 为此用户推荐一组相关性最大的项目.

1. 项目表示

实际中的项目往往都会有一些可描述的属性. 这些属性通常可以分为两种: 结构化的与非结构化的. 所谓结构化的属性就是这个属性的意义比较明确, 其取值限定在某个范围; 而非结构化的属性往往意义不太明确, 取值也没什么限制, 不好直接使用. 比如在交友网站上, 项目就是人, 一个项目会有结构化属性如身高、学历、籍贯等, 也会有非结构化属性 (如项目自己写的交友宣言, 博客内容等). 对于结构化数据, 我们自然可以拿来就用; 但对于非结构化数据 (如文章), 往往要先把它转化为结构化数据后才能在模型里加以使用. 真实场景中碰到最多的非结构化数据可能就是文章了 (如个性化阅读中). 下面介绍如何把非结构化的一篇文章结构化: 基于关键词的向量空间模型.

大多数基于内容的推荐系统使用相对简单的检索模型, 如关键字匹配或包含基本的 TF-IDF 权重向量空间模型. 在这个模型中, 每个文档用一个 n 维空间向量来表示, 每个维度对应于一个给定的文档集合的整体词汇中的一个词. 每个文档表示为一个有权重的向量, 权重说明文档和词之间的关联程度.

让 $D=(D_1,D_2,\cdots,D_n)$ 表示一组文件或语料库, $T=(T_1,T_2,\cdots,T_p)$ 是字典, 也就是说文件中的词的集合. T 需要运用自然语言处理操作从而标准化, 如分词的变化、去除停用词和词干. 每个文档 D_j 是一个 p 维向量, 因此 $D_j=(W_{1j},W_{2j},\cdots,W_{pj})$, 其中 W_{kj} 为 T_k 项关于文件 D_j 的权重.

文本在向量空间模型的表示有两个关键点: 加权项和特征向量相似性的度量. 最常用的加权方案是 TF-IDF 的权重, 这是基于已有的经验.

首先确立模型的三个假设:

(1) 生僻词比常用词的相关程度高 (IDF 的假设);

(2) 在一个文档中的一个术语的多次出现比单次出现的相关程度高 (TF 假设);

(3) 与文档长度无关 (规范性假设).

换句话说, 在一个文档中经常出现的词汇 (TF= 词频), 较少在其他的语料库中出现 (IDF= 逆文档频率), 更可能与文档的主题相关. 此外, 标准化的权重向量使得较长的文件有一个更小的检索机会. TF-IDF 函数

$$\text{TF-IDF}(t_k,d_j)=\text{TF}(t_k,d_j)\times\ln\frac{N}{n_k}$$

很好地体现了这些假设. 其中 N 表示在语料库中的文档的数量, n_k 表示在集合中该词 T_k 至少出现一次的文件的数量,

$$\mathrm{TF}(t_k, d_j) = \frac{f_{k,j}}{\max\limits_{z} f_{z,j}},$$

这里的最大值是对所有出现在文档 d_j 中词汇 t_z 出现的频率 $f_{z,j}$ 取的. 为了让权重落在 $[0,1]$ 区间, 并且使用维数相同的向量表示文档, 向量的权重通常由余弦归一化得到:

$$W_{kj} = \frac{\text{TF-IDF}(t_k, d_j)}{\sqrt{\sum\limits_{s=1}^{p} \text{TF-IDF}(t_s, d_j)^2}}.$$

如前所述, 需要一个相似性度量来确定两个文档之间的相似度. 已经有许多相似性的方法来描述两个向量的接近程度, 其中, 余弦相似性使用最广:

$$\mathrm{sim}(d_i, d_j) = \frac{\sum\limits_{k=1}^{p} W_{ki} \cdot W_{kj}}{\sqrt{\sum\limits_{k=1}^{p} W_{ki}^2} \cdot \sqrt{\sum\limits_{k=1}^{p} W_{kj}^2}}.$$

一些基于关键字的推荐系统开发的时间比较短, 可是能找到他们在很多领域的应用, 如新闻, 音乐, 电子商务, 电影等. 各个领域提出了不同的问题, 需要不同的解决方案.

2. 喜好学习

假设用户已经对一些项目给出了他的喜好判断, 喜欢其中的一部分项目, 不喜欢另一部分. 那么, 下一步要做的就是通过用户过去的这些喜好, 为他建立一个模型. 根据此模型来判断用户是否会喜欢一个新的项目. 所以, 我们要解决的是一个典型的有监督分类问题. 理论上机器学习里的分类算法都可以照搬进这里. 我们了解了基于内容的推荐系统的最常用的算法. 它能够学习一个函数, 将每个用户的兴趣模型化. 这些方法通常需要用户通过指定的相关得分来标记文件, 根据用户偏好利用过滤过程来排名文件.

学习用户配置文件的问题可以被转换为一个二进制文本分类任务: 每个文档都被归类为符合或不符合用户偏好. 因此, 类别设置为 $C = \{C+, C-\}$, 其中 $C+$ 表示用户喜欢, $C-$ 表示用户不喜欢.

这里介绍概率方法和朴素贝叶斯方法. 朴素贝叶斯是归纳学习的概率方法, 属于一般类的贝叶斯分类器. 该方法产生一个基于以前观察到的数据的概率模型. 考虑文档 D 和类 C, 估计的后验概率为 $P(C|D)$, 即文档 D 属于类 C

的概率, 这个估计是基于先验概率 $P(C)$, 用贝叶斯公式计算:

$$P(C|D)=\frac{P(C)P(D|C)}{P(D)}.$$

要对文档 D 进行分类, 选择具有最大概率的类

$$C=\arg\max_{C_j}\frac{P(C_j)P(D|C_j)}{P(D)}.$$

因为 $P(D)$ 对于所有的 C_j 是相等的, 所以可以不用考虑. 我们不知道 $P(D|C)$ 和 $P(C)$, 需要通过抽样来估计. 然而, 估计 $P(D|C)$ 会有问题, 这是因为相同文件不太可能多次出现, 也就是说观察到的数据通常不足以产生良好的概率估计.

给定类的情况下, 所观察到的文档 D 中的所有的单词或标记都是独立的. 逐个估计在文档中的单词的概率, 而不是把完整的文档作为一个整体. 条件独立性假设显然是不合理的, 然而尽管这样, 事实证明朴素贝叶斯分类器还是非常有效的.

3. 推荐

如果上一步喜好学习中使用的是分类模型, 那么我们只要把模型预测的用户最可能感兴趣的 n 个项目推荐返回给用户即可. 而如果喜好学习中使用的是直接学习用户属性的方法, 那么我们只要把与用户属性最相关的 n 个项目推荐返回给用户. 其中的用户属性与项目属性的相关性可以采用余弦相似度等度量获得.

习　题

4.1 给定 K 个大小相等的类, 随机选择一个初始重心, 它来自任一给定类的概率是 $1/K$. 如果随机选择 K 个初始重心, 那么在每个类中都有一个初始重心对于 K 均值聚类是一个比较好的情况. 如果有 K 个类, 每个类有 n 个点, 随机地选择 K 个初始重心, 那么求

(1) K 个点恰好来自不同的 K 个类的概率 p;

(2) 对于 K 个聚类, $K=10$, 100 和 1000, 求大小为 $2K$ 的样本至少包含每个类中一个点的概率. 可以用数学方法推导, 也可以用模拟方法计算.

4.2 给你两组数据, 分别由 100 个落在单位正方形内的点组成. 一组数据以均匀距离排列, 另一组数据是从单位正方形上的均匀分布生成的.

(1) 两组数据之间有区别吗?

(2) 如果将两组数据聚为 $K=10$ 类, 哪一组数据会有较小的 SSE(组内误差平方和)?

(3) DBSCAN 算法在两组数据集上分别会得到什么样的结果?

4.3 根据表 4.6 中投掷硬币的数据, 写程序实现 EM 算法, 并得到最终的结果.

表 4.6
抛掷硬币的试验数据

试验序号	选择的硬币	正面的次数
1	B	5
2	A	9
3	A	8
4	B	2
5	A	7

4.4 随机产生 100 位男女学生的身高数据, 用 EM 算法计算出比例、均值和方差, 同真实数据进行比较.

4.5 假设 $x_1, \cdots, x_n$ 相互独立且同服从分布 $Bin(1, p)$,

(1) 导出 p 的极大似然估计 (MLE) $\hat{p}$;

(2) 假设除了 $x_1, \cdots, x_n$, 我们还有一个来自 $Bin(1, p)$ 的独立同分布随机缺失数据 $y_1, \cdots, y_m$. 推导出估计 p 的 EM 算法, 并讨论它是否与 $\hat{p}$ 相同或更好.

4.6 表 4.7 的数据集包括了历史上的 25 个欧洲国家 ($n = 25$ 个单位) 及其 9 个主要食物来源的蛋白质摄入量 (%)($p = 9$). 例如, 奥地利人从红肉中获得 8.9% 的蛋白质, 从牛奶中获得 19.9% 的蛋白质, 以此类推. 本题目的目的是这 25 个国家是否可以分成较少数量的聚类. 数据出自 [121], 也可以在 [63] 的文章中找到.

单位: %

表 4.7
主要食物来源的蛋白质摄入量

国家	红肉	白肉	蛋	奶	鱼	谷物	淀粉	坚果	水果蔬菜
阿尔巴尼亚	10.1	1.4	0.5	8.9	0.2	42.3	0.6	5.5	1.7
奥地利	8.9	14	4.3	19.9	2.1	28	3.6	1.3	4.3
比利时	13.5	9.3	4.1	17.5	4.5	26.6	5.7	2.1	4
保加利亚	7.8	6	1.6	8.3	1.2	56.7	1.1	3.7	4.2
捷克斯洛伐克	9.7	11.4	2.8	12.5	2	34.3	5	1.1	4
丹麦	10.6	10.8	3.7	25	9.9	21.9	4.8	0.7	2.4
德意志民主共和国	8.4	11.6	3.7	11.1	5.4	24.6	6.5	0.8	3.6
芬兰	9.5	4.9	2.7	33.7	5.8	26.3	5.1	1	1.4
法国	18	9.9	3.3	19.5	5.7	28.1	4.8	2.4	6.5
希腊	10.2	3	2.8	17.6	5.9	41.7	2.2	7.8	6.5
匈牙利	5.3	12.4	2.9	9.7	0.3	40.1	4	5.4	4.2
爱尔兰	13.9	10	4.7	25.8	2.2	24	6.2	1.6	2.9
意大利	9	5.1	2.9	13.7	3.4	36.8	2.1	4.3	6.7
荷兰	9.5	13.6	3.6	23.4	2.5	22.4	4.2	1.8	3.7
挪威	9.4	4.7	2.7	23.3	9.7	23	4.6	1.6	2.7
波兰	6.9	10.2	2.7	19.3	3	36.1	5.9	2	6.6
葡萄牙	6.2	3.7	1.1	4.9	14.2	27	5.9	4.7	7.9
罗马尼亚	6.2	6.3	1.5	11.1	1	49.6	3.1	5.3	2.8
西班牙	7.1	3.4	3.1	8.6	7	29.2	5.7	5.9	7.2
瑞典	9.9	7.8	3.5	24.7	7.5	19.5	3.7	1.4	2
瑞士	13.1	10.1	3.1	23.8	2.3	25.6	2.8	2.4	4.9
英国	17.4	5.7	4.7	20.6	4.3	24.3	4.7	3.4	3.3
苏联	9.3	4.6	2.1	16.6	3	43.6	6.4	3.4	2.9
德意志联邦共和国	11.4	12.5	4.1	18.8	3.4	18.6	5.2	1.5	3.8
南斯拉夫	4.4	5	1.2	9.5	0.6	55.9	3	5.7	3.2

(1) 思考需不需要对数据进行标准化处理?

(2) 用前两个特征, 即红肉和白肉对数据做系统聚类, 画谱系图, 几个类更合理?

(3) 基于前两个特征做 K 均值聚类, 画散点图, 用不同颜色表示不同类, 解释你的结果.

(4) 用全部特征做 K 均值聚类, 令 $K=7$, 在同一个图里用不同颜色表示聚类的结果, 解释新的结果.

4.7 表 4.8 给出的法国食品数据集包括法国几个不同类型家庭的平均食品支出 (体力劳动者 = MA, 员工 = EM, 经理 = CA), 子女数量 (2,3,4 或 5 个孩子). 数据来自 Lebart, Morineau 和 Fénelon(1982).

类型	子女数量	面包	蔬菜	水果	肉类	禽类	牛奶	酒类
MA	2	332	428	354	1437	526	247	427
EM	2	293	559	388	1527	567	239	258
CA	2	372	767	562	1948	927	235	433
类型	子女数量	面包	蔬菜	水果	肉类	禽类	牛奶	酒类
MA	3	406	563	341	1507	544	324	407
EM	3	386	608	396	1501	558	319	363
CA	3	438	843	689	2345	1148	243	341
类型	子女数量	面包	蔬菜	水果	肉类	禽类	牛奶	酒类
MA	4	534	660	367	1620	638	414	407
EM	4	460	699	484	1856	762	400	416
CA	4	385	789	621	2366	1149	304	282
类型	子女数量	面包	蔬菜	水果	肉类	禽类	牛奶	酒类
MA	5	655	776	423	1848	759	495	486
EM	5	584	995	548	2056	893	518	319
CA	5	515	1097	887	2630	1167	561	284

表 4.8
不同类型家庭的平均食品支出

(1) 对数据进行标准化处理;

(2) 用系统聚类法聚类, 分别使用平均距离法和沃德距离法;

(3) 画出谱系图, 判断几个类比较合理, 解释聚类的含义;

(4) 用 K 均值聚类法聚类, 并与系统聚类法的结果进行比较.

4.8 假设我们有一个包含 5000 个交易的数据集和一个带有以下的支持计数: $N_{\text{LEFT}}=3400, N_{\text{RIGHT}}=4000, N_{\text{BOTH}}=3000$. 求这个关联规则的置信度、支持、可靠性和 RI.

4.9 加载 iris 数据, 只使用前两个特征, 并忽略类变量. 绘制散点图看看数据是如何 “聚类” 的.

(1) 对数据运行 K 均值聚类, 取 $K=3$ 和 $K=5$. 对于每一个聚类, 绘制一个散点图, 按类着色, 并显示聚类中心.

(2) 对数据进行凝聚系统聚类, 使用单一 (single) 链接, 然后再次使用完整 (complete) 链接, 划分为 3 个和 5 个聚类. 用颜色绘制聚类的划分结果, 并描述它们与 K 均值聚类结果之间的相似性和差异.

(3) 运行具有 5 个分量的 EM 高斯混合模型. 与 K 均值聚类一样, 可以尝试几个初始化取值. 比较与上面其他聚类结果的差异. 你觉得哪个最合理?

5 第五章 高维统计中的变量选择

在大数据分析中往往遇到太多变量或特征的问题. 这些特征数量越多, 可视化数据并对其进行处理就越困难. 对于高维数据分析主要有两种解决方案. 一种是先降低数据维度, 然后在提取的变量空间中进行分析. 另一种是利用正则化方法直接在高维空间中进行分析. 在大多数情况下, 降维方法可以花费较少的计算时间获得可接受的分析结果. 当训练样本数量不足且分布严重不平衡时, 某些正则化方法的性能优于降维方法, 但正则化方法的计算时间较长.

本章介绍主成分分析和因子分析等经典的高维数据降维方法、岭回归和 lasso 等正则化方法、自编码器等非线性数据降维方法以及高维数据变量选择的贝叶斯方法.

5.1 经典降维方法

在实际中, 研究多个指标的问题是十分常见的. 但往往由于变量太多, 使得研究过程变得非常复杂. 而且不同的变量之间常常会存在一定的相关性, 使得观测数据在一定程度上有信息重叠, 这无疑会降低效率. 随着维度的上升, 高维空间下的问题复杂度急剧提升. 我们希望利用较少的几个变量来代替原来较多的变量, 要求这几个变量尽可能保留原来的信息, 又可以彼此互不相关. 当然, 完全保留信息是无法降维的. 降低分析的复杂性, 必然会有一定的损失.

在这种降维思想指导下, 产生了主成分分析、因子分析等统计分析方法.

5.1.1 主成分分析

主成分分析是一种经典的降维方法, 可以有效地找出数据中最主要的元素和结构, 去除噪音和冗余, 将原有的复杂数据降维, 揭秘隐藏在复杂数据中的简单结构. 主成分分析方法应用极其广泛. 从神经科学到计算机图形学都有其用武之地, 是线性代数应用的一个有价值的例子.

1. 主成分的定义

设 $\boldsymbol{X}=(X_1,X_2,\cdots,X_p)^{\mathrm{T}}$ 是 p 维随机向量, 均值为 $E(\boldsymbol{X})=\boldsymbol{\mu}$, 协方差矩阵为 $\boldsymbol{\Sigma}$, $\boldsymbol{a}_i=(a_{1i},a_{2i},\cdots,a_{pi})^{\mathrm{T}}$ 是常值向量, 考虑 $\boldsymbol{X}$ 的线性变换

$$\begin{cases} Z_1=\boldsymbol{a}_1^{\mathrm{T}}\boldsymbol{X}=a_{11}X_1+a_{21}X_2+\cdots+a_{p1}X_p, \\ Z_2=\boldsymbol{a}_2^{\mathrm{T}}\boldsymbol{X}=a_{12}X_1+a_{22}X_2+\cdots+a_{p2}X_p, \\ \quad\cdots\cdots\cdots\cdots \\ Z_p=\boldsymbol{a}_p^{\mathrm{T}}\boldsymbol{X}=a_{1p}X_1+a_{2p}X_2+\cdots+a_{pp}X_p. \end{cases}$$

易知

$$\mathrm{Var}(Z_i) = \boldsymbol{a}_i^{\mathrm{T}} \boldsymbol{\Sigma} \boldsymbol{a}_i \quad (i = 1, 2, \cdots, p),$$

$$\mathrm{Cov}(Z_i, Z_j) = \boldsymbol{a}_i^{\mathrm{T}} \boldsymbol{\Sigma} \boldsymbol{a}_j \quad (i, j = 1, 2, \cdots, p).$$

如果我们希望用 Z_1 来代替原来的 p 个变量, 这就需要 Z_1 尽可能多地反映原来变量的信息. 而信息一般是用方差来表达的. 但是根据上式可以看出, 必须要对 $\boldsymbol{a}_1$ 有所限制, 否则 Z_1 的方差可能会很大. 常用的限制是 $\boldsymbol{a}_1^{\mathrm{T}} \boldsymbol{a}_1 = 1$, 若存在满足这个条件的 $\boldsymbol{a}_1$, 使得 $\mathrm{Var}(Z_1)$ 最大, 就称 Z_1 为 $\boldsymbol{X}$ 的第一主成分. 若第一主成分不足以代表原来变量的大部分信息, 则考虑第二主成分, 以此类推.

定义 5.1　设 $\boldsymbol{X} = (X_1, \cdots, X_p)^{\mathrm{T}}$ 是 p 维随机向量, 称 $Z_i = \boldsymbol{a}_i^{\mathrm{T}} \boldsymbol{X}$ 为 $\boldsymbol{X}$ 的第 i 主成分 $(i = 1, 2, \cdots, p)$ 当且仅当 $\mathrm{Var}(Z_i) = \max\limits_{\boldsymbol{a}^{\mathrm{T}} \boldsymbol{a} = 1, \boldsymbol{a}^{\mathrm{T}} \boldsymbol{\Sigma} \boldsymbol{a}_j = 0 (j = 1, 2, \cdots, i-1)} \mathrm{Var}(\boldsymbol{a}^{\mathrm{T}} \boldsymbol{X})$.

从线性代数的角度, 主成分就是原始变量的线性组合. 这些组合把原来的坐标系经过变换得到了新的坐标系, 新坐标轴方向有最大的样本变差.

2. 主成分求法

根据以上定义, 我们先考虑求第一主成分 $Z_1 = \boldsymbol{a}_1^{\mathrm{T}} \boldsymbol{X}$, 就是去求在 $\boldsymbol{a}_1^{\mathrm{T}} \boldsymbol{a}_1 = 1$ 下, $\mathrm{Var}(Z_1)$ 的最大值, 这是一个条件极值问题, 可用拉格朗日乘子法求解. 记

$$\varphi(a_1) = \mathrm{Var}(\boldsymbol{a}_1^{\mathrm{T}} \boldsymbol{X}) - \lambda(\boldsymbol{a}_1^{\mathrm{T}} \boldsymbol{a}_1).$$

对 $\boldsymbol{a}_1$ 和 λ 求偏导, 并令它们等于 0, 可得

$$\begin{cases} \dfrac{\partial \varphi}{\partial \boldsymbol{a}_1} = 2(\boldsymbol{\Sigma} - \lambda \boldsymbol{I}) \boldsymbol{a}_1 = \boldsymbol{0}, \\ \dfrac{\partial \varphi}{\partial \lambda} = \boldsymbol{a}_1^{\mathrm{T}} \boldsymbol{a}_1 - 1 = 0. \end{cases}$$

求解方程, 就是求解 $\boldsymbol{\Sigma}$ 的特征值和特征向量. 设 $\boldsymbol{\Sigma}$ 的最大特征值为 λ_1, 则其所对应的单位特征向量 $\boldsymbol{a}_1$ 就是所求的第一主成分.

定理 5.1　设 $\boldsymbol{X} = (X_1, \cdots, X_p)^{\mathrm{T}}$ 是 p 维随机向量, $\mathrm{Cov}(\boldsymbol{X}) = \boldsymbol{\Sigma}$, $\boldsymbol{\Sigma}$ 的特征值为 $\lambda_1 \geqslant \lambda_2 \geqslant \cdots \geqslant \lambda_p \geqslant 0$, $\boldsymbol{a}_1, \boldsymbol{a}_2, \cdots, \boldsymbol{a}_p$ 为相应的单位正交特征向量, 则 $\boldsymbol{X}$ 的第 i 个主成分为

$$Z_i = \boldsymbol{a}_i^{\mathrm{T}} \boldsymbol{X} \quad (i = 1, 2, \cdots, p).$$

设 $\boldsymbol{Z} = (Z_1, \cdots, Z_p)^{\mathrm{T}}$ 是 p 维随机向量, 则其分量 $Z_i (i = 1, 2, \cdots, p)$ 依次是 $\boldsymbol{X}$ 的第 i 个主成分的充要条件是:

(1) $\boldsymbol{Z} = \boldsymbol{A}^{\mathrm{T}} \boldsymbol{X}$, $\boldsymbol{A} = (\boldsymbol{a}_1, \boldsymbol{a}_2, \cdots, \boldsymbol{a}_p)$ 是正交矩阵;

(2) $\mathrm{Cov}(\boldsymbol{Z}) = \mathrm{diag}(\lambda_1, \lambda_2, \cdots, \lambda_p)$, 即随机向量 $\boldsymbol{Z}$ 的协方差矩阵为对角矩阵;

(3) $\lambda_1 \geqslant \lambda_2 \geqslant \cdots \geqslant \lambda_p$.

3. 主成分的性质

记 $\boldsymbol{\Sigma}=(\sigma_{ij})$, $\boldsymbol{\Lambda}=\mathrm{diag}(\lambda_1,\lambda_2,\cdots,\lambda_p)$, 其中 $\lambda_1\geqslant\lambda_2\geqslant\cdots\geqslant\lambda_p$ 为 $\boldsymbol{\Sigma}$ 的特征值, 相应的单位正交特征向量是 $\boldsymbol{a}_1,\boldsymbol{a}_2,\cdots,\boldsymbol{a}_p$. 主成分 $\boldsymbol{Z}=(Z_1,\cdots,Z_p)^{\mathrm{T}}$, 其中 $Z_i=\boldsymbol{a}_i^{\mathrm{T}}\boldsymbol{X}(i=1,2,\cdots,p)$.

性质 1 $\mathrm{Cov}(\boldsymbol{Z})=\boldsymbol{\Lambda}$, 即主成分的方差 $\mathrm{Var}(Z_i)=\lambda_i\ (i=1,2,\cdots,p)$, 且它们是互不相关的.

性质 2 总体的总方差可分解为不相关的主成分的方差和, 即原总体的总方差 $\sum\limits_{i=1}^{p}\sigma_{ii}=\sum\limits_{i=1}^{p}\lambda_i$.

性质 3 主成分 Z_k 与原始变量 X_i 之间的相关系数称为因子负荷量,

$$\rho(Z_k,X_i)=\sqrt{\lambda_k}a_{ik}/\sqrt{\sigma_{ii}}\ (k,i=1,2,\cdots,p).$$

性质 4 $\sum\limits_{k=1}^{p}\rho^2(Z_k,X_i)=\sum\limits_{k=1}^{p}\lambda_k a_{ik}^2/\sigma_{ii}=1\ (i=1,2,\cdots,p)$.

性质 5 $\sum\limits_{i=1}^{p}\sigma_{ii}\rho^2(Z_k,X_i)=\lambda_k\ (k=1,2,\cdots,p)$.

称 $\lambda_k/\sum\limits_{i=1}^{p}\lambda_i$ 为主成分 Z_k 的贡献率, 而 $\sum\limits_{k=1}^{m}\lambda_k/\sum\limits_{i=1}^{p}\lambda_i$ 为主成分 $Z_1,\cdots,Z_m$ 的累积贡献率.

实际中, 不同的变量常有不同的量纲. 为了消除量纲对主成分分析的影响, 常采用标准化的方法, 对标准化后的数据进行主成分分析.

4. 主成分的应用

图像压缩

使用主成分分析方法进行图像压缩, 又称为霍特林 (Hotelling) 算法, 或者称为 KL (karhunen-leove, 卡洛南–洛伊) 变换. 这是视觉领域内图像处理的经典算法之一. 使用主成分方法处理一个图像序列, 提取其中的主分成, 然后根据主成分的排序去除其中次要的主成分, 再变换回原空间. 图像序列因为维数降低得到了很大的压缩, 但是这种有损的压缩方法会保持其中最重要的信息, 这是一种有效的方法, 如图 5.1 所示:

图像识别——特征脸方法

利用主成分分析进行特征提取的算法中, 特征脸算法是一个经典算法, 由希洛维奇 (Sirovich) 和柯尔比 (Kirby) 提出 (参见文献 [106]). 这是从主成分分析导出的一种人脸识别和扫描技术. 特征脸的方法就是将人脸的图像区域看作是一种随机向量, 可以采用 KL 变换获得其正交的 KL 基底. 对应其中较大的特征值的基底具有与人脸相似的形状, 因此又称为特征脸. 利用这些基底的线性组合可以描述、表达和逼近人脸图像, 因此可以进行人脸识别与合成. 识别过程就是将人脸图像映射到特征脸构成的子空间上, 比较其与已知人脸在特征空间中的相似关系. 本书使用一个著名的人脸数据库演示特征脸识别算法, 数据可以从英国剑桥大学的 AT&T(American Telephone & Telegraph, 美国电话电报公司) 实验室下载. 它包含了 40 个人的图像, 每个人各有 10 幅人脸照片, 如图 5.2 所示.

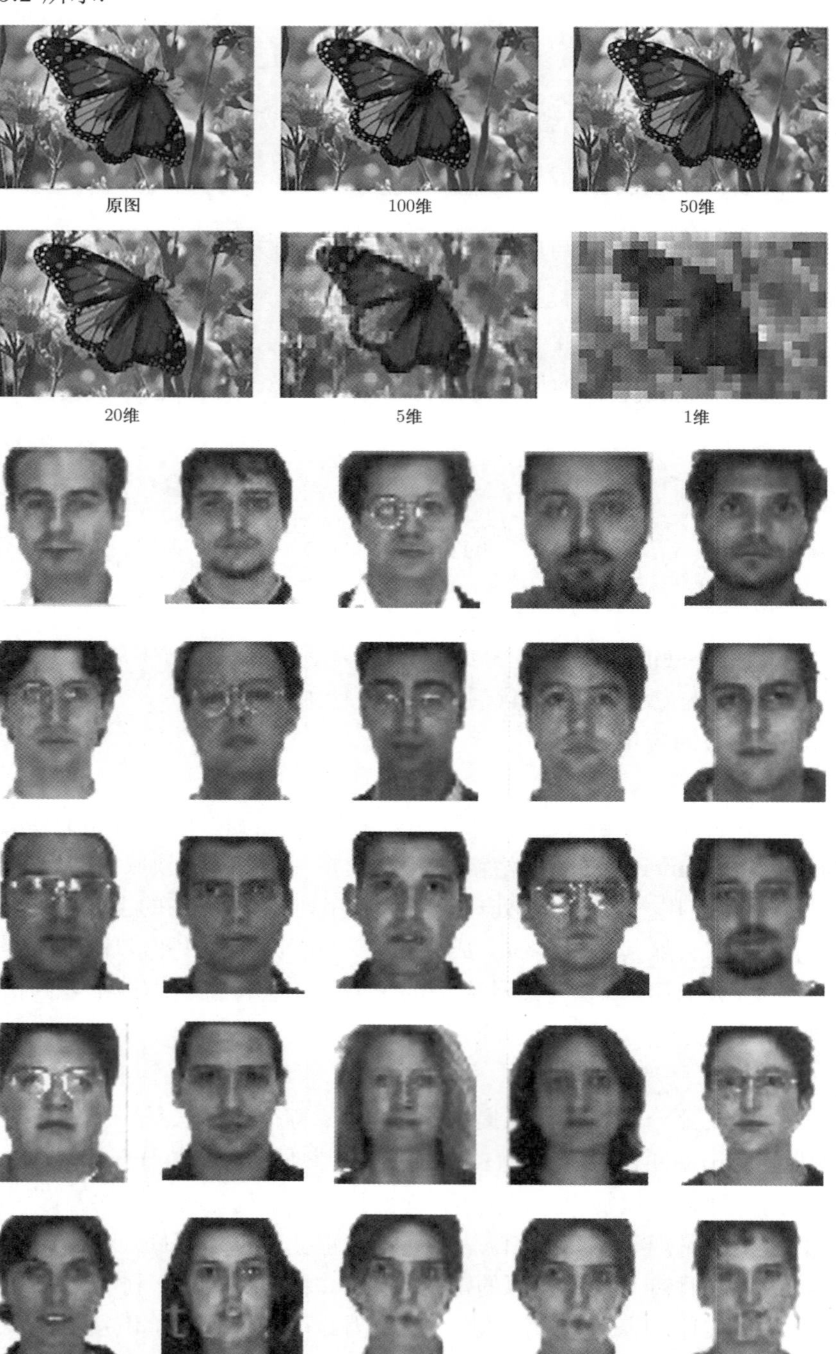

图 5.1
原图与不同维度下的图片对比

图 5.2
人脸库

人脸识别的过程涉及两个步骤：初始化过程和识别过程. 初始化过程包括以下操作：(1) 获取初始人脸图像, 构成训练集; (2) 从训练集中计算特征脸, 保留 M 个特征值, 这些图像定义了人脸空间; (3) 计算所有已知人像投射到此 M 维空间中的分布.

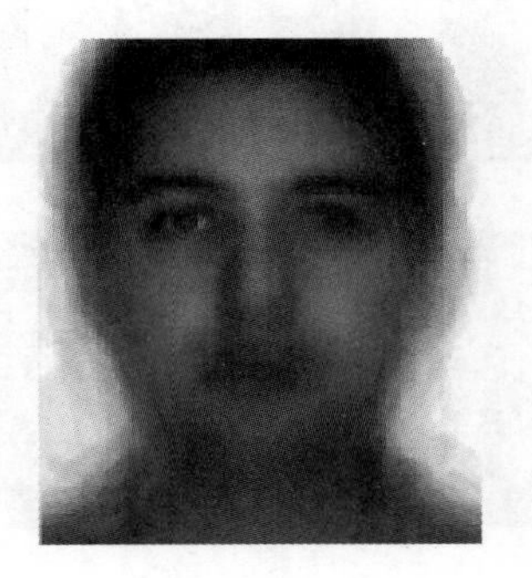

图 5.3
平均脸

具体步骤如下：第一步, 获取数据集, $S=\{\boldsymbol{T}_1,\boldsymbol{T}_2,\cdots,\boldsymbol{T}_M\}$, 其中 $\boldsymbol{T}_i$ 表示一张脸展开的向量, 长度为原图行数和列数的乘积, 记为 N; 第二步, 计算平均脸, $\boldsymbol{\phi}=\dfrac{1}{M}\sum\limits_{i=1}^{M}\boldsymbol{T}_i$, 如图 5.3 所示; 第三步, 获得中心化脸, $\boldsymbol{\psi}_i=\boldsymbol{T}_i-\boldsymbol{\phi}$; 第四步, 计算协方差矩阵,

$$\boldsymbol{\Sigma}=\frac{1}{M}\sum_{i=1}^{M}\boldsymbol{\psi}_i\boldsymbol{\psi}_i^{\mathrm{T}}=\boldsymbol{A}\boldsymbol{A}^{\mathrm{T}},$$

其中 $\boldsymbol{A}=(\boldsymbol{\psi}_1,\boldsymbol{\psi}_2,\cdots,\boldsymbol{\psi}_M)$; 第五步, 计算协方差矩阵的特征值和特征向量. 因为 $\boldsymbol{\Sigma}$ 的维度为 $N\times N$, 特征分解时计算量太大, 而人脸识别并不需要太多的特征脸 (特征值). 因此考虑矩阵 $\boldsymbol{L}=\boldsymbol{A}^{\mathrm{T}}\boldsymbol{A}$, 维度为 $M\times M$, 其中 M 是数据集中图像的个数. 令 $\mu_i,\boldsymbol{\nu}_i$ 分别为 $\boldsymbol{L}$ 的第 i 个特征值和特征向量, 则有 $\boldsymbol{A}^{\mathrm{T}}\boldsymbol{A}\boldsymbol{\nu}_i=\mu_i\boldsymbol{\nu}_i$. 它和 $\boldsymbol{\Sigma}$ 的特征值、特征向量有什么关系呢？

$$\begin{aligned}
\boldsymbol{A}^{\mathrm{T}}\boldsymbol{A}\boldsymbol{\nu}_i&=\mu_i\boldsymbol{\nu}_i,\\
\boldsymbol{A}\boldsymbol{A}^{\mathrm{T}}\boldsymbol{A}\boldsymbol{\nu}_i&=\mu_i\boldsymbol{A}\boldsymbol{\nu}_i,\\
\boldsymbol{\Sigma}\boldsymbol{A}\boldsymbol{\nu}_i&=\mu_i\boldsymbol{A}\boldsymbol{\nu}_i,\\
\boldsymbol{\Sigma}\boldsymbol{u}_i&=\mu_i\boldsymbol{u}_i,
\end{aligned}$$

其中 $\boldsymbol{u}_i=\boldsymbol{A}\boldsymbol{\nu}_i$ 为 $\boldsymbol{\Sigma}$ 的第 i 个特征向量, μ_i 是对应的特征值. 可以看到, 如果 $M<N$, $\boldsymbol{L}$ 的特征值和 $\boldsymbol{\Sigma}$ 的前 M 个特征值重合, 也就是前 M 个特征脸. 实际应用中, 一般选取 $K<M$ 个特征脸, 以及对应的特征值.

图 5.4 中显示通过上述步骤得到的部分特征脸：

接下来我们需要将训练样本投影到特征脸空间. 第 i 个训练图像的特征权重可以通过以下公式计算：$\omega_k=\boldsymbol{u}_k^{\mathrm{T}}(\boldsymbol{T}_i-\boldsymbol{\phi})$, $k=1,2,\cdots,K$, 其中 u_k 是第 k

个特征脸. 权重构成一个长度为 K 的向量 $\boldsymbol{\Omega}_i = (\omega_1, \omega_2, \cdots, \omega_K)^{\mathrm{T}}$.

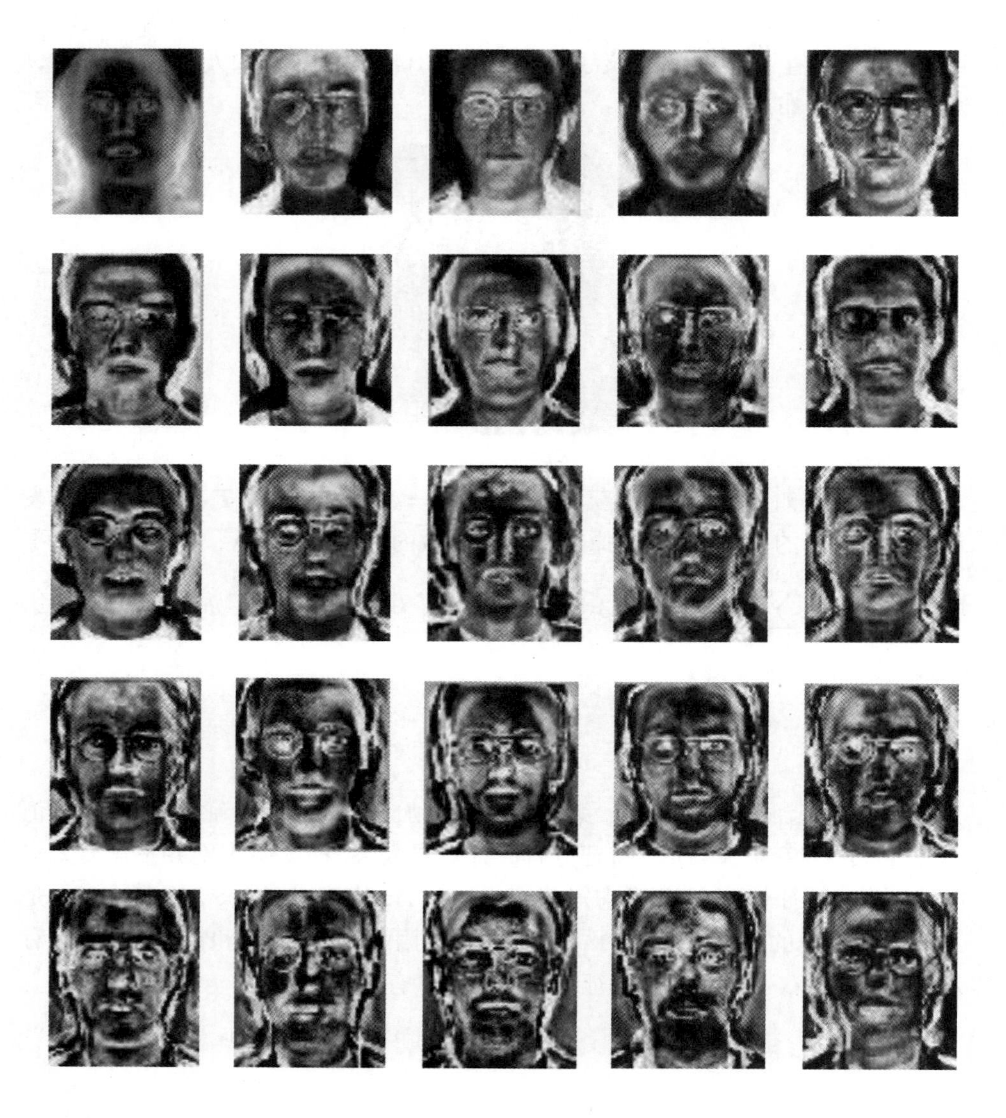

图 5.4
特征脸

最后进行人脸识别. 考虑一幅人脸测试图像 $\boldsymbol{T}^{\text{test}}$. 同训练集一样的处理, 去中心化, 计算每个特征脸的权重; $\omega_k^{\text{test}} = \boldsymbol{u}_k^{\mathrm{T}}(\boldsymbol{T}^{\text{test}} - \boldsymbol{\phi})$, 得到测试图像的特征向量 $\boldsymbol{\Omega}^{\text{test}} = (\omega_1^{\text{test}}, \cdots, \omega_n^{\text{test}})^{\mathrm{T}}$. 最后计算测试图像特征向量和每个训练集图像特征向量间的欧氏距离: $\varepsilon_i = ||\boldsymbol{\Omega}^{\text{test}} - \boldsymbol{\Omega}_i||_2$, $i = 1, \cdots, M$. 通过对人脸库中的人脸进行一一比对, ε_i 最小的就是对的人, 若 $\min\limits_{1 \leqslant i \leqslant M} \varepsilon_i$ 大于阈值, 则说明这是一张新脸, 从而可以加入人脸库.

主成分分析应用非常广泛, 由于它是以方差衡量信息的无监督学习, 所以不需要对样本做标签; 各主成分之间正交, 可以消除原始数据成分间的相互影响; 用少数指标代替多个指标, 减少计算量; 计算方法简单, 易于在计算机上实现.

任何降维方法都有不足之处. 主成分解释含义往往有一定的模糊性, 不如原始样本信息完整; 贡献率小的主成分往往可能含有对样本差异的重要信息, 而这部分可能会被忽略; 对于非线性问题有一定的局限性; 要求数据符合高斯分布, 而现实数据往往并不如此.

5.1.2 因子分析

因子分析也是一种数据简化技术. 它通过研究多变量之间的相依关系, 用少数几个假想变量来表示其基本的数据结构. 这几个假想变量能够反映原来众多变量的主要信息. 原始的变量是可观测的显性变量, 而假想变量是不可观测的潜在变量, 称为因子.

1. 因子模型的定义

设 $\boldsymbol{X} = (X_1, \cdots, X_p)^{\mathrm{T}}$ 是可观测的随机向量, $E(\boldsymbol{X}) = \boldsymbol{\mu}$, $\mathrm{Cov}(\boldsymbol{X}) = \boldsymbol{\Sigma}$, 且设 $\boldsymbol{F} = (F_1, \cdots, F_m)^{\mathrm{T}}$ $(m < p)$ 是不可观测的随机向量, $E(\boldsymbol{F}) = \boldsymbol{0}$, $\mathrm{Cov}(\boldsymbol{F}) = \boldsymbol{I}_m$, 即 $\boldsymbol{F}$ 的各分量方差为 1, 且互不相关. 又设 $\boldsymbol{\varepsilon} = (\varepsilon_1, \cdots, \varepsilon_p)^{\mathrm{T}}$ 与 $\boldsymbol{F}$ 互不相关, 且

$$E(\boldsymbol{\varepsilon}) = \boldsymbol{0}, \mathrm{Cov}(\boldsymbol{\varepsilon}) = \mathrm{diag}(\sigma_1^2, \sigma_2^2, \cdots, \sigma_p^2) =: \boldsymbol{D}.$$

假定随机向量 $\boldsymbol{X}$ 满足以下模型:

$$\begin{cases} X_1 - \mu_1 = a_{11}F_1 + a_{12}F_2 + \cdots + a_{1m}F_m + \varepsilon_1, \\ X_2 - \mu_2 = a_{21}F_1 + a_{22}F_2 + \cdots + a_{2m}F_m + \varepsilon_2, \\ \qquad \cdots\cdots\cdots\cdots \\ X_p - \mu_p = a_{p1}F_1 + a_{p2}F_2 + \cdots + a_{pm}F_m + \varepsilon_p. \end{cases}$$

称上述模型为正交因子模型, 用矩阵形式表达为

$$\boldsymbol{X} = \boldsymbol{\mu} + \boldsymbol{A}\boldsymbol{F} + \boldsymbol{\varepsilon}.$$

$F_1, \cdots, F_m$ 称为 $\boldsymbol{X}$ 的公共因子; $\varepsilon_1, \cdots, \varepsilon_p$ 称为 $\boldsymbol{X}$ 的特殊因子. 公共因子一般对 $\boldsymbol{X}$ 的每个分量都有作用, 而特殊因子 ε_i 只对 X_i 起作用. 而且各特殊因子之间以及特殊因子与所有公共因子之间都是互不相关的. 模型中的矩阵 $\boldsymbol{A} = (a_{ij})_{p\times m}$ 是待估的系数矩阵, a_{ij} $(i = 1, \cdots, p; j = 1, \cdots, m)$ 称为第 i 个变量在第 j 个因子上的载荷, 称为因子载荷.

2. 因子模型的性质

性质 1 原始变量 $\boldsymbol{X}$ 的协方差矩阵的分解

$$\mathrm{Cov}(\boldsymbol{X} - \boldsymbol{\mu}) = \boldsymbol{A}\mathrm{Cov}(\boldsymbol{F})\boldsymbol{A}^{\mathrm{T}} + \mathrm{Cov}(\boldsymbol{\varepsilon}),$$

即

$$\boldsymbol{\Sigma} = \boldsymbol{A}\boldsymbol{A}^{\mathrm{T}} + \boldsymbol{D}.$$

$\boldsymbol{D} = \mathrm{diag}(\sigma_1^2, \sigma_2^2, \cdots, \sigma_p^2)$ 的主对角线上的元素值越小, 则公共因子共享的成分越多.

性质 2 因子不受计量单位的影响.

将原始变量 $\boldsymbol{X}$ 做变换 $\tilde{\boldsymbol{X}} = \boldsymbol{C}\boldsymbol{X}$, 其中 $\boldsymbol{C} = \mathrm{diag}(c_1, c_2, \cdots, c_p)$, $c_i > 0$, $i = 1, \cdots, p$, 则

$$\boldsymbol{C}(\boldsymbol{X} - \boldsymbol{\mu}) = \boldsymbol{C}(\boldsymbol{A}\boldsymbol{F} + \boldsymbol{\varepsilon}).$$

令 $\tilde{\boldsymbol{\mu}} = \boldsymbol{C}\boldsymbol{\mu}$, $\tilde{\boldsymbol{A}} = \boldsymbol{C}\boldsymbol{A}$, $\tilde{\boldsymbol{\varepsilon}} = \boldsymbol{C}\boldsymbol{\varepsilon}$, 则模型可以改为

$$\tilde{\boldsymbol{X}} - \tilde{\boldsymbol{\mu}} = \tilde{\boldsymbol{A}}\boldsymbol{F} + \tilde{\boldsymbol{\varepsilon}}.$$

它满足:

(1) $E(\boldsymbol{F}) = \boldsymbol{0}$, $E(\boldsymbol{\varepsilon}) = \boldsymbol{0}$, $\mathrm{Cov}(\boldsymbol{F}) = \boldsymbol{I}_m$.

(2) $\mathrm{Var}(\tilde{\boldsymbol{\varepsilon}}) = \mathrm{diag}((\tilde{\sigma}_1)^2, \cdots, (\tilde{\sigma}_p)^2), (\tilde{\sigma}_i)^2 = c_i^2\sigma_i^2, i = 1, 2, \cdots, p$.

(3) $\mathrm{Cov}(\boldsymbol{F}, \tilde{\boldsymbol{\varepsilon}}) = E(\boldsymbol{F}\tilde{\boldsymbol{\varepsilon}}^{\mathrm{T}}) = \boldsymbol{O}$.

性质 3 因子载荷不唯一. 设 $\boldsymbol{T}$ 是一个 $p \times p$ 的正交矩阵, 令 $\tilde{\boldsymbol{A}} = \boldsymbol{A}\boldsymbol{T}$, $\tilde{\boldsymbol{F}} = \boldsymbol{T}^{\mathrm{T}}\boldsymbol{F}$, 则模型可以表示为

$$\boldsymbol{X} - \boldsymbol{\mu} = \tilde{\boldsymbol{A}}\tilde{\boldsymbol{F}} + \boldsymbol{\varepsilon}.$$

且满足因子模型的条件:

(1) $E(\tilde{\boldsymbol{F}}) = E(\boldsymbol{T}^{\mathrm{T}}\boldsymbol{F}) = \boldsymbol{0}, E(\boldsymbol{\varepsilon}) = \boldsymbol{0}$.

(2) $\mathrm{Var}(\tilde{\boldsymbol{F}}) = \mathrm{Var}(\boldsymbol{T}^{\mathrm{T}}\boldsymbol{F}) = \boldsymbol{T}^{\mathrm{T}}\mathrm{Var}(\boldsymbol{T}^{\mathrm{T}}\boldsymbol{F})\boldsymbol{T} = \boldsymbol{I}$.

(3) $\mathrm{Var}(\boldsymbol{\varepsilon}) = \mathrm{diag}(\sigma_1^2, \cdots, \sigma_p^2)$.

(4) $\mathrm{Cov}(\tilde{\boldsymbol{F}}, \boldsymbol{\varepsilon}) = E(\tilde{\boldsymbol{F}}\boldsymbol{\varepsilon}^{\mathrm{T}}) = \boldsymbol{O}$.

对 $X_1, \cdots, X_F$ 做标准化处理, 因子载荷 a_{ij} 是第 i 个变量与第 j 个公共因子的相关系数, 模型为

$$X_i = a_{i1}F_1 + \cdots + a_{im}F_m + \varepsilon_i.$$

以上公式左右两边同乘 F_i; 再求数学期望, 可得

$$E(F_jX_i) = a_{i1}E(F_jF_1) + \cdots + a_{ij}E(F_j^2) + \cdots + a_{im}E(F_jF_m) + E(\varepsilon_iF_j) = a_{ij}.$$

根据公共因子的性质, a_{ij} 反映了 X_i 与 F_j 的相关程度. 它的绝对值越大, 相关的密切程度就越高.

变量 X_i 的共同度 h_i^2 是因子载荷矩阵的第 i 行的元素的平方和, 即 $h_i^2 = \sum\limits_{j=1}^{m} a_{ij}^2$.

对因子模型

$$X_i = a_{i1}F_1 + \cdots + a_{im}F_m + \varepsilon_i,$$

两边求方差

$$\mathrm{Var}(X_i) = a_{i1}^2\mathrm{Var}(F_1) + \cdots + a_{im}^2\mathrm{Var}(F_m) + \mathrm{Var}(\varepsilon_i).$$

故有

$$1 = \sum_{j=1}^{m} a_{ij}^2 + \sigma_i^2 = h_i^2 + \sigma_i^2.$$

所有公共因子和特殊因子对变量 X_i 的贡献为 1, 即 $h_i^2 + \sigma_i^2 = 1$. 如果共同度 h_i^2 靠近 1, 则 σ_i^2 变小, 因子分析效果好, 也即从原变量空间到公共因子空间转化效果好.

因子载荷矩阵各列的平方和 $q_j^2 = \sum_{i=1}^{p} a_{ij}^2$ 称为第 j 个公共因子 F_j 对所有分量 $(X_1, \cdots, X_p)$ 的方差贡献和. 它表示 F_j 对所有分量的总影响: q_j^2 越大, 说明 F_j 对 $\boldsymbol{X}$ 的贡献越大. 把因子载荷矩阵的各列平方和都计算出来, 然后按照相应的贡献排序: $q_1^2 \geqslant \cdots \geqslant q_m^2$, 可以以此找出各个公共因子的相对重要性. 因此, 因子分析的关键是如何估计因子载荷矩阵.

因子空间中表示变量 X_i 和 X_j 的向量 $\boldsymbol{P}_i$ 和 $\boldsymbol{P}_j$ 的夹角余弦为他们的内积

$$\cos(\boldsymbol{P}_i, \boldsymbol{P}_j) = \frac{\boldsymbol{P}_i^{\mathrm{T}}\boldsymbol{P}_j}{||\boldsymbol{P}_i||||\boldsymbol{P}_j||} = \boldsymbol{P}_i^{\mathrm{T}}\boldsymbol{P}_j = \sum_{t=1}^{m} a_{it}a_{jt},$$

它恰好等于变量 X_i 与 X_j 的相关系数.

最常用的因子载荷矩阵的估计方法是主成分分析法. 设随机向量 $\boldsymbol{X} = (X_1, \cdots, X_p)^{\mathrm{T}}$ 的均值为 $\boldsymbol{\mu}$, 协方差矩阵为 $\boldsymbol{\Sigma}$, 其特征根为 $\lambda_1 \geqslant \cdots \geqslant \lambda_q \geqslant 0$, $\boldsymbol{U} = (u_1, \cdots, u_p)^{\mathrm{T}}$ 为对应的标准化特征向量, 则

$$\boldsymbol{\Sigma} = \boldsymbol{U}\mathrm{diag}(\lambda_1, \cdots, \lambda_p)\boldsymbol{U}^{\mathrm{T}} = \lambda_1\boldsymbol{u}_1\boldsymbol{u}_1^{\mathrm{T}} + \cdots + \lambda_p\boldsymbol{u}_p\boldsymbol{u}_p^{\mathrm{T}}.$$

但是我们希望寻求少数几个公共因子来解释, 故略去后面的 $p - m$ 项,

$$\boldsymbol{\Sigma} \approx \lambda_1\boldsymbol{u}_1\boldsymbol{u}_1^{\mathrm{T}} + \cdots + \lambda_m\boldsymbol{u}_m\boldsymbol{u}_m^{\mathrm{T}} + \hat{\boldsymbol{D}} := \hat{\boldsymbol{A}}\hat{\boldsymbol{A}}^{\mathrm{T}} + \hat{\boldsymbol{D}},$$

其中 $\hat{\boldsymbol{D}} = \mathrm{diag}(\hat{\sigma}_1^2, \cdots, \hat{\sigma}_p^2)$, $\hat{\sigma}_i^2 = 1 - \sum_{j=1}^{m} a_{ij}^2, \hat{\boldsymbol{A}} = \sqrt{\lambda_1}\boldsymbol{u}_1 + \cdots + \sqrt{\lambda_m}\boldsymbol{u}_m$.

上式假定, 模型中特殊因子并不重要, 因此在 $\boldsymbol{\Sigma}$ 的分解中忽略了特殊因子的方差. 记 $\boldsymbol{E} = \boldsymbol{\Sigma} - (\hat{\boldsymbol{A}}\hat{\boldsymbol{A}}^{\mathrm{T}} + \hat{\boldsymbol{D}}) := (\hat{\varepsilon}_{ij})_{p\times p}$ 为残差, 则

$$Q(m) = \sum_{i=1}^{p}\sum_{j=1}^{p} \hat{\varepsilon}_{ij}^2$$

为残差平方和, 且有 $Q(m) \leqslant \lambda_{m+1} + \cdots + \lambda_p$.

因子数 m 的选取方法, 一是根据实际问题的意义和专业理论知识来确定, 二是用确定主成分个数的原则来确定. 比如, 选取最小的 m, 使得

$$\frac{\lambda_1 + \cdots + \lambda_m}{\lambda_1 + \cdots + \lambda_p} \geqslant P_0.$$

一般 $P_0 \geqslant 0.7$.

记 $\boldsymbol{R} = \boldsymbol{A}\boldsymbol{A}^{\mathrm{T}} + \boldsymbol{D}$, 称

$$\boldsymbol{R} - \boldsymbol{D} = \boldsymbol{A}\boldsymbol{A}^{\mathrm{T}}$$

为约相关阵. 假设已经得出特殊方差的初始估计 σ_{0i}^2, 可求出相应的共同度

$$h_{0i}^2 = \sigma_{0i}^2.$$

然后, 计算 $\boldsymbol{R}$ 的特征根和单位正交特征向量, 取前 m 个特征根 $\lambda_1 \geqslant \cdots \geqslant \lambda_m \geqslant 0$, 相应的特征向量为 $\boldsymbol{u}_1, \cdots, \boldsymbol{u}_m$. 因子模型的主因子解为

$$\begin{cases} \hat{\boldsymbol{A}} = \sqrt{\lambda_1}\boldsymbol{u}_1 + \cdots + \sqrt{\lambda_m}\boldsymbol{u}_m, \\ \hat{\sigma}_i^2 = 1 - \sum_{j=1}^{m} a_{ij}^2. \end{cases}$$

主因子解可以看作是对主成分方法的一种修正. 但在实际中特殊因子的方差 σ_i^2 是未知的, 所以公共因子的方差即共同度 h_i^2 也是未知的. 因此, 常采用迭代主因子法. 具体步骤如下：初始值通过主成分给出; 利用上述方法计算公共因子载荷矩阵 $\boldsymbol{A}$, 计算特殊因子方差 σ_i^2, 得出主因子解; 继续根据特殊因子方差, 得出约相关阵; 重新利用上面的方法求出公共因子载荷矩阵, 并计算特殊因子方差, 得出主因子解; 然后重复以上过程, 直到解稳定为止.

假定公共因子 $\boldsymbol{F}$ 和特殊因子 $\boldsymbol{\varepsilon}$ 都服从正态分布, 那么可以得到因子载荷和特殊方差的极大似然估计. 由

$$\boldsymbol{\Sigma} = \boldsymbol{A}\boldsymbol{A}^{\mathrm{T}} + \boldsymbol{D},$$

似然函数为

$$L(\boldsymbol{\mu}, \boldsymbol{A}, \boldsymbol{D}) = \prod_{i=1}^{d} \frac{1}{(2\pi)^{p/2}|\boldsymbol{\Sigma}|^{1/2}} \exp\left\{-\frac{1}{2}(\boldsymbol{x}_i - \boldsymbol{\mu})^{\mathrm{T}}\boldsymbol{\Sigma}^{-1}(\boldsymbol{x}_i - \boldsymbol{\mu})\right\}.$$

利用求极值的方法, 可以给出如下估计,

$$\begin{cases} \hat{\boldsymbol{\mu}} = \bar{\boldsymbol{X}}, \\ \boldsymbol{S}\hat{\boldsymbol{D}}^{-1}\hat{\boldsymbol{A}} = \hat{\boldsymbol{A}}(\boldsymbol{I} + \hat{\boldsymbol{A}}^{\mathrm{T}}\hat{\boldsymbol{D}}^{-1}\hat{\boldsymbol{A}}), \\ \hat{\boldsymbol{D}} = \mathrm{diag}(\boldsymbol{S} - \hat{\boldsymbol{A}}\hat{\boldsymbol{A}}^{\mathrm{T}}). \end{cases} \tag{5.1.1}$$

其中 $\boldsymbol{S}$ 是样本协方差矩阵. 根据这一方程组求因子载荷矩阵的估计 $\hat{\boldsymbol{A}}$ 和特殊因子方差的估计 $\hat{\boldsymbol{D}}$. 但是以上方程并不能给出唯一的估计, 因此要加一个唯一性条件,

$$\hat{\boldsymbol{A}}^{\mathrm{T}}\hat{\boldsymbol{D}}^{-1}\hat{\boldsymbol{A}}=\boldsymbol{\Lambda},$$

其中, $\boldsymbol{\Lambda}$ 是一个对角矩阵.

在实际的计算中, 通过方程组迭代来求极大似然估计 $\hat{\boldsymbol{A}}$ 和 $\hat{\boldsymbol{D}}$ 的解, 即选出初始的 $\hat{\boldsymbol{D}}$ 的值, 然后由 (5.1.1) 中的第二个方程给出 $\hat{\boldsymbol{A}}$ 的估计, 再由第三个方程给出 $\hat{\boldsymbol{D}}$ 的估计, 反复地迭代直到解趋于稳定为止.

3. 因子旋转

建立因子分析模型的目的, 不仅仅要找出公共因子以及对变量进行分组, 更重要的在于知道每个公共因子的意义. 如果公共因子含义不清, 就难以进行下一步的分析. 由于因子载荷矩阵不唯一, 所以应该对因子载荷矩阵进行旋转, 使得因子载荷矩阵结构简化, 每列或每行的元素平方值向 0 和 1 两极分化. 主要有三种正交旋转法：四次方最大法、方差最大法和等量最大法.

(1) 四次方最大法, 就是从简化载荷矩阵的行出发, 通过旋转初始因子, 使得每个变量只在一个因子上有较高的载荷, 而在其他因子上的载荷尽可能低. 如果每个变量只在一个因子上有非零的载荷, 那么此时因子解释是最简单的.

四次方最大法的目的是使因子载荷矩阵中每一行因子载荷平方的方差达到最大, 简化的准则为

$$Q=\sum_{i=1}^{p}\sum_{j=1}^{m}\left(b_{ij}-\frac{1}{m}\right)^2.$$

(2) 方差最大法, 就是要找一个正交矩阵 $\boldsymbol{\Gamma}$, 使得 $\boldsymbol{B}=\boldsymbol{A\Gamma}$ 的方差极大. 记 $\boldsymbol{B}=(b_{ij})_{p\times m}$, 则载荷矩阵 $\boldsymbol{B}$ 的方差为

$$V=\frac{1}{p^2}\left[\sum_{j=1}^{m}\left\{p\sum_{i=1}^{p}\frac{b_{ij}^4}{h_i^4}-\left(\sum_{i=1}^{p}\frac{b_{ij}^2}{h_i^2}\right)^2\right\}\right].$$

采用求极值的方法给出 b_{ij} 的值.

(3) 等量最大法, 是把四次方最大法和方差最大法结合起来, 求 Q 和 V 的加权平均最大, 简化准则为

$$E=\sum_{i=1}^{p}\sum_{j=1}^{m}b_{ij}^4-\gamma\sum_{i=1}^{p}\left(\sum_{j=1}^{m}b_{ij}^2\right)^2/p.$$

4. 因子得分

前面讨论了用公共因子的线性组合来表示一组观测变量的问题. 如果要用这些因子做其他研究, 需要对公共因子进行测度, 即给出公共因子的值, 或者是

计算因子得分. 这里介绍计算因子得分的三种方法：加权最小二乘法, 巴特利特 (Bartlett) 得分法和汤普森 (Thompson) 得分法 (又称回归法).

(1) 加权最小二乘法. 如前所述, 公共因子 $\boldsymbol{F}$ 对随机变量 $\boldsymbol{X}$ 满足如下方程

$$\boldsymbol{X}=\boldsymbol{AF}+\boldsymbol{\varepsilon},$$

假设因子载荷矩阵 $\boldsymbol{A}$ 已知, 特殊因子 $\boldsymbol{\varepsilon}$ 的方差 $\mathrm{Var}(\boldsymbol{\varepsilon})=\boldsymbol{D}=\mathrm{diag}(\sigma_1^2,\cdots,\sigma_p^2)$, σ_i^2 已知, 一般不相等. 采用加权最小二乘法去估计公共因子 $\boldsymbol{F}$ 的值. 损失函数为

$$L(F_1,F_2,\cdots,F_m)=(\boldsymbol{X}-\boldsymbol{AF})^{\mathrm{T}}\boldsymbol{D}^{-1}(\boldsymbol{X}-\boldsymbol{AF})=\sum_{i=1}^{m}\frac{\varepsilon_i^2}{\sigma_i^2}.$$

由 $\dfrac{\partial L(F_1,F_2,\cdots,F_m)}{\partial F_i}=0,i=1,\cdots,m$, 得

$$\hat{\boldsymbol{F}}=(\boldsymbol{A}^{\mathrm{T}}\boldsymbol{D}^{-1}\boldsymbol{A})\boldsymbol{A}^{\mathrm{T}}\boldsymbol{D}^{-1}\boldsymbol{X}.$$

(2) 巴特利特得分法. 假设 $\boldsymbol{X}$ 服从正态分布 $N_p(\boldsymbol{AF},\boldsymbol{D})$, $\boldsymbol{X}$ 的对数似然函数为

$$L(\boldsymbol{F})=-\frac{1}{2}(\boldsymbol{X}-\boldsymbol{AF})^{\mathrm{T}}\boldsymbol{D}^{-1}(\boldsymbol{X}-\boldsymbol{AF})-\frac{1}{2}\ln|2\pi\boldsymbol{D}|.$$

把 $\boldsymbol{F}$ 的极大似然估计作为 $\boldsymbol{F}$ 的得分, 即巴特利特得分. 此处的 $\boldsymbol{A}$ 和 $\boldsymbol{D}$ 是未知的, 需要用某种估计代替, 采用主成分分析法, 主因子解法或者极大似然估计都可.

(3) 汤普森得分法. 假设公共因子 $\boldsymbol{F}$ 关于随机变量 $\boldsymbol{X}$ 满足如下的回归方程

$$F_j=b_{j1}X_1+\cdots+b_{jp}X_p+\varepsilon_j,\quad j=1,\cdots,m.$$

由因子载荷矩阵 $\boldsymbol{A}$

$$a_{ij}=E(X_iF_j)=b_{j1}r_{i1}+\cdots+b_{jp}r_{ip},\quad i=1,\cdots,p.$$

其中 $\boldsymbol{R}=(r_{ij})_{p\times p}$ 是 $\boldsymbol{X}$ 的相关系数矩阵. 整理上述方程组得

$$\hat{\boldsymbol{F}}=\boldsymbol{A}^{\mathrm{T}}\boldsymbol{R}^{-1}\boldsymbol{X},$$

由回归法得出的因子得分称为汤普森得分.

将本节内容总结一下. 因子分析可分以下五步:

(1) 选择分析的变量. 用定性分析和定量分析的方法选择变量进行因子分析的前提条件是观测变量间应有较强的相关性, 如果变量之间没有相关性或相关性较小的话, 就不会有共享因子.

(2) 计算原始变量的样本相关系数矩阵, 它可以帮助判断原始变量之间相关关系的大小, 是估计因子结构的基础.

(3) 提取公共因子. 确定因子求解的方法和因子的个数. 需要根据研究者的经验或知识事先确定因子个数. 通常是依因子方差的大小来定. 只取方差大于 1 的那些因子, 可以根据因子方差的累积贡献率来确定, 一般来说要求达到 60%.

(4) 因子旋转. 通过坐标变换使每个原始变量在尽可能少的因子之间有密切的关系. 这样因子解的实际意义更容易解释, 并为每个潜在因子赋予有实际意义的名字.

(5) 计算因子得分. 求出各样本的因子得分. 因子得分值可以在许多分析中使用.

因子分析是相当主观的, 其中的因子常是一个比较抽象的概念. 应用因子分析的条件相较主成分分析更为苛刻, 在使用时要加以注意.

5.2 正则化方法

5.2.1 多项式拟合

考虑一个对函数 $\sin(2\pi x)$ 进行多项式的回归拟合的问题. 首先, 模拟生成围绕函数 $y=\sin(2\pi x)$ 上下波动的数据点, 数据点的生成规则为 $y_i=\sin(2\pi x_i)+\epsilon_i$, 其中 ϵ_i 服从正态分布. 然后, 我们基于这些数据点对原函数进行多项式拟合, M 阶多项式的数学表达式为 $f(x,\theta)=\sum\limits_{j=0}^{M}\theta_j x^j$. 最后, 我们对拟合效果进行分析, 即通过残差平方和 $\sum\limits_{i=1}^{n}(y_i-f(x_i,\theta))^2$ 来衡量不同阶数多项式拟合效果的优劣. 图 5.5 中曲线表示函数 $y=\sin(2\pi x)$, 圈点表示随机生成的十个数据点 y_i; 图 5.6 表示残差值.

多项式模型的拟合效果取决于两个参数, 多项式的阶数和多项式的系数. 为了选取好的拟合模型, 不妨先固定多项式的阶数, 选取最优的多项式系数, 然后比较不同阶数多项式的拟合效果. 在阶数固定的基础上, 最优系数的选取一般可采用最小二乘法, 其核心是找到一组参数使得残差平方和最小. 这里从统计回归模型的角度并结合机器学习的思想来阐述最小二乘法, 也就是残差平方和作为代价函数的适用性.

$\boldsymbol{x}^{(i)}$ 为输入特征 (input features), $\boldsymbol{y}^{(i)}$ 为输出目标变量 (output target), $(\boldsymbol{x}^{(i)},\boldsymbol{y}^{(i)})$, $i=1,\cdots,m$, 为训练集. 如在住房价格预测的问题中, $\boldsymbol{x}^{(i)}$ 就是由

住房面积、人口密度等一系列特征组成的特征向量, $\boldsymbol{y}^{(i)}$ 就是住房价格. 考虑一个最简单的线型回归模型

$$\boldsymbol{y}^{(i)} = \boldsymbol{\theta}^{\mathrm{T}} \boldsymbol{x}^{(i)} + \boldsymbol{\epsilon}^{(i)},$$

这里 $\boldsymbol{\epsilon}^{(i)}$ 是随机误差, 主要包含两方面的影响因素, 一是模型中未考虑的因素, 但是该因素实际上的确对预测的目标产生了影响, 例如房价预测问题中的交通便利程度, 而在数据收集中人力、财力资源有限, 不可能将所有影响因素纳入模型中; 二是随机干扰项, 例如房价预测问题中, 买房人买房当天的心情等因素也潜在地影响着房价, 而这种无规律的随机干扰也是通过 $\boldsymbol{\epsilon}^{(i)}$ 这一随机误差项来体现的.

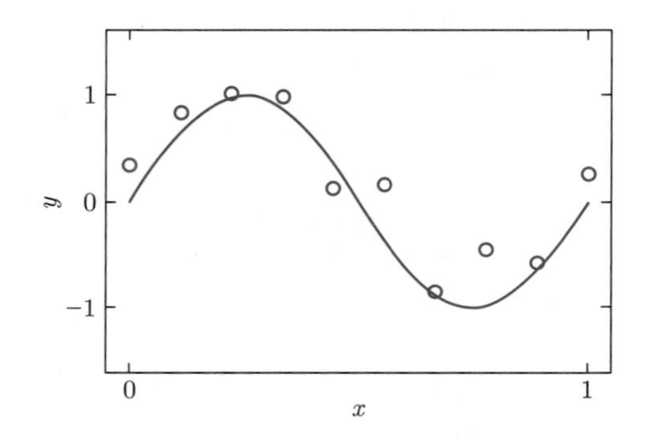

图 5.5 模拟数据

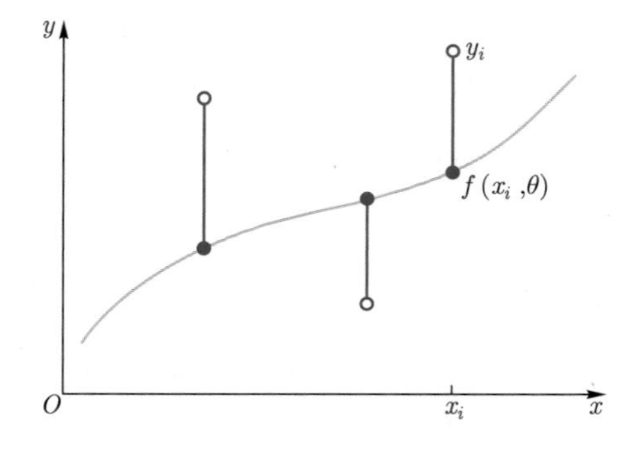

图 5.6 残差

不妨假设随机误差服从 $N(0, \sigma^2)$. 这里有两方面的考虑, 一是现实中对预测目标影响来自方方面面, 各种因素的影响都很微小, 可近似看成独立的, 根据中心极限定理, 这些因素产生的综合影响可近似地看成正态分布, 而由此做出的结果经检验也符合实际情况; 二是出于计算方面的考虑, 正态分布大大简化了我们的计算过程. 基于这一假设, 随机误差在 $\boldsymbol{\epsilon}_i$ 的密度函数为

$$p(\boldsymbol{\epsilon}^{(i)}) = \frac{1}{\sqrt{2\pi}\sigma} \exp\left\{ -\frac{(\boldsymbol{\epsilon}^{(i)})^2}{2\sigma^2} \right\}.$$

这等价于

$$p(\boldsymbol{y}^{(i)}|\boldsymbol{x}^{(i)};\boldsymbol{\theta})=\frac{1}{\sqrt{2\pi}\sigma}\exp\left\{-\frac{(\boldsymbol{y}^{(i)}-\boldsymbol{\theta}^{\mathrm{T}}\boldsymbol{x}^{(i)})^2}{2\sigma^2}\right\}.$$

下面我们用极大似然估计来处理, 对似然函数

$$L(\boldsymbol{\theta})=\prod_{i=1}^{m}p(\boldsymbol{y}^{(i)}|\boldsymbol{x}^{(i)};\boldsymbol{\theta})$$

取对数得

$$\begin{aligned}\ell(\boldsymbol{\theta})&=\ln L(\boldsymbol{\theta})\\&=\sum_{i=1}^{m}\ln\left[\frac{1}{\sqrt{2\pi}\sigma}\exp\left\{-\frac{(\boldsymbol{y}^{(i)}-\boldsymbol{\theta}^{\mathrm{T}}\boldsymbol{x}^{(i)})^2}{2\sigma^2}\right\}\right]\\&=m\ln\frac{1}{\sqrt{2\pi}\sigma}-\frac{1}{\sigma^2}\cdot\frac{1}{2}\sum_{i=1}^{m}(\boldsymbol{y}^{(i)}-\boldsymbol{\theta}^{\mathrm{T}}\boldsymbol{x}^{(i)})^2.\end{aligned}$$

极大化对数似然函数等价于最小化残差平方和

$$J(\boldsymbol{\theta})=\frac{1}{2}\sum_{i=1}^{m}(\boldsymbol{y}^{(i)}-\boldsymbol{\theta}^{\mathrm{T}}\boldsymbol{x}^{(i)})^2.$$

它对应于最小二乘法中选取的目标函数残差平方和. 在绝大多数的实际问题中, 由于误差符合正态分布, 最小二乘法等价于极大似然估计, 因此在参数的选取上能取得不错的效果. 但这并不是说, 只有在误差服从正态分布时, 才能采用最小二乘法. 只是说某些情况下, 最小二乘法与极大似然估计的结果并不相同. 最后找到 $\hat{\boldsymbol{\theta}}$ 使得 $J(\boldsymbol{\theta})$ 取最小值, 经过简单的数学推导有

$$\hat{\boldsymbol{\theta}}=(\boldsymbol{X}^{\mathrm{T}}\boldsymbol{X})^{-1}\boldsymbol{X}^{\mathrm{T}}\boldsymbol{Y},$$

其中 $\boldsymbol{X}$ 和 $\boldsymbol{Y}$ 分别为特征矩阵和响应向量.

对于不同阶数的多项式, 我们可以把残差平方和作为代价函数, 用最小二乘法计算系数, 从而得到不同阶数下的最优拟合模型. 不同阶数的多项式拟合如图 5.7 所示.

5.2.2 过拟合和欠拟合

从图 5.7 中可以看出当多项式的阶数为 0, 1 时, 该多项式的拟合不足以刻画模型的潜在规律, 预测效果差, 呈现一种欠拟合的状态. 当多项式的阶数为 9 时, 尽管拟合曲线完美地通过了所有数据点, 但是模型波动太大, 输入变量的微小变化就能引起目标变量的很大改变. 从训练集和验证集的角度来看, 阶数为

9 的多项式拟合在训练样本上有很不错的效果, 但是在验证样本上预测效果很差, 称为过拟合. 这是由于模型太过复杂, 采取的特征维数过高, 导致模型过多地去刻画随机误差的影响而不是揭露潜在规律. 过拟合极易出现在样本数据少而参数数目多的情况下.

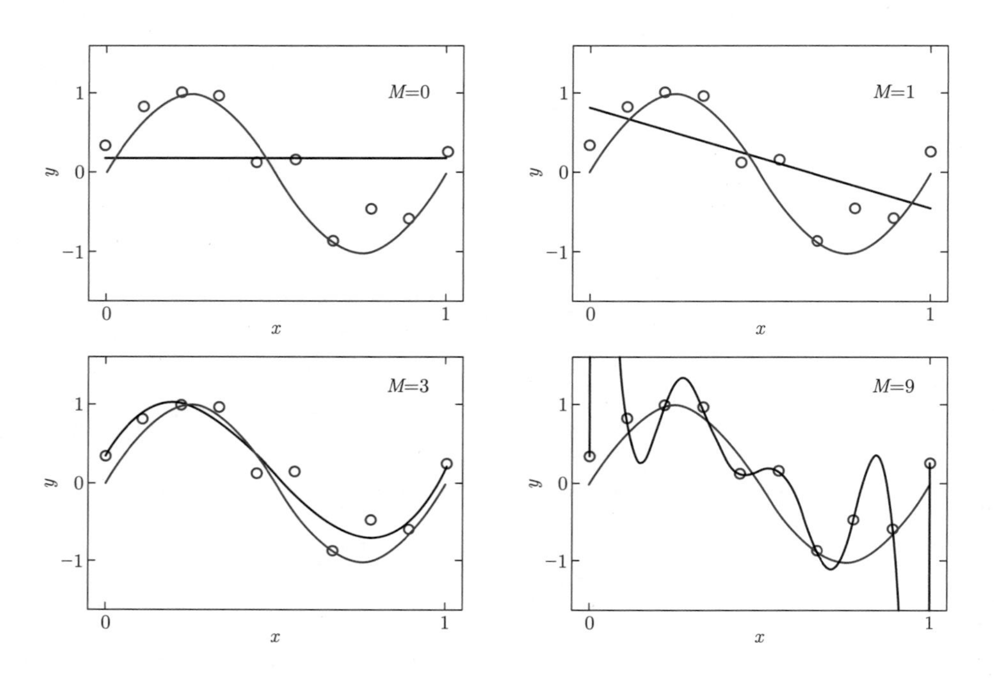

图 5.7
多项式拟合

下面通过生成验证数据集来更具体地表述拟合效果. 采用与之前生成 10 个样本数据相同的方法重新生成一批验证数据点 ($n = 100$), 计算均方根

$$E_{\mathrm{RMS}} = \sqrt{\frac{1}{n}\sum_{i=1}^{n}(y_i - f(x_i))^2},$$

以此来反映模型的拟合效果. 以模型阶数为横坐标, 均方根为纵坐标绘制图 5.8, 模型参数如表 5.1 所示.

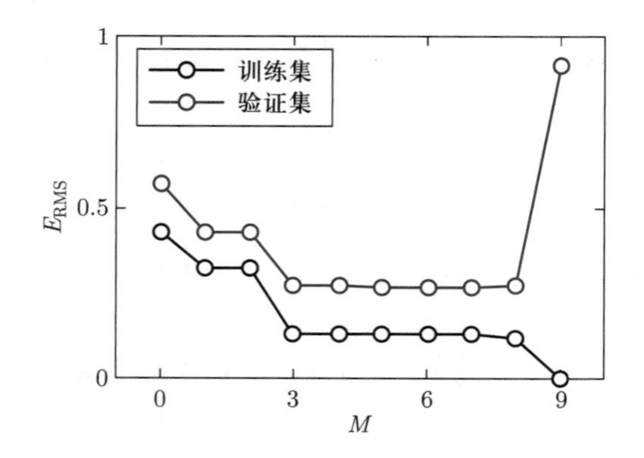

图 5.8
模型复杂度

	$M=0$	$M=1$	$M=3$	$M=9$
ω_0^*	0.19	0.82	0.31	0.35
ω_1^*		−1.27	7.99	232.37
ω_2^*			−25.43	−5321.83
ω_3^*			17.37	48568.31
ω_4^*				−231639.30
ω_5^*				640042.26
ω_6^*				−1061800.52
ω_7^*				1042400.18
ω_8^*				−557682.99
ω_9^*				125201.43

表 5.1
多项式系数

从中可以看出多项式的阶数增加, 模型复杂度增加. 当 $M \leqslant 2$ 时, 无论在训练集还是验证集上, 模型的均方根都很大, 不能很好地刻画模型, 对应欠拟合状态; 当 $2 < M \leqslant 8$ 时, 在训练集和验证集上, 模型的均方根均较小, 其中验证集上的均方根要大于训练集; 而当 $M = 9$ 时, 训练集上的均方根接近于零, 而验证集上的均方根急剧增大, 这是模型泛化性差的体现, 不能很好地预测未知数据, 对应为过拟合状态.

当 $M = 9$ 时模型的系数绝对值非常大, 这意味着输入特征变量的微小波动就会导致目标变量的巨大波动, 所以模型很不稳定, 可泛化性差. 一个自然的想法就是从模型系数的角度去控制模型的波动, 提高模型的可泛化性.

5.2.3 L_2 正则, 岭回归

基于上述模型, 依然采用残差平方和作为代价函数. 为了控制模型的波动程度, 加上对系数的限制条件:

$$\boldsymbol{\theta}^* = \arg\min_{\boldsymbol{\theta}} \sum_{i=1}^{m} (\boldsymbol{y}^{(i)} - \boldsymbol{\theta}^{\mathrm{T}} \boldsymbol{x}^{(i)})^2, \ \sum_{j=1}^{p} \theta_j^2 \leqslant t.$$

这就是岭回归 (ridge regression) 模型. 它是一种专门用于共线性数据分析的有偏估计回归方法, 是改良的最小二乘法. 通过放弃最小二乘法的无偏性, 以损失部分信息、降低精度为代价获得回归系数更为符合实际、更可靠的估计. 它对病态数据的拟合要强于最小二乘法.

通过拉格朗日乘子法, 上式等价于

$$\boldsymbol{\theta}^* = \arg\min_{\boldsymbol{\theta}} \sum_{i=1}^{m} (\boldsymbol{y}^{(i)} - \boldsymbol{\theta}^{\mathrm{T}} \boldsymbol{x}^{(i)})^2 + \lambda \sum_{j=1}^{p} \theta_j^2,$$

其中 $\lambda \sum_{j=1}^{p} \theta_j^2$ 是 L_2 正则项, 又称为 L_2 惩罚项. 这一项是对系数特别是大系数

的惩罚. 这种约束系数的正则方法便是 L_2 正则. 求解得

$$\boldsymbol{\theta}^* = (\boldsymbol{X}^{\mathrm{T}}\boldsymbol{X} + \lambda \boldsymbol{I})^{-1}\boldsymbol{X}^{\mathrm{T}}\boldsymbol{Y},$$

这正是岭回归的表达式. 所以 L_2 正则本质上就是对模型系数的平方和进行约束, 削弱模型的波动程度, 提高模型的泛化能力, 这种正则方法等价于岭回归.

在对九阶多项式拟合数据时引入 L_2 正则. 可以从图 5.9 看出, 当 $\ln\lambda = -18$ 时, 模型的拟合程度有了很大的改善, 而当 $\ln\lambda = 0$ 时, 则呈现过度的正则化, 加入的惩罚项过大, 使得曲线过于平缓, 系数过于小.

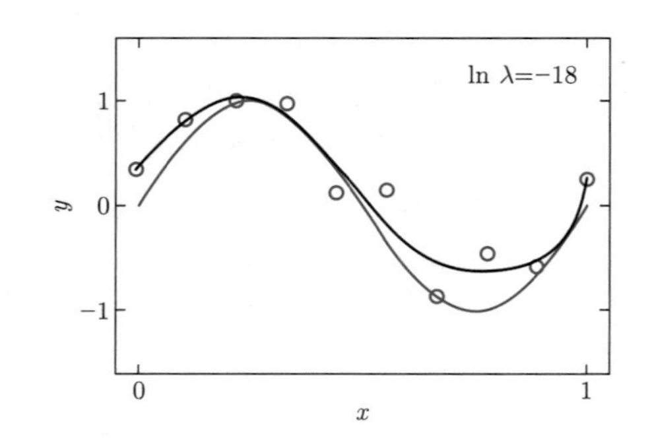

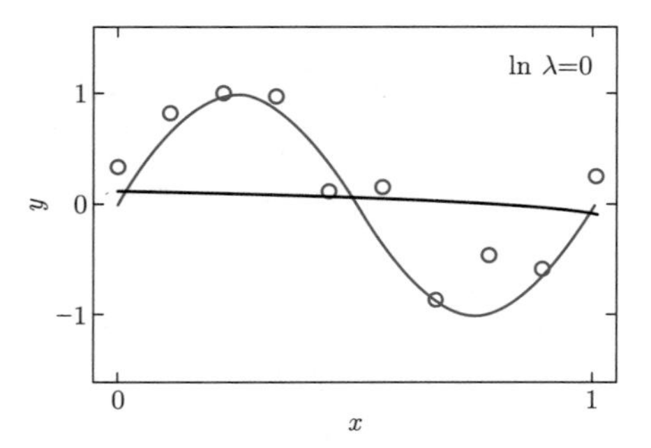

图 5.9
L_2 正则

5.2.4 L_1 正则, Lasso

基于上述模型, 依然采用残差平方和作为代价函数, 只是对模型系数的限制改为 L_1 正则:

$$\boldsymbol{\theta}^* = \arg\min_{\boldsymbol{\theta}} \sum_{i=1}^{m} (\boldsymbol{y}^{(i)} - \boldsymbol{\theta}^{\mathrm{T}}\boldsymbol{x}^{(i)})^2, \ \sum_{j=1}^{p} |\theta_j| \leqslant t.$$

这就是 Lasso (least absolute shrinkage and selection operator)(参见文献 [112]). 它通过在残差平方和最小化的目标函数中添加 L_1 正则项, 使得某些系数变为零, 从而剔除一些变量, 达到数据压缩的目的. 把 Lasso 用于回归中, 在参数估计的同时, 能较好解决回归中的多重共线性问题.

通过拉格朗日乘子法, 上式等价于

$$\boldsymbol{\theta}^* = \arg\min_{\boldsymbol{\theta}} \sum_{i=1}^{m} (\boldsymbol{y}^{(i)} - \boldsymbol{\theta}^{\mathrm{T}}\boldsymbol{x}^{(i)})^2 + \lambda \sum_{j=1}^{p} |\theta_j|.$$

其中 $\lambda \sum\limits_{j=1}^{p} |\theta_j|$ 是 L_1 正则项, 又称为 L_1 惩罚项.

L_1 正则化最大的特点是稀疏性, 使得接近于零的系数都取零. 如图 5.10 所示, 考虑两个维度的系数, 圆心是最优解 $\hat{\beta}$, 椭圆是目标函数的等高线, 阴影区域是对系数的限制条件, 左边的圆表示 L_2 正则, 右边的正方形表示 L_1 正则. 当目标函数分别与两者接触时, 右边的图极易接触到顶点, 图中的情况即为接触到上顶点, 使得 β_1 的值为零, 产生稀疏性, 左边的图在绝大部分情况下都会保留系数值, 尽管可能很接近于零. 而正是因为 L_1 正则的稀疏性, 使得它常用于特征的提取, 除去不必要的特征, 剩余的少部分特征则更容易对目标进行解释, 便于数据的存储和计算. 在机器学习、神经网络等领域有了越来越重要的作用. 而 L_2 正则由于其可导性, 便于计算, 常用于目标函数的规范, 使用也很普遍.

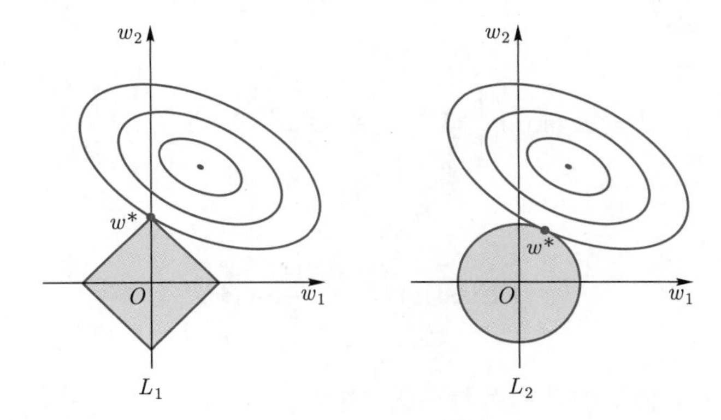

图 5.10 正则化示意图

5.2.5 Elastic Net 回归

下面介绍 Elastic Net 回归方法 (参见文献 [130]), 它可以看做是 Lasso 回归和岭回归的组合, 其本质是一个严格的凸优化问题.

对于固定非负数 λ, Lasso 方法定义为

$$\hat{\boldsymbol{\beta}}(\text{Lasso}) = \arg\min_{\boldsymbol{\beta}}\{\|\boldsymbol{Y} - \boldsymbol{X}^{\mathrm{T}}\boldsymbol{\beta}\|_2^2 + \lambda\|\boldsymbol{\beta}\|_1\}.$$

对于岭参数 λ, 岭回归可以表示为

$$\hat{\boldsymbol{\beta}}(\text{Ridge}) = \arg\min_{\boldsymbol{\beta}}\{\|\boldsymbol{Y} - \boldsymbol{X}^{\mathrm{T}}\boldsymbol{\beta}\|_2^2 + \lambda\|\boldsymbol{\beta}\|_2^2\}.$$

Elastic Net 则定义为:

$$\hat{\boldsymbol{\beta}}(\text{Elastic}) = \arg\min_{\boldsymbol{\beta}}\{\|\boldsymbol{Y} - \boldsymbol{X}^{\mathrm{T}}\boldsymbol{\beta}\|_2^2 + \lambda_2\|\boldsymbol{\beta}\|_2^2 \ + \lambda_1\|\boldsymbol{\beta}\|_1\}.$$

Elastic Net 继承了岭回归的稳定性, 同时可以解决因为 Lasso 至多只能将等于样本量个数的变量选入模型, 而导致的模型过于稀疏的问题.

Elastic Net 回归可以通过变换表达成类似于 Lasso 方法的解的形式, 再利用后面提出的 Lars 算法 [49] 得到解. 对给定的数据 $(\boldsymbol{X}, \boldsymbol{Y})$ 和固定的参数

(λ_1, λ_2), 定义一个新的数据集 $(\boldsymbol{X}^*, \boldsymbol{Y}^*)$, 满足:

$$\boldsymbol{X}^*_{(n+p)p} = (1+\lambda_2)\begin{pmatrix} \boldsymbol{X} \\ \sqrt{\lambda_2}\boldsymbol{I} \end{pmatrix},$$

$$\boldsymbol{Y}^*_{n+p} = \begin{pmatrix} \boldsymbol{Y} \\ \boldsymbol{O} \end{pmatrix}.$$

令 $\gamma = \lambda_1/\sqrt{1+\lambda_2}$, $\boldsymbol{\beta}^* = \sqrt{1+\lambda_2}\boldsymbol{\beta}$, 则 Elastic Net 方法的解等价于以下 Lasso 方法的解:

$$\hat{\boldsymbol{\beta}} = \arg\min_{\boldsymbol{\beta}^*} \left\{ \|\boldsymbol{Y}^* - \boldsymbol{X}^*\boldsymbol{\beta}^*\|^2 + \gamma \sum_{j=1}^{p} |\beta_j^*| \right\}.$$

因此,

$$\hat{\boldsymbol{\beta}}(\text{Elastic}) = \frac{1}{\sqrt{1+\lambda_2}}\hat{\boldsymbol{\beta}}^*.$$

Elastic Net 估计的几何解释: 在二维情形下, 取 $\alpha = \dfrac{\lambda_2}{\lambda_1+\lambda_2}$, 则 Elastic Net 方法的惩罚项可以写成以下形式:

$$J(\boldsymbol{\beta}) = \alpha\|\boldsymbol{\beta}\|_2 + (1-\alpha)\|\boldsymbol{\beta}\|_1.$$

其数学规划表达式为

$$\min_{\boldsymbol{\beta}} \|\boldsymbol{y} - \boldsymbol{X}\boldsymbol{\beta}\|^2, \quad 使得 J(\boldsymbol{\beta}) \leqslant t.$$

其几何表示如图 5.11 所示:

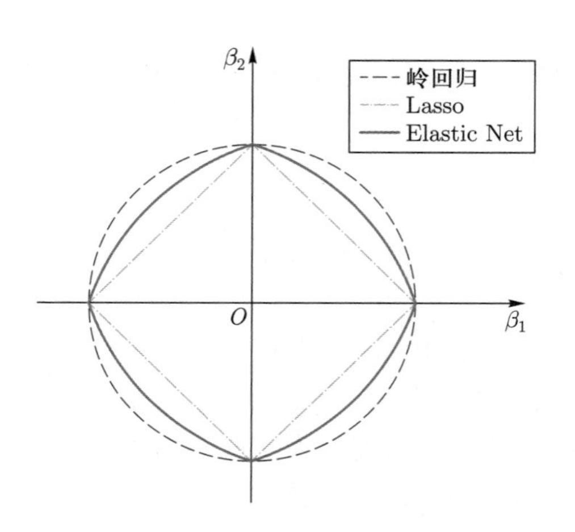

图 5.11
Lasso, 岭回归和 Elastic Net 几何表示

图 5.11 中, Elastic Net 的图形为介于正方形与圆形中间的曲线, 表现出了两种特征：一是在顶点处是唯一的, 二是严格凸边缘. Lasso 的可行域是线性的, 导致最优点往往落在顶点上 (结果并不一定).

下面介绍 Lars(least angle regression) 算法. 在已经入选的变量中, 寻找一个新的路径, 使得在这个路径上前进时, 当前残差与已入选变量的相关系数都是相同的. 直到找出新的与当前残差相关系数最大的变量. 从几何上来看, 当前残差在那些已选入回归集的变量所构成的空间中的投影, 是这些变量的角平分线.

如图 5.12 所示, Lars 算法的主要步骤为

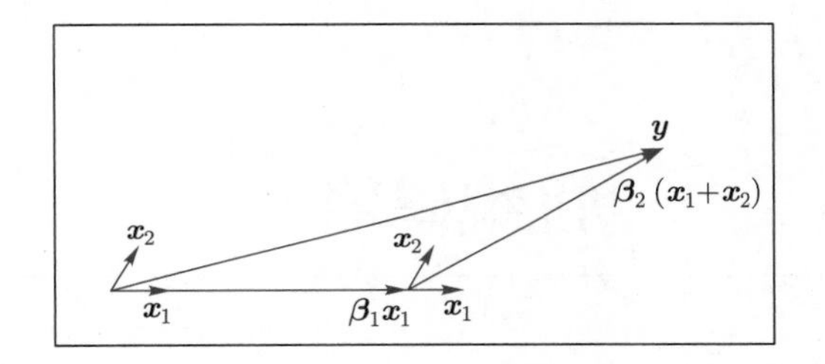

图 5.12
Lars 算法

(1) 初始的估计模型为 $\boldsymbol{O}$, 当前的残差就是 $\boldsymbol{Y}$, 找出 $\boldsymbol{X}^{\mathrm{T}}\boldsymbol{Y}$ 中绝对值最大的那个对应的变量, 记为 $\boldsymbol{X}_1$, 把它加入回归模型. 这一步中 $\boldsymbol{X}^{\mathrm{T}}\boldsymbol{Y}$ 是当前残差和所有变量的相关系数向量. (注意这里 $\boldsymbol{X}$ 中心化标准化了).

(2) 在已选的变量的解路径上前进, 解路径就是 $s_1\boldsymbol{X}_1$, s_1 是 $\boldsymbol{X}_1$ 与当前残差的相关系数的符号. 在这个路径上前进, 直到另外一个变量出现, 使得 $\boldsymbol{X}_1$ 与当前残差的相关系数与它和当前残差的相关系数相同. 记这个变量为 $\boldsymbol{X}_2$, 把它加入回归模型中.

(3) 找到新的解路径. 埃弗龙 (Efron) 提出了一种找出满足 Lars 条件的解路径的解法. 解路径需要使得已选入模型变量和当前残差的相关系数均相等. 因此这样的路径选择的方向很显然就是 $\boldsymbol{X}_k(\boldsymbol{X}_k^{\mathrm{T}}\boldsymbol{X}_k)^{-1}$ 的指向 (因为 $\boldsymbol{X}_k^{\mathrm{T}}(\boldsymbol{X}_k(\boldsymbol{X}_k^{\mathrm{T}}\boldsymbol{X}_k)^{-1})$ 的元素都相同, 保证了 Lars 的要求, 当然这里或许会有一些其他的解, 也能满足 Lars 的要求). 只要再标准化这个向量, 我们便找到了解路径的方向. 在这个方向上前进, 直到下一个满足与当前残差相关系数绝对值最大的变量出现. 如此继续.

Lars 算法保证了当所有入选回归模型的变量在解路径上前进的时候, 与当前残差的相关系数都是一样的. 这一点, 比起前向梯度算法走得更快一些.

Lars 算法已经在 SAS 和 R 中实现了. 作为回归模型选择的一种重要的算法, Lars 比起前向选择算法和前向梯度算法, 既不那么激进, 又相对便捷. Lars 算法在 Lasso 估计的求解中也有非常好的应用.

5.2.6 缩减参数的选取

缩减参数 λ 在正则化处理中至关重要, 它控制着模型系数的大小, 决定着惩罚力度的大小, 也调节着方差和偏差的平衡点, 决定了一个模型的成功与否. 在神经网络中, 缩减参数又被称为权重衰减系数, 直接决定了该网络的好坏. 而优化一个神经网络的绝大部分时间都在于调节这个参数. 当参数 λ 较小时, 对系数的惩罚就较小, 系数倾向于更大. 当参数 λ 归为零时, 对系数就没有任何的惩罚, 退化为最小二乘回归.

一般有两种方法选取 λ, 一是岭迹图, 岭回归 (L_2 正则) 经常采用, 这里不做进一步的介绍; 二是交叉验证, 由于它的实践性和准确性, 在现实中更普遍地被采用.

5.3 自编码器

自编码器 (参见文献 [68]) 是一种相当基本的机器学习模型, 它属于神经网络系列, 但也与主成分分析密切相关.

5.3.1 基本原理

关于自编码器的一些事实:

(1) 这是一种无监督的学习算法 (如主成分分析);

(2) 它最大限度地减少了与主成分分析相同的目标函数;

(3) 它是一个神经网络;

(4) 神经网络的目标输出是它的输入.

(4) 是关键, 也就是输入的维数与输出的维数相同, 基本上我们想要的是 $x' = x$. 这是自编码器的架构, 如图 5.13 所示:

在介绍主成分分析的时候我们已经知道, 主成分分析的解使得重建误差最小. 对于自编码器来说, 为了获得隐藏层的值, 我们将输入 x 乘以隐藏的权重 W 然后用非线性函数 f 作用得到码字 (coding): $Z = f(Wx)$. 为了获得输出值, 我们将输出权重 V 乘以隐藏层值 z, $y = g(Vz)$. f 和 g 的选择取决于使用者, 我们只需提供它们的导数, 代入反向传播算法. 如果我们令 f 和 g 都是恒等函数, 则有: $y = g(Vf(Wx)) = VWx$, 这时的目标函数为:

$$C = \sum_{i=1}^{n} |x(i) - VWx(i)|^2,$$

与主成分分析相同!

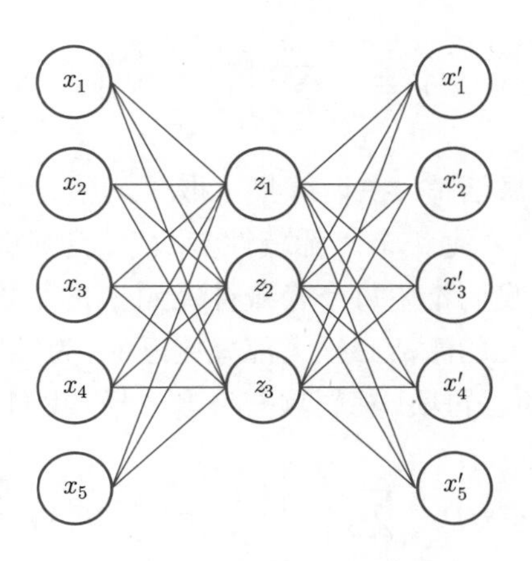

图 5.13
自编码器的结构

如果自编码器与主成分分析类似, 那么为什么我们需要自编码器呢? 原因是自编码器比主成分分析灵活得多. 回想一下, 神经网络中有一个激活函数——它可以是“ReLU”(又名整流器), “tanh”(双曲正切) 或“sigmoid”. 在编码中引入了非线性函数可以使神经网络更好地近似和优化, 而主成分分析只能表示线性变换. 另外使用神经网络模型还可以叠加多层自编码器以形成深层网络.

自编码器试图学习函数 $h_{W,b(x)} \approx x$. 换句话说, 它试图学习恒等函数的近似值, 以便输出与 x 近似的 $\hat{x}$. 恒等函数似乎是一个不值得学习的无聊函数, 但是通过在神经网络上设置一些约束, 例如通过限制隐藏单元的数量, 我们可以发现数据的有趣结构. 举一个具体的例子, 假设输入 x 是 10×10 的灰度值图像 (100 像素), 维度 $p = 100$. 假设隐藏层 L_2 中的隐藏单元个数 $s_2 = 50$. 由于只有 50 个隐藏单元, 因此网络被迫学习输入的“压缩”表示. 即仅给出隐藏单位激活的向量 $a^{(2)} \in \Re^{50}$, 它必须尝试“重建”100 像素输入 x. 如果输入是完全随机的, 比如每个 x_i 来自独立相同的正态分布, 这个压缩任务将非常困难. 但是, 如果数据中存在某些结构, 例如, 某些输入要素是相关的, 那么该算法将能够发现其中一些相关性. 实际上, 这种简单的自动编码器通常最终会学习与主成分分析非常相似的低维表示.

上面的论点依赖于隐藏单位 s_2 的数量大小. 但即使隐藏单元的数量很大 (甚至可能大于输入像素的数量), 我们仍然可以通过在网络上施加其他约束来发现想要的结构. 特别是, 如果我们对隐藏单元施加“稀疏性”约束, 那么即使隐藏单元的数量很大, 自编码器仍将在数据中发现想要的结构.

具体地说, 如果输出值接近 1, 那么认为神经元是“活动的”(或“触发的”); 如果输出值接近 0, 那么认为是“非活动的”. 我们想约束神经元大部分时间都处于非活动状态. 这里假设使用 sigmoid 激活函数. 如果使用 tanh 激活函数, 那么神经元在输出接近 -1 的值时处于非活动状态.

用 $a_j^{(2)}(x)$ 表示当网络被赋予特定输入 x 时该隐藏单元的激活函数. 令

$$\hat{\rho}_j = \frac{1}{m}\sum_{i=1}^{m}\left[a_j^{(2)}(x^{(i)})\right]$$

为隐藏单位 j 的平均激活值 (在训练集上取平均值). 我们希望 (近似) 强制执行约束 $\hat{\rho}=\rho$. 这里 ρ 是一个"稀疏性参数", 通常是接近零的小值 (比如 $\rho=0.05$). 换句话说, 我们希望每个隐藏神经元 j 的平均激活值接近 0.05. 为了满足此约束, 隐藏单元的激活必须大部分接近 0. 为实现这一目标, 我们将优化目标添加一个额外的惩罚项. 惩罚项有许多选择, 我们选择 KL-散度:

$$\sum_{j=1}^{s_2}\mathrm{KL}(\rho\|\hat{\rho}_j) := \sum_{j=1}^{s_2}\left\{\rho\ln\frac{\rho}{\hat{\rho}_j} + (1-\rho)\ln\frac{1-\rho}{1-\hat{\rho}_j}\right\},$$

这里 s_2 是隐藏层中的神经元数量, 对网络中隐藏单位 j 求和. KL-散度是用于测量两种不同分布的标准函数. 若 $\hat{\rho}_j=\rho$, 则有 $\mathrm{KL}(\rho\|\hat{\rho}_j)=0$, 否则当 $\hat{\rho}_j$ 偏离 ρ 时它单调递增.

现在的整体成本函数为

$$J_{\text{sparse}}(W,b) = J(W,b) + \beta\sum_{j=1}^{s_2}\mathrm{KL}(\rho\|\hat{\rho}_j),$$

其中 $J(W,b)$ 是自编码器神经网络, β 是控制稀疏性的惩罚权重. $\hat{\rho}_j$ 取决于 W,b, 它是隐藏单元 j 的平均激活值. 隐藏单元的激活取决于参数 W,b, 所以平均激活值取决于 W,b.

5.3.2 可视化自编码器

在训练了 (稀疏) 自编码器之后, 可视化可以帮助理解它学到了什么. 考虑在 10×10 的图像上训练自动编码器的情况, 这时 $n=100$. 每个隐藏的单元 i 计算输入的函数为

$$a_i^{(2)} = f\left(\sum_{j=1}^{100} W_{ij}^{(1)}x_j + b_i^{(1)}\right).$$

它取决于参数 $W_{ij}^{(1)}$. 特别的, 我们可以认为 $a_i^{(2)}$ 是输入 $\boldsymbol{x}$ 的一些非线性特征. 这里我们必须对 $\boldsymbol{x}$ 施加一些限制. 如果假设输入是由 $\|\boldsymbol{x}\|^2=\sum\limits_{i=1}^{100}x_i^2\leqslant 1$ 范数约束的, 可以证明令像素 x_j 满足

$$x_j = \frac{W_{ij}^{(1)}}{\sqrt{\sum\limits_{i=1}^{100}(W_{ij}^{(1)})^2}},\ j=1,\cdots,100,$$

可以最大限度地激活隐藏单位 i 的输入. 通过显示由这些像素强度值形成的图像, 我们可以了解隐藏单元 i 在寻找什么样的特征. 如果有一个带有 100 个隐藏单元的自编码器, 那么可视化将有 100 个这样的图像, 每个隐藏单元一个. 通过检查这 100 个图像, 我们可以尝试了解隐藏单元的整体是在学习什么.

当我们为稀疏自编码器 (在 10×10 输入像素上使用 100 个隐藏单元训练) 执行此操作时, 得到图 5.14 给出的结果:

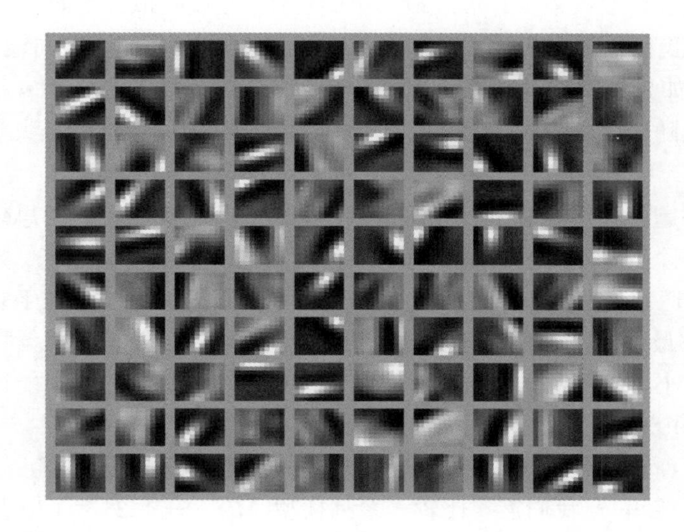

图 5.14 自编码器找到的特征

上图中的每个方块显示 (范数有界) 输入图像 $\boldsymbol{x}$ 最大限度地激活 100 个隐藏单位中的一个. 我们看到不同的隐藏单元已经学会了通过找出图像中不同位置和方向来检测图像的边缘. 毫无疑问, 这些特征也可以用于诸如对象识别和其他视觉任务之类的任务. 当应用于其他输入领域 (例如音频) 时, 此算法也会学习这些领域的有用表示或功能.

5.4 贝叶斯方法在变量选择中的应用

5.4.1 贝叶斯模型选择

机器学习中将数据集分成训练集、验证集和测试集来做模型选择和模型评价: 首先根据已知的训练集和验证集在特定模型空间中进行模型选择, 获取合适的模型; 然后在多种模型空间中做模型选择获取多种模型; 最后的最优模型需要通过多个独立未知的测试集来做模型评价, 否则容易导致模型过拟合.

模型选择阶段, 标准的方法是在训练集上训练获取模型, 然后在验证集上获取预测误差, 该误差也被称作“样本外 (extra-sample) 误差”, 可反映模型的样本外的预测能力. 最后选择最小预测误差所对应的模型作为最佳模型. 模型表现的好坏, 是一种较为主观的表达, 通常根据特定的情景以及不同的模型类型做比较选择.

一个好的模型主要有两种评判标准: 拟合程度以及稀疏度. 模型的拟合程度体现在选择的模型拟合数据的能力, 这是建立模型的目标. 而稀疏度 (或说复杂度) 同样重要. 根据奥卡姆剃刀理论, 当有多个选择都能解释事物时, 我们选择假设最少、参数最少、形式最简单的解释. 假设要拟合平面上 n 个数据点 (n 很大), 我们知道用 $n-1$ 次多项式必能使数据点全部经过曲线, 但这无疑过于复杂, 如果能用线性关系近似表示, 我们会选择后者. 一个 $n-1$ 阶多项式在平面上随机生成 n 个点能构成一条直线的概率很小, 这就是贝叶斯奥卡姆剃刀.

回归问题中模型选择的一个很经典方法是逐步回归法, 它的思想是将回归中的变量一个一个引入, 然后对每一步的回归方程做显著性检验, 判定是否选入该变量. 通常又分为向前法和向后法. 逐步回归的最大缺陷在于它所得到的结果是局部最优的, 是根据初选的变量而变的, 同时在处理大数据集时得到的 p 值通常很小, 显著性检验也不是精确的. 而贝叶斯变量选择就能很好处理高维变量问题. 先来介绍贝叶斯模型选择的基本思想.

用贝叶斯方法进行模型选择, 是将每个模型本身的不确定性包含在概率里. 假设给定训练集 y, 我们需要比较一系列模型 $M_i,\ i=1,2,\cdots,L$. 贝叶斯方法将这些要比较的模型赋予不确定性, 用先验概率描述这种不确定性的已知信息.

由贝叶斯公式给出在训练集 y 下模型 M_i 的后验概率：

$$p(M_i|y)\propto p(y|M_i)p(M_i),$$

其中 $p(M_i)$ 称为模型的先验概率, $p(y|M_i)$ 称为边际似然, 也称为模型证据, $p(M_i|y)$ 称为模型的后验概率.

给定训练集 y 后比较模型 M_1 与 M_2, 两者的关系可以用对应的模型后验概率来说明：

$$\frac{p(M_1|y)}{p(M_2|y)}=\frac{p(y|M_1)}{p(y|M_2)}\cdot\frac{p(M_1)}{p(M_2)}.$$

模型的边际似然比 $B_{12}=\dfrac{p(y|M_1)}{p(y|M_2)}$ 称为贝叶斯因子. 模型的后验概率比等于模型的先验概率比与贝叶斯因子的乘积.

贝叶斯因子 B_{ij} 表示模型 i 相对于模型 j 的偏好程度. 表 5.2 表示贝叶斯因子 B_{10} 给出的拒绝原假设 H_0 的能力：

运用贝叶斯方法进行模型比较, 相对于经典的模型选择 (如逐步回归), 主要是考虑了模型本身的不确定性, 增加了先验因素, 并且贝叶斯方法可以有效地利用 MCMC(Markov Chain Monte Carlo, 马尔可夫链蒙特卡罗) 模型进行搜索, 通过比较模型后验概率的方法也更加直观. 而用贝叶斯因子的不足之处在于, 当模型空间很大时, 计算量是相当巨大的, 而且边际似然的计算通常十分困难.

$\ln(B_{10})$	B_{10}	拒绝 H_0 的证据强度
0~1	1~3	可忽略不计
1~3	3~20	可能有
3~5	20~150	较强
>5	>150	非常强

表 5.2
贝叶斯因子解释

贝叶斯因子是模型的边际似然之比. 若要比较模型, 需要解释模型的边际似然. 给定模型 m 以及训练集 y, $p(y|m)$ 为模型的边际似然. 进一步假设模型 m 中的参数向量为 θ_m, 那么边际似然可以表为积分:

$$p(y|m)=\int p(y|\theta_m,m)p(\theta_m|m)\mathrm{d}\theta_m,$$

其中 $p(y|\theta_m,m)$ 称为似然函数, $p(\theta_m|m)$ 为模型 m 下参数 θ_m 的先验概率. 当采用共轭先验分布时, 上式积分是可以解析得到的. 而在其余的大部分场景, 模型边际似然的计算十分困难.

5.4.2 采样

蒙特卡罗方法是一种随机模拟方法. 它可以追溯到 18 世纪, 蒲丰当年用于计算 π 的著名的投针实验就是蒙特卡罗模拟的一个例子. 这一过程要求产生大量的随机数, 而随着计算机技术的发展, 随机模拟很快进入实用阶段.

随机模拟采样的问题是指对于给定的概率分布 $p(x)$, 如何在计算机中生成它的样本. 计算机模拟均匀分布 $U(0,1)$ 的样本, 主要通过线性同余发生器生成伪随机数, 用确定性算法生成 $[0,1]$ 之间的伪随机数序列后, 这些序列的各种统计指标和均匀分布 $U(0,1)$ 的理论计算结果非常接近. 这样的伪随机序列就有比较好的统计性质, 可以被当成真实的随机数使用. 而我们常见的概率分布, 无论是连续的还是离散的, 都可以基于 $U(0,1)$ 的样本生成. 例如正态分布可以通过著名的博克斯–穆勒 (Box-Muller) 变换得到. 其他几个著名的连续分布, 包括指数分布、Gamma 分布、t 分布、F 分布、Beta 分布、狄利克雷 (Dirichlet) 分布等, 也都可以通过类似的数学变换得到; 离散的分布通过均匀分布更加容易生成. 然而当 $p(x)$ 的形式很复杂, 当 $p(x)$ 是高维的分布时, 样本的生成就可能很困难了.

MCMC 算法在现代贝叶斯分析中被广泛使用. 该方法以马氏链理论为基础, 从一个初始状态 x_0 开始, 沿着马氏链按照概率转移矩阵做跳转, 得到一个转移序列 $x_0,x_1,x_2,\cdots,x_n,x_{n+1},\cdots$. 如果我们能构造一个转移矩阵为 $\boldsymbol{P}$ 的马氏链, 使得该马氏链的平稳分布是 $p(x)$, 那么我们从任何一个初始状态 x_0 出发沿着马氏链转移, 在马氏链收敛的情况下, 就可以得到 $p(x)$ 的样本. 马氏链的收敛性质主要由转移矩阵决定, 所以基于马氏链做采样的关键是如何构造转移矩阵 $\boldsymbol{P}$, 使得平稳分布恰好是我们要的分布 $p(x)$.

常用的 MCMC 算法有 MH 算法和吉布斯 (Gibbs) 取样算法. MH 算法是引入一个接受率的概念, 当某一步获得的样本在一个选定接受率范围内, 就保留该步并继续向下运动, 否则拒绝该步. 而吉布斯取样对处理高维空间的 $p(x)$ 更加有效, 在现代贝叶斯分析中占据重要位置. 这一方法的前提是能取得目标分布函数的条件分布的样本. 假设目标分布 $\pi(x) = \pi(x_1, x_2, \cdots, x_d)$, 并且能够取得服从如下条件分布的样本:

$$X_i|X_{(i)} = x_{(i)}, \text{ 其中 } x_{(i)} = (x_1, \cdots, x_{i-1}, x_{i+1}, \cdots, x_d).$$

吉布斯取样流程: 选定每一变量的初值, 用前一步得到的样本进行迭代, 通过条件概率获得新的样本进行更新, 如此重复进行:

(1) 随机初始化 $\{x_i : i = 1, 2, \cdots, n\}$.

(2) 对 $t = 0, 1, 2, \cdots$ 循环采样, 其中

$$x_j^{t+1} \sim p(x_j|x_1^{(t+1)}, \cdots, x_{j-1}^{(t+1)}, x_{j+1}^{(t)}, \cdots, x_n^{(t)}), \ j = 1, 2, \cdots, n.$$

使用吉布斯取样通常只需要相对短的步数就得到目标分布的样本.

5.4.3 贝叶斯变量选择

考虑线性回归模型

$$Y_i = \alpha + \sum_{j=1}^{p} \beta_j x_{ij} + \epsilon_i, \quad \epsilon_i \sim N(0, \sigma^2)$$

中的变量选择问题, 目标是选择一个变量子集, 使得所构造的模型在给定训练集下是最好的. 用指示向量 $\boldsymbol{\gamma} = (\gamma_1, \gamma_2, \cdots, \gamma_p)(\gamma_i = 0\text{或}1, \ i = 1, 2, \cdots, p)$ 表示模型选取的变量子集.

贝叶斯变量选择可以归结为对模型参数选取先验分布, 计算后验分布, 利用指示变量的结果给出判定选入变量的标准, 即在得到后验分布 $p(\gamma_j = 1|y)$ 后, 判定是否选入变量. 一般地有基于中位数概率模型, 其将 $p(\gamma_j = 1|y) > 0.5$ 的变量选入模型. 对 $p(\gamma_j = 1|y)$ 的估计常用

$$\hat{p}(\gamma_j = 1|y) = \frac{1}{T} \sum_{t=1}^{\mathrm{T}} I(\gamma_j^{(t)} = 1),$$

其中 T 表示样本数据个数.

随机搜索变量选择 (stochastic search variable selection, SSVS) 方法作为经典的贝叶斯变量选择方法, 广泛应用于广义线性模型中. 它在生物统计里基因数据的分析以及微阵列数据的建模很受欢迎. 它的主要特征是模型参数向量空间的维数是恒定的, 并且对不同的 γ_j, 选取不同的先验分布. 当某个变量不那么重要时, 要使该回归系数的后验概率尽可能接近 0, 故会取先验的密度集中在零点附近.

SSVS 方法给出的 β_j 的先验分布为

$$\beta_j|\gamma_j \sim (1-\gamma_j)N(0,k_j^{-2}\sigma_j^2)+\gamma_j N(0,\sigma_j^2).$$

因此, 当 $\gamma_j=1$ 时, $\beta_j\sim N(0,\sigma_j^2)$; 当 $\gamma_j=0$ 时, $\beta_j\sim N(0,k_j^{-2}\sigma_j^2)$; 故要求 k_j^{-2} 足够小, 即 k_j 很大. 但 k_j 的取值也不能过大, 否则会导致当 $\gamma_j=1$ 时, 该分布的方差过小, 导致参数可变性不够, 从而使得 MCMC 方法对变量选择的过程缺乏意义. 如果 $k_j=1$, $\gamma_j=0$ 和 $\gamma_j=1$ 的两个分布是相一致的, 就没有足够的信息确定哪些变量是相对不重要的. k_j 的取值是关键因素. 而对于 σ_j^2 的先验, 一般取逆高斯分布, 从而被假设为与回归系数和指示变量相互独立. 先验分布的参数通常由最小二乘估计直接给出.

随机搜索变量选择的过程如下 (吉布斯取样方法):

(1) 更新 β_j, 注意到

$$p(\beta_j|y,\gamma,\beta_{(j)})\propto p(y|\beta_j,\gamma,\beta_{(j)})p(\beta_j|\gamma,\beta_{(j)})=p(y|\gamma,\beta)p(\beta_j|\gamma_j), \tag{5.4.1}$$

其中 $\beta_{(j)}=(\beta_1,\cdots,\beta_{j-1},\beta_{j+1},\cdots,\beta_p)$, 而 $p(\beta_j|\gamma_j)$, $p(y|\gamma,\beta)$ 是已知的先验分布, 从中采样, 更新迭代.

(2) 设 γ_j 服从伯努利 (Bernoulli) 分布, 参数 $p=O_j/(1+O_j)$, 其中

$$\begin{aligned}O_j&=\frac{p(\gamma_j=1|y,\gamma_{(j)},\beta)}{p(\gamma_j=0|y,\gamma_{(j)},\beta)}=\frac{p(\beta|\gamma_j=1,\gamma_{(j)})}{p(\beta|\gamma_j=0,\gamma_{(j)})}\frac{p(\gamma_j=1,\gamma_{(j)})}{p(\gamma_j=0,\gamma_{(j)})}\\&\approx\frac{1}{k_j}\exp\left\{-\frac{1}{2}\frac{1-k_j^2}{\sigma_{\beta_j}^2}\right\},\end{aligned}$$

这样先随机给出 β_j 和 γ_j 的初值后, 不断更新迭代.

随机搜索变量选择方法的最大优点在于避免了对 2^p 个模型的后验概率进行计算的烦琐过程. 它利用了吉布斯取样方法, 直接从后验分布的形式中获取样本, 由收敛性质得到估计结果. 由于大概率模型更容易出现, 使用吉布斯取样通常也仅需要相对短的步数就辨认出结果模型. 而其不足之处是在迭代过程中假定参数相互独立, 当设计矩阵有共线性时, 结果可能会不合理, 并且先验分布的选取十分困难.

贝叶斯方法相对于经典方法, 增加了对先验后验的计算. 贝叶斯因子作为模型的比较, 利用了模型的不确定性, 具有很大的意义. 贝叶斯变量选取方法在

回归问题中应用较多, 通过指示变量的后验概率选择进入模型的变量. 对于先验的不同描述就使得变量选取的方法很多, 不能说都很好, 但都是有特定情境、适用不同的数据类型. 贝叶斯变量选择另外的一个优点就是适用于高维数据, 特别是当观测数远小于变量数时能够得到很好的结果.

习 题

5.1 分析第四章习题 4.7 的法国食品数据.

(1) 对数据进行标准化处理;

(2) 对标准化数据做主成分分析 (可以用 R 的 princomp 等函数);

(3) 取每个家庭的前两个主成分得分, 画散点图, 用类别标出, 并解释结果;

(4) 取前两个主成分作为食品变量线性组合的系数 (载荷矩阵的前两列), 画散点图, 用食品名称标出, 解释结果;

(5) 结合这两个图和结果, 分析法国家庭类型和食品支出类型的关系.

5.2 分析第四章习题 4.6 的数据.

(1) 做主成分分析, 画碎石图 (可以用 R 的 screeplot 函数), 应该保留几个主成分?

(2) 取每个国家的前两个主成分得分, 画散点图, 用国名标出, 并解释结果.

5.3 state.x77 是 R 中自带的数据集, 它是 1977 年美国统计摘要中有关美国各州的数据汇编. R 中还内置了 state.center(给出了每个州地理中心的经度和纬度), state.name(给出州名), 以及 state.abb(给出了州名的两个字母缩写).

(1) 画一个散点图, 显示每个州的位置, 横轴为经度, 纵轴为纬度, 并在适当的位置显示州名或缩写;

(2) 使用 R 的 factanal 函数和 scores="regression" 选项, 对 state.x77 进行单因素因子分析. 用可观察的特征描述你得到的因子;

(3) factanal 函数的部分输出是似然比检验的 p 值, 用于将拟合因子模型与无限制的多元高斯模型进行比较. 绘制 p 值随着因子数量变化而变化的图像;

(4) 只有一个因子是否合理? 用 R 的输出来解释和证明你的答案.

5.4 本题的数据是来自 64 种不同肿瘤 (64 名不同患者) 的细胞基因表达测量值. 微阵列 (或基因芯片) 设备测量了 6830 个不同基因中每一个的表达, 实际上也是基因化学浓度的对数. 因此, 数据集中的每条记录都是一个长度为 6830 的向量. 这些细胞大多来自已知的癌症类型, 因此除了表达水平的测量外, 还存在分类, 包括乳腺癌、cns(中枢神经系统) 肿瘤、结肠癌、白血病、黑色素瘤、nsclc(非小细胞肺癌)、卵巢癌、前列腺癌、肾癌、K562A、K562B、MCF7A、MCF7D(这四个是实验室肿瘤培养物) 和未知 (UNKNOWN). 数据可以从 R 的 ElemStatLearn 包中使用命令 data(nci) 加载获得. 数据以基因作为行, 细胞为列, 因此首先转置它.

(1) R 函数 prcomp 使用称为“奇异值分解”的线性代数方法对其参数进行主成分分析. 它返回的对象的属性之一是 sdev, 是与主成分相关的标准差向量, 即特征值的平方根. 使用 prcomp 找出与主成分相关的方差 (不是标准差);

(2) 绘制碎石图, 给出前 q 个主成分保留的总方差的比例;

(3) 前两个主成分大约保留了多少方差?

(4) 需要使用多少个主成分才能代表一半方差? 代表 9/10 的方差?

5.5 继续使用上一题数据, 若使用 retx=TRUE 选项, 则 prcomp 函数返回对象的一个属性是一个矩阵 $\boldsymbol{x}$, 是原始数据在主成分上的投影.

(1) 绘制每个细胞在前两个主要成分上的投影. 按其类型标记每个细胞. 提示：可以用 biplot 函数完成, 但注意不是原始特征的 6380 个向量;

(2) 指出一个肿瘤类别, 它在投影中形成一个聚类. 给出它的名称, 并解释答案;

(3) 指出一个不形成紧凑聚类的肿瘤类别;

(4) 在你刚刚命名的两类肿瘤中, 哪一类用原型方法更容易分类? 哪一类用最近邻法更容易分类?

5.6 令

$$p(y|\theta)=\theta^{-1}\mathrm{e}^{-y/\theta}, y>0, \theta>0,$$
$$p(\theta)=\theta^{-a}\mathrm{e}^{-y/\theta}, \theta>0, a>2, b>0.$$

(1) 求 $\theta|y$ 的后验分布;

(2) 求它的后验均值和方差.

5.7 假设随机变量 X 服从几何分布, 即,

$$P(X=x|\theta)=\theta(1-\theta)^{x-1}, x=1,2,\cdots,$$

并假设它的先验分布为 $P(\theta=1/4)=2/3, P(\theta=1)=1/3$. 求 θ 的后验分布. 提示：要分别考虑两个情形：$X=1$ 及 $X>1$.

5.8 假设

$$X_1,\cdots,X_n|\theta \overset{\text{i.i.d.}}{\sim} Poisson(\theta).$$

(1) 求泊松似然函数的共扼先验, 给出 θ 的分布及其参数;

(2) 用这个共轭先验计算后验分布 $\theta|x_1,\cdots,x_n$;

(3) 求它的后验均值;

(4) 把它表示为先验均值和样本均值的加权平均, 它们的权重分别是什么?

6

第六章

神经网络与深度学习

神经网络与深度学习是机器学习领域中的重要技术, 旨在模拟人类神经系统的工作原理. 神经网络由大量神经元组成, 通过它们之间的连接和权重来处理输入数据, 并产生相应的输出. 深度学习则基于神经网络的概念, 构建了包含多个隐藏层的深层结构.

深度学习具有强大的模式识别和特征提取能力, 其核心思想是通过多层次的非线性变换和学习, 从大量数据中自动发现并学习数据的抽象表示. 通过反向传播算法, 深度学习模型可以自适应地调整网络参数, 优化网络性能. 这使得深度学习在图像识别、语音识别、自然语言处理等任务中取得了显著的成果.

本章主要介绍神经网络和深度学习的基本构件、网络框架、学习流程等.

6.1 人工智能、机器学习和深度学习的关系

人工智能 (artificial intelligence) 是计算机科学的一个分支. 它研究智能的理论、探讨智能的实质、开发智能的机器、扩展智能的应用. 简单地说, 人工智能就是希望机器能拥有人那样的智能.

机器学习 (machine learning) 顾名思义就是能让机器进行"学习", 既是一种实现人工智能的方法, 又是一门研究如何实现人工智能的学科或者技术.

深度学习 (deep learning) 是机器学习领域中一个研究方向, 是从人工神经网络 (artificial neural networks) 中发展起来的, 可以认为是它的延伸. 人工神经网络, 通常被简称为神经网络 (neural networks, NN), 是机器学习中的一个重要模型, 用于模仿人脑的处理方式, 希望可以按人类大脑的逻辑运行来实现人工智能. 图 6.1 显示了人工智能、机器学习和深度学习之间的关系.

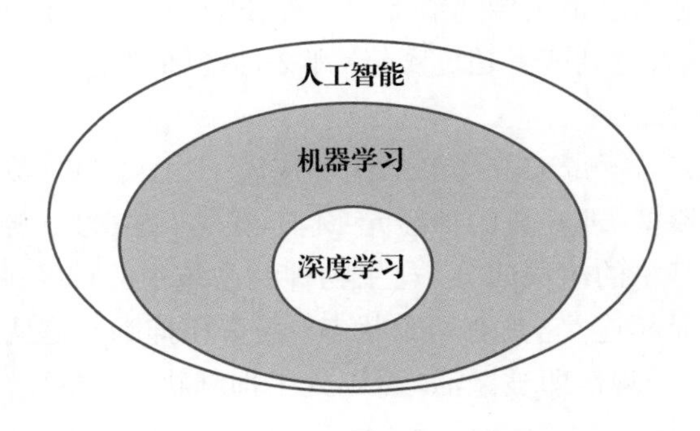

图 6.1 人工智能、机器学习和深度学习之间的关系

6.2 神经网络

6.2.1 神经元 M-P 模型

传统的回归和分类方法一般具有两个主要特点: 一是线性的, 模型采用的都是 (广义) 线性的, 例如线性回归, 或者逻辑斯谛回归; 二是基于某些准则, 例如决策树分类, 对样本空间进行划分时, 会选择有利于判断的特性.

对于那些无法用线性的或者无法建立准则的问题, 该如何解决? 例如, 给定一张图片 (图 6.2), 如何判断图片显示的数字为 3? 在计算机中, 图片 3 无非是一堆由像素值堆成的数字集而已. 若要采用准则进行判断, 则可以使用像 "存在两个弯" "弯的开口朝左" 等作为特征, 但这些特征的语言描述难以用一般的数学模型刻画, 因为无法明确图像的像素对判断数字为 3 的影响. 神经网络正是针对上述难点所提出的一种非线性机器学习算法.

图 6.2
数字 3 的图片

前面已经提到神经网络是一种模拟人脑的神经组织结构来实现人工智能的机器学习技术. 生物大脑里的信号传递是通过一个复杂的层状网络加电化学过程来完成的. 这个复杂层状网络的基本结构和功能单位是神经细胞, 也称为神经元 (neuron). 信号从一个神经细胞的轴突传递给下一个神经细胞的树突, 然后进入细胞体, 最后根据实际情况选择是否传递到下一个神经细胞 (图 6.3). 所以, 神经细胞的工作模式非常简单, 接受来自树突的信号, 决定是否要激发, 如果需要就将状态通过轴突传递给下一个神经细胞. 是否激发是由某个阈值决定的, 如果信号综合达到或者超过阈值, 那么神经细胞进入兴奋状态, 否则进入抑制 (不兴奋) 状态.

1943 年, 麦克卡罗奇 (McCulloch) 和皮茨 (Pitts) 将生物神经细胞抽象为一个简单的数学模型, 即经典的神经元 M-P 模型 (图 6.3). 神经元是神经网络中最重要的、最基本的组成成分, 与生物神经系统中的神经细胞相似. 每个神经元与其他神经元相连, 它具有两个状态: 兴奋和抑制; 这两个状态由一个阈值来决定, 超过这个阈值即被激活, 否则处于抑制状态. 在神经元模型中, 状态由一个函数来控制, 这个函数被形象地称为激活函数 (activation function).

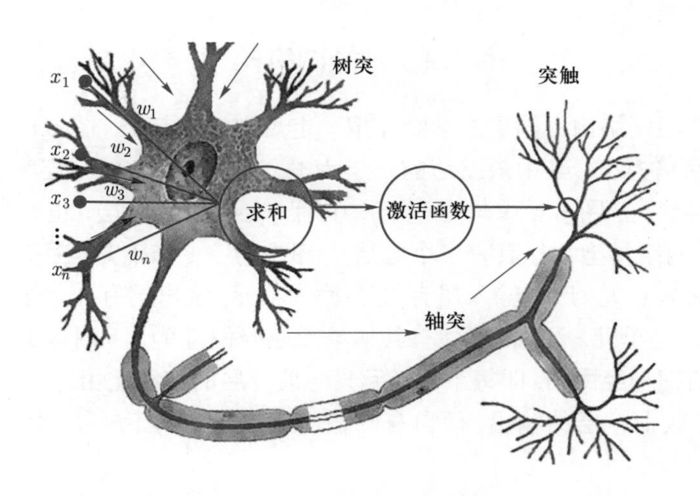

图 6.3
神经元 M-P 模型

神经元 M-P 模型有输入和输出, 如图 6.3 所示. 输入为 $\boldsymbol{x}=(x_1,\cdots,x_n)^{\mathrm{T}}$; 输出值为 $f(\sum w_ix_i+b)$, 其中 w_i 称为权值 (也称权重), b 称为截距项 (也称为偏置项, 简称为截距或者偏置). 令 $z=\sum w_ix_i+b$, 激活函数$f:\mathbb{R}\mapsto\mathbb{R}$ 对 z 进行控制. 例如, 当 $z\geqslant 0$ 时, 返回 1, 表示"激活状态"; 当 $z<0$ 时, 返回 0, 表示"未激活状态", 即

$$f(z)=\begin{cases}1, & z\geqslant 0,\\ 0, & z<0.\end{cases}$$

因此, 神经元 M-P 模型的具体细节为

$$f(\boldsymbol{W}^{\mathrm{T}}\boldsymbol{x}+b)=f\left(\sum_{i=1}^{n}w_ix_i+b\right),$$

其中 $\boldsymbol{W}=(w_1,\cdots,w_n)^{\mathrm{T}}$, $\boldsymbol{x}=(x_1,\cdots,x_n)^{\mathrm{T}}$. 需要说明的是, 因为 w_i 和 b 都是通过训练得到的, 所以可在输入项中添加"+1", 把截距项 b 看成是"+1"的权值, 表达形式简洁一致.

神经元 M-P 模型的主要贡献在于为神经元提供了形式化网络结构和数学表达, 开创了神经网络研究的时代. 1957 年, 罗森布兰 (Rosenblan) 提出了著名的感知器模型, 并证明了感知器的收敛定理, 成为深度神经网络的出发点. 不过, 美国人工智能学者明斯基 (Minsky) 和派泊特 (Papert)(参见文献 [88]) 也指出了单层感知器的缺陷. 在他们的《感知器》一书中, 从数学上证明了单层感知器只能对线性可分的数据集进行分类, 不能解决逻辑异或 (XOR) 之类的问题. 如果将单层感知器叠加成多层感知器, 理论上就具备对任何分类问题的解决能力. 事实上, 多层感知器可以模拟任意复杂的函数. 1986 年, 欣顿 (Hinton) 等提出了多层前馈神经网络的反向传播算法, 从而神经网络模型可以通过大量的训练来学习其中的统计规律, 对测试数据做预测, 为现代的深度神经网络提供了基础理论和实用价值, 掀起了新一轮的研究热潮.

6.2.2 神经网络模型

多层神经网络由不同层的神经元按一定规则连接起来. 图 6.4 显示了一个三层神经网络模型. 其中最左边的一层为输入层, 最右边的一层为输出层 (可以有多个神经元, 图 6.4 中只有一个), 中间一层被称为隐层 (也称为隐藏层或者隐含层, 网络模型往往具有多个隐层). 图中的 $+1$ 节点是截距项, 被称为偏置节点或偏置单元, 所以输入层有 3 个输入单元, 输出层有 1 个输出单元, 隐层有 3 个神经单元. 注意, 不能有其他单元连向偏置单元. 图 6.4 中的神经网络是一种前馈神经网络, 即每个神经元只与前一层的神经元相连, 当前层 (偏置除外) 只接收前一层的输出, 而自身的输出只能输出给下一层, 各层之间没有反馈.

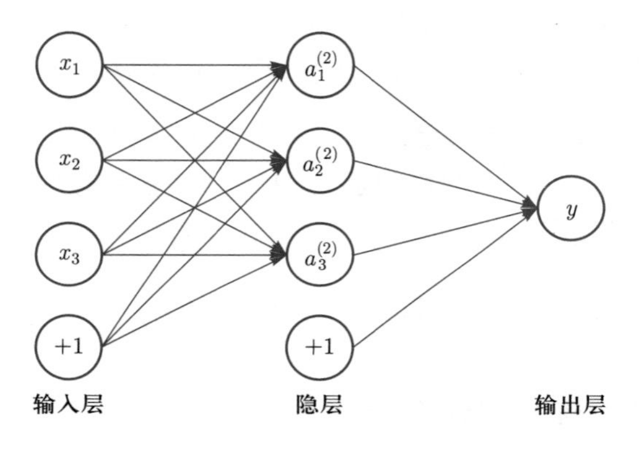

图 6.4
三层神经网络

为了叙述方便, 引入如下记号:

N: 神经网络的层数, 图 6.4 的例子中 $N=3$;

s_l: 第 l 层的单元数量 (不包括偏置单元);

$\boldsymbol{W}^{(l)}$: 第 l 层到 $l+1$ 层的权重矩阵, $w_{ij}^{(l)}$ 是第 l 层第 j 单元到 $l+1$ 层第 i 单元之间的权重 (注意 i,j 代表的意思). 图 6.4 的例子中 $\boldsymbol{W}^{(1)} \in \mathbb{R}^{3\times 3}$;

$\boldsymbol{b}^{(l)}$: 第 $l+1$ 层的偏置, $b_i^{(l)}$ 是第 $l+1$ 层第 i 单元的偏置项;

$\boldsymbol{a}^{(l)}$: 第 l 层的激活值, $a_i^{(l)}$ 表示第 l 层第 i 单元的激活值;

$\boldsymbol{z}^{(l)}$: 第 l 层的每个单元的输入加权和, $z_i^{(l)}$ 表示第 l 层第 i 单元的输入加权值.

根据图 6.4, 可以写出各层的表达式,

$$
\begin{aligned}
z_1^{(2)} &= w_{11}^{(1)}x_1 + w_{12}^{(1)}x_2 + w_{13}^{(1)}x_3 + b_1^{(1)},\\
a_1^{(2)} &= f(z_1^{(2)});\\
z_2^{(2)} &= w_{21}^{(1)}x_1 + w_{22}^{(1)}x_2 + w_{23}^{(1)}x_3 + b_2^{(1)},\\
a_2^{(2)} &= f(z_2^{(2)});
\end{aligned}
$$

$$z_3^{(2)} = w_{31}^{(1)}x_1 + w_{32}^{(1)}x_2 + w_{33}^{(1)}x_3 + b_3^{(1)},$$

$$a_3^{(2)} = f(z_3^{(2)}),$$

输出为

$$h_{W,b}(x) = a^{(3)} = f(z^{(3)}) = f(w_{11}^{(2)}a_1^{(2)} + w_{12}^{(2)}a_2^{(2)} + w_{13}^{(2)}a_3^{(2)} + b_1^{(2)}).$$

用向量表示各层的输入和输出,

$$\boldsymbol{x} = (x_1, x_2, x_3)^{\mathrm{T}}, \quad \boldsymbol{b}^{(1)} = (b_1^{(1)}, b_2^{(1)}, b_3^{(1)})^{\mathrm{T}},$$

$$\boldsymbol{W}^{(1)} = \begin{pmatrix} w_{11}^{(1)} & w_{12}^{(1)} & w_{13}^{(1)} \\ w_{21}^{(1)} & w_{22}^{(1)} & w_{23}^{(1)} \\ w_{31}^{(1)} & w_{32}^{(1)} & w_{33}^{(1)} \end{pmatrix},$$

$$\boldsymbol{z}^{(2)} = (z_1^{(2)}, z_2^{(2)}, z_3^{(2)})^{\mathrm{T}}, \boldsymbol{a}^{(2)} = (a_1^{(2)}, a_2^{(2)}, a_3^{(2)})^{\mathrm{T}}, b^{(2)} = b_1^{(2)},$$

$$\boldsymbol{W}^{(2)} = (w_{11}^{(2)}, w_{12}^{(2)}, w_{13}^{(2)}),$$

并定义 $f((z_1, z_2, z_3)^{\mathrm{T}}) = (f(z_1), f(z_2), f(z_3))^{\mathrm{T}}$, 则上式可简化为

$$\boldsymbol{z}^{(2)} = \boldsymbol{W}^{(1)}\boldsymbol{x} + \boldsymbol{b}^{(1)},$$

$$\boldsymbol{a}^{(2)} = f(\boldsymbol{z}^{(2)}),$$

$$z^{(3)} = \boldsymbol{W}^{(2)}\boldsymbol{a}^{(2)} + \boldsymbol{b}^{(2)},$$

$$h_{W,b}(x) = a^{(3)} = f(z^{(3)}).$$

上面的步骤是前向传播, 如果用 $\boldsymbol{a}^{(1)}$ 表示输入层的激活值 $\boldsymbol{x}$, $\boldsymbol{a}^{(N)}$ 表示输出层, 那么有

$$\boldsymbol{z}^{(l+1)} = \boldsymbol{W}^{(l)}\boldsymbol{a}^{(l)} + \boldsymbol{b}^{(l)},$$

$$\boldsymbol{a}^{(l+1)} = f(\boldsymbol{z}^{(l+1)}), \ l = 1, \cdots, N-1.$$

神经网络模型的学习方式: 首先定义代价函数; 接着根据样本数据和标签采用梯度下降法进行学习, 求得权重等参数; 最终对测试数据进行预测. 在列举神经网络模型的实例之前, 先介绍其中涉及的激活函数、代价函数、梯度下降法和反向传播算法.

6.2.3 激活函数

神经网络如果没有激活函数, 那么只是一个线性模型, 即便有再多的隐层, 整个网络跟单层神经网络也是等价的. 激活函数的存在使得神经网络具有了非线性建模能力. 下面介绍几种常用的激活函数.

1. Sigmoid 函数

Sigmoid 函数$f(x)=\dfrac{1}{1+\mathrm{e}^{-x}}$ 是使用范围最广的一类激活函数. 具有指数函数形状, 它在物理意义上最接近生物神经元.

从图 6.5(a) 可以看出, Sigmoid 函数具有可微性和单调性, 输出值的范围是 $(0,1)$. 然而, Sigmoid 函数也有一些缺点, 最突出的就是饱和性. 根据 Sigmoid 函数的定义, 不难得出

$$\lim_{x\to\infty} f'(x)=0.$$

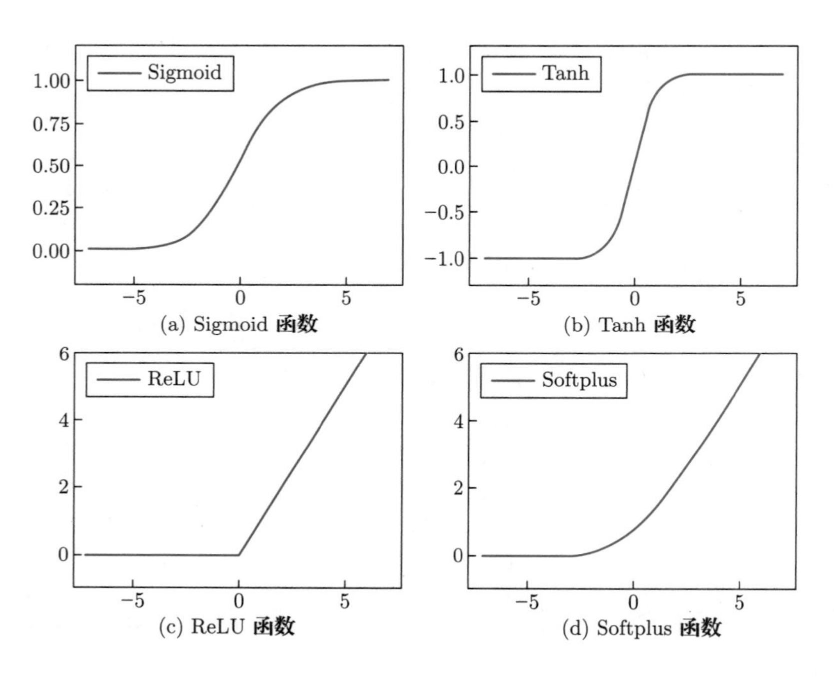

(a) Sigmoid 函数 (b) Tanh 函数 (c) ReLU 函数 (d) Softplus 函数

图 6.5 激活函数

具有这种性质的激活函数称为软饱和激活函数. 与软饱和函数对应的是硬饱和函数, 即当 $|x|>c$ 时, $f'(x)=0$, 其中 c 为常数.

由于在后向传递过程中, Sigmoid 激活函数在向下一层传导的梯度中包含了一个 $f'(x)$ 因子 (关于输入变量的导数, 后面会详细介绍). 一旦输入值落入饱和区域, $f'(x)$ 就会变得很接近 0, 导致了向下一层传递的梯度也变得非常小. 这种现象称为梯度消失, 会使得整个网络的参数很难得到有效训练. 所以, 在深度学习模型中, Sigmoid 函数逐渐被其他函数替代.

2. Tanh 函数

Tanh 函数 $f(x)=\dfrac{1-\mathrm{e}^{-2x}}{1+\mathrm{e}^{-2x}}$ 也是一种经常使用的激活函数, 其曲线形状与 Sigmoid 函数非常类似 (见图 6.5(b)), 也具有可微性和单调性. 但 Tanh 函数的输出值范围是 $(-1,1)$, 输出均值是 0, 这使得它在某些实际计算中收敛速度要比 Sigmoid 函数快, 能减少迭代次数. 不过, Tanh 函数同 Sigmoid 函数一样

也具有饱和性, 会造成梯度消失.

3. ReLU 函数

线性整流单元 (rectified linear unit, ReLU 函数) $f(x) = \max\{0, x\}$ 是针对 Sigmoid 函数和 Tanh 函数的饱和性而提出的激活函数. 它也可以写成分段函数的形式:

$$f(x) = \begin{cases} x, & x \geqslant 0, \\ 0, & x < 0. \end{cases}$$

从图 6.5(c) 可看出, 当 $x > 0$ 时, ReLU 函数不存在饱和问题. 所以, ReLU 函数在 $x > 0$ 时, 能保持梯度不衰减, 缓解梯度消失问题. 然而, 当输入值落入 $x \leqslant 0$ 区域, 同样会导致对应权重无法更新, 称这种现象为"神经元坏死".

因为神经元坏死会影响网络的收敛性, 所以针对性地改进 ReLU 激活函数, 出现了 Leaky-ReLU, ELU (exponential linear unit), SELU (scaled exponential linear unit) 等各种 ReLU 函数的变形.

4. Softplus 函数

Softplus 函数 $f(x) = \ln(1 + \mathrm{e}^x)$ 的值域为 $(0, +\infty)$. 如图 6.5(d) 所示, 它是 ReLU 函数的光滑近似. 根据研究, Softplus 函数和 ReLU 函数与脑神经元激活频率函数有相似的地方. 也就是说, 采用 Softplus 或者 ReLU 激活函数更加接近脑神经元的激活模型.

6.2.4 代价函数

神经网络模型中一个重要的设计是代价函数的选择. 在图 6.4 所示的例子里, 神经网络的代价函数可写成

$$J(\theta) = \frac{1}{n} \sum_{\boldsymbol{x}} L(\boldsymbol{x}, \hat{y}; \theta) = \frac{1}{2n} \sum_{\boldsymbol{x}} \|\hat{y} - y\|^2, \tag{6.2.1}$$

这里 θ 为所求的参数集 ($\boldsymbol{W}$ 和 $\boldsymbol{b}$), n 是样本总数, $\hat{y}$ 是训练数据 $\boldsymbol{x}$ 的标签 (即期望的输出), $y = h_{\boldsymbol{W},\boldsymbol{b}}(\boldsymbol{x})$ 是 $\boldsymbol{x}$ 的神经网络实际输出 (注意 $h_{\boldsymbol{W},\boldsymbol{b}}$ 是一系列激活函数和线性函数的复合函数. 如果采用可微的激活函数, 那么 $h_{\boldsymbol{W},\boldsymbol{b}}$ 也是可微的). 也就是说, 如果参数 θ 为所求的解, 那么神经网络的实际输出应该等于 $\hat{y}$, 否则两者就会有差距, 代价函数未达到最小. 自然的想法是找到使得代价函数最小的参数 θ. 最常用的是梯度下降法, 即用 $\nabla_\theta J$ 来迭代更新参数 θ, 直至收敛. 然而在实际计算中, 参数的修正项 $\dfrac{\partial J}{\partial \boldsymbol{W}}$ 和 $\dfrac{\partial J}{\partial \boldsymbol{b}}$ 都会出现激活函数的导数 $f'(z)$. 以 Sigmoid 函数 $\sigma(z)$ 为例, 它的导数 $\sigma'(z) = \sigma(z)(1 - \sigma(z))$ 在 z 的

大部分区域内非常小, 从而使得修正项 $\frac{\partial J}{\partial \boldsymbol{W}}$ 和 $\frac{\partial J}{\partial \boldsymbol{b}}$ 也都非常小, 出现饱和现象, 造成参数更新速度很慢, 甚至无法达到期望值.

事实上, 均方误差函数只是极大似然学习条件分布中的一种特殊情况 (参阅 [61]). 针对此类函数的饱和现象, 改进的方法是用交叉熵作为代价函数. 熵 (entropy) 是由美国数学家香农 (Shannon) 最早引入到信息论中的, 用来度量不确定性的程度. 变量的不确定性越大, 熵也就越大. 交叉熵的代价函数具有如下的形式 (省略样本的下指标 (k)):

$$J(\theta)=-\frac{1}{n}\sum_{\boldsymbol{x}}(\hat{y}\ln y+(1-\hat{y})\ln(1-y)).$$

仍然考虑 Sigmoid 激活函数 $\sigma(z)$, 以输出层为例, $y=a^{(N)}=\sigma(z^{(N)})=\sigma(\sum w_j^{(N-1)}a_j^{(N-1)}+b^{(N-1)})$. 利用 $\sigma'(z)=\sigma(z)(1-\sigma(z))$ 有

$$\begin{aligned}\frac{\partial J}{\partial w_i^{(N-1)}}&=-\frac{1}{n}\sum_{\boldsymbol{x}}\left(\frac{\hat{y}}{\sigma(z^{(N)})}-\frac{1-\hat{y}}{1-\sigma(z^{(N)})}\right)\frac{\partial\sigma(z^{(N)})}{\partial w_i^{(N-1)}}\\&=\frac{1}{n}\sum_{\boldsymbol{x}}\frac{\sigma'(z^{(N)})a_i^{(N-1)}}{\sigma(z^{(N)})(1-\sigma(z^{(N)}))}(\sigma(z^{(N)})-\hat{y})\\&=\frac{1}{n}\sum_{\boldsymbol{x}}(\sigma(z^{(N)})-\hat{y})a_i^{(N-1)}.\end{aligned}$$

可以看出修正项 $\frac{\partial J}{\partial w_i^{(N-1)}}$ 中不再出现导数项 $\sigma'(z)$, 而留下的项 $\sigma(z^{(N)})-\hat{y}=y-\hat{y}$, 表明输出值和标签之间的误差. 误差越大, 修正项就越大, 参数更新就越快, 训练速度也就越快. 对 $\frac{\partial J}{\partial \boldsymbol{W}}$ 和 $\frac{\partial J}{\partial \boldsymbol{b}}$ 的其他偏导数项也有类似的结论.

6.2.5 梯度下降法

神经网络模型学习的目的是找到能最小化代价函数 $J(\theta)$ 的参数 (权重和偏置). 在实际求解时, 会在代价函数中加上正则项, 使之成为适定问题 (例如避免过拟合). 为了解决这一优化问题, 通常采取梯度下降法, 又称批量梯度下降法 (batch gradient descent, BGD), 也称为最速下降法.

$$\theta^{\text{new}}=\theta^{\text{old}}-\eta\nabla_\theta J(\theta^{\text{old}}),$$

其中 η 为学习率.

神经网络模型的学习常常需要大的训练集来得到好的泛化能力. 但由公式 (6.2.1) 可知梯度下降法在每一迭代步中需要对每个样本计算

$$\nabla_\theta J=\frac{1}{n}\sum_{\boldsymbol{x}}\nabla_\theta L(\boldsymbol{x},\hat{y};\theta). \tag{6.2.2}$$

显然当训练的样本集较大时，计算一步的梯度也会消耗相当长的时间．注意到公式 (6.2.2) 里的梯度是所有样本的代价函数的梯度期望，它可采用小规模样本的梯度期望近似估计，甚至仅根据一个样本对模型的梯度进行近似，这就有了小批量梯度下降法 (mini-batch gradient descent, MBGD) 和随机梯度下降算法 (stochastic gradient descent, SGD)．具体而言，从训练集中随机抽出一小批量样本 $\{\boldsymbol{x}_{(1)},\cdots,\boldsymbol{x}_{(m)}\}$，$\boldsymbol{x}_{(k)}$ 对应的标签为$\hat{y}_{(k)}$，总体样本代价函数的梯度近似为

$$\nabla J(\theta)\approx\frac{1}{m}\sum_{k=1}^{m}\nabla_\theta L(\boldsymbol{x}_{(k)},\hat{y}_{(k)};\theta).$$

小批量梯度下降法在每一步迭代中只用小批量样本的梯度信息来更新参数 (算法 6.1)．

算法 6.1 (**小批量梯度下降法**)

1. 给定参数初始值 θ，学习率 η．
2. while 终止条件未满足 do．
3. 从训练集中随机抽出 m 个样本 $\{\boldsymbol{x}_{(1)},\cdots,\boldsymbol{x}_{(m)}\}$，相应的标签为 $\{\hat{y}_{(1)},\cdots,\hat{y}_{(m)}\}$．
4. 计算小批量样本的梯度
$$\Delta\theta=\frac{1}{m}\sum_{k=1}^{m}\nabla_\theta L(\boldsymbol{x}_{(k)},\hat{y}_{(k)};\theta);$$
5. 参数更新$\theta\to\theta-\eta\Delta\theta$．
6. end while．

小批量样本的数目 m 相对于样本总数 n 要小得多，计算量大大减少，计算速度也可以极大地提升．以 500 万样本的数据集为例，随机分成 1000 份，每份是 5000 个样本的子集，这些子集就称为小批量 (mini-batch)．然后，针对每一个子集做一次梯度下降，来更新参数 $\boldsymbol{W}$ 和 $\boldsymbol{b}$ 的值．接着到下一个子集中继续进行算法计算．这样在遍历完所有的数据集之后，相当于在梯度下降法中做了 1000 次迭代．将遍历一次所有样本的计算称为一轮 (epoch，也称为一个世代)．在梯度下降法 (批量梯度下降法) 中一次迭代就是一轮．因此，在某种意思上，小批量梯度下降法是以迭代次数换取算法运行速度．随机梯度下降算法是小批量梯度下降法的一个特例，即 $m=1$ 的情况．小批量梯度下降法和随机梯度下降算法虽然在每一迭代步的计算上大大加速，但每次迭代方向不一定都是模型整体最优化的方向，所以算法收敛可能需要更多的迭代次数．

从公式 (6.2.2) 不难看出，重点是要如何计算梯度或者偏导数．下一节将介绍使用反向传播算法来计算梯度．

6.2.6 反向传播算法

由公式 (6.2.2) 可知 $\nabla_\theta J(\theta)$ 需要计算$\dfrac{\partial J}{\partial w_{ij}^{(l)}}$ 和 $\dfrac{\partial J}{\partial b_i^{(l)}}$ $(l=1,\cdots,N;\ i=1,\cdots,s_{l+1};\ j=1,\cdots,s_l)$. 根据$z_i^{(l+1)}=\sum\limits_{j=1}^{s_l}w_{ij}^{(l)}a_j^{(l)}+b_i^{(l)}$ 和导数的链式法则, 可得

$$\frac{\partial J}{\partial w_{ij}^{(l)}}=\frac{\partial J}{\partial z_i^{(l+1)}}\frac{\partial z_i^{(l+1)}}{\partial w_{ij}^{(l)}},$$

$$\frac{\partial J}{\partial b_i^{(l)}}=\frac{\partial J}{\partial z_i^{(l+1)}}\frac{\partial z_i^{(l+1)}}{\partial b_i^{(l)}},$$

其中

$$\frac{\partial z_i^{(l+1)}}{\partial w_{ij}^{(l)}}=\frac{\partial}{\partial w_{ij}^{(l)}}\left(\sum_{k=1}^{s_l}w_{ik}^{(l)}a_k^{(l)}+b_i^{(l)}\right)=a_j^{(l)},$$

$$\frac{\partial z_i^{(l+1)}}{\partial b_i^{(l)}}=\frac{\partial}{\partial b_i^{(l)}}\left(\sum_{k=1}^{s_l}w_{ik}^{(l)}a_k^{(l)}+b_i^{(l)}\right)=1.$$

记误差项$\delta_i^{(l)}=\dfrac{\partial J(\boldsymbol{W},\boldsymbol{b};\boldsymbol{x},y)}{\partial z_i^{(l)}}$, 那么上面的式子可改写为

$$\frac{\partial J}{\partial w_{ij}^{(l)}}=\delta_i^{(l+1)}a_j^{(l)},$$

$$\frac{\partial J}{\partial b_i^{(l)}}=\delta_i^{(l+1)}.$$

$a_j^{(l)}$ 是神经网络第 l 层第 j 个神经元的激活值, 可以由输入层数据开始正向计算得到. 关键是 $\delta_i^{(l+1)}$ 的计算, 需要反向推导. 为了书写简洁, 做如下两个规定. 第一, 在计算过程中只考虑一个固定训练样本 $\boldsymbol{x}$ 的情况, 省略样本指示下标和对样本的求和平均, 并仍然将代价函数记为 $J(\theta)=L(\boldsymbol{x},\hat{y};\theta)$. 第二, 只考虑代价函数为平方差函数的情况, 其他代价函数的推导过程完全类似. 对实向量 $\boldsymbol{p}=(p_1,\cdots,p_l)^{\mathrm{T}}$ 和 $\boldsymbol{q}=(q_1,\cdots,q_l)^{\mathrm{T}}$, 它们的阿达马 (Hadamard) 乘积 $\boldsymbol{u}=(u_1,\cdots,u_l)^{\mathrm{T}}$ 定义为

$$\boldsymbol{u}=\boldsymbol{p}\odot\boldsymbol{q},\ u_i=p_iq_i,\ i=1,\cdots,l.$$

首先计算输出层的误差项

$$\begin{aligned}\delta_i^{(N)} &= \frac{\partial J}{\partial z_i^{(N)}} = \frac{1}{2}\frac{\partial}{\partial z_i^{(N)}}\|\hat{\boldsymbol{y}}-\boldsymbol{y}\|^2 \\ &= \frac{1}{2}\sum_{j=1}^{s_N}\frac{\partial}{\partial z_i^{(N)}}(\hat{y}_j-a_j^{(N)})^2 \\ &= (a_i^{(N)}-\hat{y}_i)f'(z_i^{(N)}),\end{aligned}$$

其中 $\hat{y}_j$ 是 $\hat{\boldsymbol{y}}$ 的第 j 个分量, $a_j^{(N)}$ 是以样本 $\boldsymbol{x}$ 为输入的神经网络输出层的第 j 个神经元的激活值. 写成矩阵向量的形式为

$$\boldsymbol{\delta}^{(N)} = (\boldsymbol{a}^{(N)}-\hat{\boldsymbol{y}})\odot f'(\boldsymbol{z}^{(N)}).$$

然后计算中间第 l 隐层的误差项. 根据链式法则有

$$\begin{aligned}\delta_i^{(l)} &= \frac{\partial J}{\partial z_i^{(l)}} = \sum_{k=1}^{s_{l+1}}\frac{\partial J}{\partial z_k^{(l+1)}}\frac{\partial z_k^{(l+1)}}{\partial z_i^{(l)}} \\ &= \sum_{k=1}^{s_{l+1}}\delta_k^{(l+1)}\frac{\partial z_k^{(l+1)}}{\partial z_i^{(l)}}, \quad l = N-1,\cdots,2.\end{aligned}$$

再由

$$z_k^{(l+1)} = \sum_{j=1}^{s_l}w_{kj}^{(l)}a_j^{(l)}+b_k^{(l)} = \sum_{j=1}^{s_l}w_{kj}^{(l)}f(z_j^{(l)})+b_k^{(l)},$$

可得

$$\delta_i^{(l)} = \sum_{k=1}^{s_{l+1}}\delta_k^{(l+1)}w_{ki}^{(l)}f'(z_i^{(l)}).$$

写成矩阵向量的形式为

$$\boldsymbol{\delta}^{(l)} = \left(\boldsymbol{W}^{(l)}\right)^{\mathrm{T}}\boldsymbol{\delta}^{(l+1)}\odot f'(\boldsymbol{z}^{(l)}).$$

下面给出反向传播算法 (backpropagation, BP) 的具体步骤:

算法 6.2 (反向传播算法)

1. 根据输入的训练数据 $\boldsymbol{x}$, 得到$\boldsymbol{a}^{(1)}$.
2. 根据神经网络正向计算

$$\boldsymbol{z}^{(l)}=\boldsymbol{W}^{(l-1)}\boldsymbol{a}^{(l-1)}+\boldsymbol{b}^{(l-1)},\quad \boldsymbol{a}^{(l)}=f(\boldsymbol{z}^{(l)}),\quad l=2,\cdots,N.$$

3. 计算输出层的误差项

$$\boldsymbol{\delta}^{(N)}=(\boldsymbol{a}^{(N)}-\hat{\boldsymbol{y}})\odot f'(\boldsymbol{z}^{(N)}).$$

4. 反向计算

$$\boldsymbol{\delta}^{(l)}=\left(\boldsymbol{W}^{(l)}\right)^{\mathrm{T}}\boldsymbol{\delta}^{(l+1)}\odot f'(\boldsymbol{z}^{(l)}),\quad l=N-1,\cdots,2.$$

5. 计算输出的偏导数

$$\frac{\partial J}{\partial w_{ij}^{(l)}}=\delta_i^{(l+1)}a_j^{(l)},\quad \frac{\partial J}{\partial b_i^{(l)}}=\delta_i^{(l+1)}.$$

6.2.7 梯度检验

有了算法 6.2 和算法 6.1, 整个神经网络模型就可以进行训练和学习了. 但在编写程序进行计算时, 可能会存在一些很难找到的程序错误. 为了验证求导代码的正确性, 可以采用梯度检验的方法.

假设已经用代码计算得到了 $\dfrac{\mathrm{d}J(\theta)}{\mathrm{d}\theta}$, 如何来验证其是否正确? 我们可以利用近似式:

$$\frac{\mathrm{d}J(\theta)}{\mathrm{d}\theta}\approx\frac{J(\theta+\epsilon)-J(\theta-\epsilon)}{2\epsilon},\tag{6.2.3}$$

其中参数 ϵ 比较小, 一般可以设定为 10^{-4} 这个数量级. 如果 (6.2.3) 成立, 那么可以确认求导的程序代码是正确的.

6.3 深度神经网络

多层感知器 (即多层神经网络) 可以克服单层感知器无法处理稍微复杂的非线性函数的缺点, 但是随着隐层层数的增加, 损失函数的优化越来越容易陷入局部最优解, 而且也越来越偏离真正的全局最优. 另一方面, 随着网络层数的增加, “梯度消失”现象更加严重. 所以, 传统神经网络模型实际的网络层数并不太多, 往往只含有一层隐层, 故被称为浅层神经网络 (shallow neural network, SNN).

2006 年, 多伦多大学教授、机器学习的领军人物欣顿教授等人 (参见文献 [68]) 利用预训练的方式来缓解局部最优解的问题, 将隐层增加到了 7 层, 实现了真正意义上的“深度”神经网络 (deep neural network, DNN). 之后, 各种深度神经网络模型相继提出, 网络层数也不断增加, 从十几层到几十层, 甚至上百层. 比如深度残差学习网络模型就有 152 层 (参见文献 [64]). 深度神经网络与传统神经网络 (浅层的) 单从结构上来看, 没有任何区别, 都是由输出层、输入层和中间的隐层构成, 相邻层之间的节点有连接, 同一层的节点之间无连接. 区别在于隐层的层数上, 深度神经网络由于具有更多的隐层 (图 6.6), 因而对事件的抽象表现能力更强, 也能模拟更复杂的模型.

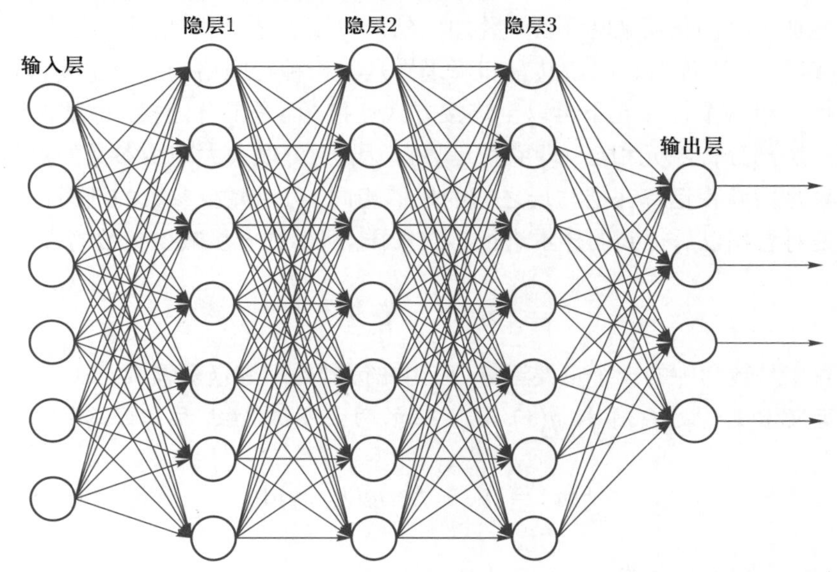

图 6.6
含有 3 层隐层的深度神经网络模型

区别于传统的机器学习方法 (包括浅层神经网络), 深度学习除了强调神经网络模型的结构深度外, 还明确了特征学习的重要性. 神经网络模型通常会有较多的隐层, 通过逐层处理的内部特征变换, 将样本在原空间的特征表示变换到一个新特征空间. 同时充分利用大样本数据来学习特征, 刻画出数据的丰富内在信息, 使得原本很难分类或预测的事件变得容易. 因此, 深度学习的实质是建立深度神经网络模型, 通过海量的训练数据来学习事物的特征, 从而最终提升分类或预测的准确性.

6.4 卷积神经网络

6.3 节介绍了前馈式的深度神经网络, 它的特点是神经网络中的每个单元都和下一层的每个单元 (偏置单元除外) 相连, 也称这样结构的网络为全连接神经网络. 如果将全连接神经网络用于图像处理, 会导致严重的参数数量膨胀问题. 所需计算量急速增大, 甚至超出极限的范畴. 以一幅 1024×1024 的图像为例, 其像素点数约为 10^6, 如果隐层含有 1000 个单元, 那么光一层隐层就约

有 10^9 个参数需要训练, 不仅使得整体算法效率非常低, 还会导致过拟合. 因此, 全连接神经网络在面对诸如图像识别、语音识别任务时常常无法获得较好的效果. 下面介绍另一种重要的神经网络模型: 卷积神经网络 (convolutional neural network, CNN), 它已成为当前语音分析和图像识别等领域的研究热点.

卷积神经网络通常由卷积层 (convolution layer)、池化层 (pooling layer, 又称采样层)、全连接层 (full connected layer) 构成. 一般的模式为若干个卷积层后叠加一个池化层 (也可以不叠加), 然后重复上述结构几次, 再连接若干个全连接层. 局部连接、权值共享和降采样是卷积神经网络的三个主要特点. 局部连接是指每个神经元不再以全连接方式连接, 而是部分连接, 每层神经元只和下一层部分神经元相连 (即卷积运算). 因此, 可以大大减少参数的数量. 权值共享是指卷积运算在层与层之间的权值相同, 可以减少参数的数量. 降采样指的是对卷积以后得到的样本进行再次采样, 从而进一步减少参数的数量.

6.4.1 卷积

卷积是数学中的一个重要运算, 应用在信号处理等众多领域.

定义 6.1 设 $f(x)$ 和 $g(x)$ 是 $\mathbb{R}$ 上的两个可积函数, 称积分函数

$$S(x) \overset{\text{def}}{=} \int_{-\infty}^{+\infty} f(y)g(x-y)\mathrm{d}y$$

为 f 和 g 的卷积, 记为 $S(x) = (f \times g)(x)$.

在实际计算中, 通常是离散取点, 卷积在离散情形下的定义为

定义 6.2 设 $f(n)$ 和 $g(n)\,(n=-\infty,\cdots,+\infty)$ 是两个离散序列, 称

$$S(n) \overset{\text{def}}{=} \sum_{i=-\infty}^{+\infty} f(i)g(n-i)$$

为 f 和 g 的离散卷积, 仍记为 $s(n) = (f \times g)(n)$.

类似地可以定义高维卷积, 以二维为例, 离散卷积为

$$S(m,n) = (f \times g)(m,n) = \sum_{i=-\infty}^{+\infty}\sum_{j=-\infty}^{+\infty} f(i,j)g(m-i,n-j).$$

在神经网络中, 卷积都是指离散卷积 (也称为互相关 (cross-correlation)), 通常写成

$$S(m,n) = (I * K)(m,n) = \sum_i \sum_j I(m+i,n+j)K(i,j).$$

称其中的 K 为卷积核, 也称为滤波器 (filter), 输出值 $S(m,n)$ 为特征图 (feature map). 可以看出, 虽然两个卷积在形式上有差别, 但本质上是一样的.

6.4.2 卷积层

在图像处理领域, 卷积操作被广泛应用. 不同卷积核可以提取不同的特征, 例如边、线、角等特征. 在卷积神经网络中, 通过卷积操作可以提取出不同级别 (简单或者复杂) 的图像特征. 因此, 卷积层是卷积神经网络的核心.

卷积层的输出通常由 3 个量控制, 下面以图 6.7 为例进行说明. 假设输入的是5×5 的彩色图片, 表示为矩阵 $\boldsymbol{X}$, 其中 $\boldsymbol{X}=(x_{ijd})_{5\times 5\times 3}$, $i,j=0,1,2,3,4$, $d=0,1,2$. 卷积核有 2 个, 分别用 $\boldsymbol{W}_0$ 和 $\boldsymbol{W}_1$ 表示, 其中 $\boldsymbol{W}_0$ 和 $\boldsymbol{W}_1$ 都是 3×3 的矩阵, 分量为 w^l_{mnd}, $m,n,d=0,1,2$, $l=0,1$, 上标 $l=0$ 表示是 $\boldsymbol{W}_0$ 的分量,

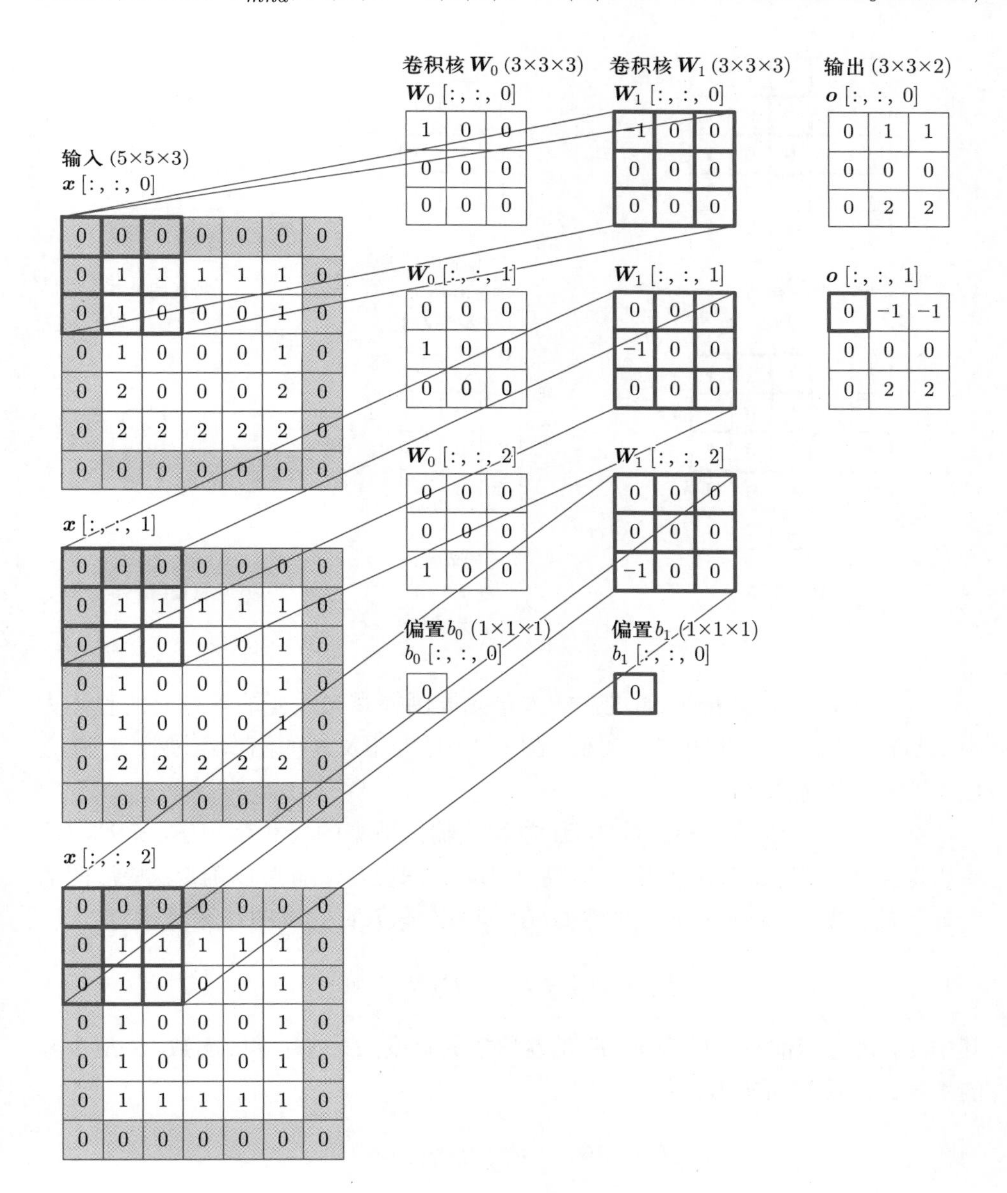

图 6.7 卷积层的卷积核运作, 其中深度为 2, 步幅为 2, 有补零且补零的数据用蓝色标出

否则是 $\boldsymbol{W}_1$ 的分量. 对应的偏置为 $\boldsymbol{b}_0$ 和 $\boldsymbol{b}_1$, 都是标量 ($1 \times 1 \times 1$ 矩阵), 类似地引入 b^l, $l = 0, 1$, 上标 $l = 0$ 表示是 $\boldsymbol{b}_0$, 否则是 $\boldsymbol{b}_1$.

深度 (depth): 顾名思义, 它控制卷积层输出的深度. 卷积层可以有多个卷积核, 每个卷积核进行卷积运算后可以得到一个特征图. 因此, 卷积层的深度就是卷积核的个数. 图 6.7 有 2 个卷积核, 所以, 深度是 2.

步幅 (stride): 它控制同一深度里特征图的两个相邻单元所对应输入区域之间的距离. 图 6.7 的步幅是 2. 如果步幅小的话 (如步幅为 1), 相邻单元对应的输入区域重叠部分会多一些; 反之, 步幅大, 则重叠区域变少. 图 6.8(a) 和 (b) 展示了步幅为 1 和 2 的区别.

1	1	1	1	1
1	0	0	0	1
1	0	0	0	1
2	0	0	0	2
2	2	2	2	2

图片5×5

1	0	0
0	0	0
0	0	0

偏置0
卷积3×3

0	1	

特征图3×3

(a) 步幅为 1

1	1	1	1	1
1	0	0	0	1
1	0	0	0	1
2	0	0	0	2
2	2	2	2	2

图片5×5

1	0	0
0	0	0
0	0	0

偏置0
卷积3×3

0	1

特征图3×3

(b) 步幅为 2

图 6.8
步幅分别为 1 和 2

补零 (zero-padding): 通过在输入单元周围补零来改变输入单元的整体大小, 从而控制输出单元的空间大小. 图 6.7 中, 在 5×5 的图像周围补 0, 使之成为 7×7 的输入.

给定深度、步幅和补零数值后, 卷积层输出数据的尺寸$L_2 \times H_2 \times D_2$ (即卷积层得到的特征图, 其宽度L_2、高度 H_2 和深度D_2) 就可以确定. 特征图的个数就是深度, 也就是卷积核的个数 K, 即 $D_2 = K$; 宽度的计算公式为

$$L_2 = (L_1 - F + 2P)/S + 1,$$

其中 L_1 是卷积前图像的宽度, F 是卷积核的宽度, P 是补零的圈数, S 是步幅的步长; 高度也可类似计算:

$$H_2 = (H_1 - F + 2P)/S + 1,$$

其中 H_1 是卷积前图像的高度.

假设有补零, 且步幅为 1, 则卷积层输出的计算公式是

$$a_{ij}^l = f\left(\sum_{d=0}^{D-1}\sum_{m=0}^{F-1}\sum_{n=0}^{F-1} w_{mnd}^l x_{i+m-1,j+n-1,d} + b^l\right), \tag{6.4.1}$$

其中 $i = 0, \cdots, L_2 - 1, j = 0, \cdots, H_2 - 1, D$ 表示输入通道数 (图 6.7 输入的是彩图, 有 3 通道, 所以 $D = 3$), x_{mnd} 表示输入数据的第 d 个通道上第 m 行 n 列的值, 补零所增加的 0 数据在第 -1 行 (第 -1 列) 或者第 L_1 行 (第 H_1 列), w_{mnd}^l 表示第 l 个卷积核的第 d 层上第 m 行 n 列的值, b^l 为偏置项, f 表示激活函数.

卷积层具有三个显著特点.

(1) 稀疏交互 (sparse interactions): 在卷积层中神经元只与输入数据的一个局部区域连接. 称该局部连接区域为神经元的感受野 (receptive field). 从公式 (6.4.1) 可知, 输出 a_{ij}^l 只与 $x_{i-1+m,j-1+n,d}(d = 0, 1, \cdots, D-1,\ m, n = 0, 1, \cdots, F-1)$ 有关. 这种结构保证了训练好的每个卷积核只对局部输入模式产生最强烈的响应. 这与全连接有着本质的不同. 但经过多层卷积层的神经元堆积后, 由于逐层递增, 这些卷积层又具有了全局性 (能对更大输入区域产生响应, 如图 6.9 所示).

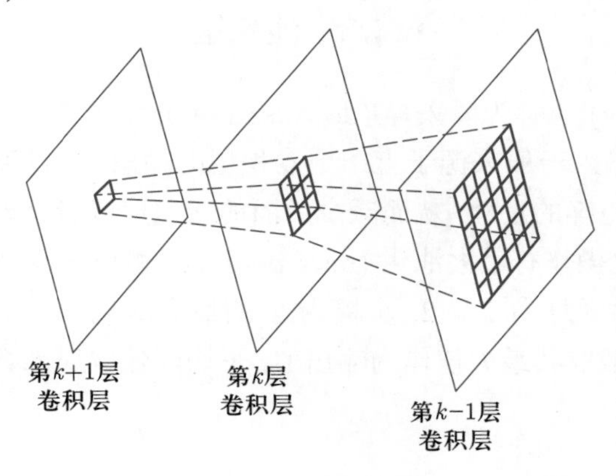

图 6.9
多层卷积层的感受野递增

(2) 参数共享 (parameter sharing): 在全连接深度神经网络中, 隐层中每个神经元的权值都可以是不一样的. 这使得网络中参数的数量非常庞大. 但在卷积层中, 卷积核对上一层的输入数据都是相同的, 也就是说不同感受野采用的是相同的权值. 从公式 (6.4.1) 可知, 参数w_{mnd}^l 和 b^l 与输出位置 i, j 无关. 共享权值可以极大地减少待学习的自由参数的个数, 从而提高了学习效率.

(3) 等变表示 (equivariant representations): 如果当一个函数 $f(x)$ 的自变量以某种方式改变时, 函数值也会以相同的方式改变, 那么称该函数 f 具有等变性质 (equivariant). 如图 6.10, 函数 $f(x)$ 的自变量 x 按照函数 $g(x)$ 确定的

规则进行变化时, 函数值 $f(x)$ 也按照同样的 $g(x)$ 方式进行变化, 也就是

$$f(g(x)) = g(f(x)).$$

称函数 $f(x)$ 对函数 $g(x)$ 是等变的. 卷积运算就具有等变性. 例如, 卷积运算对平移变换是等变的, 即先对图像 $I(x,y)$ 做平移变换, 再做卷积运算, 与先对图像 I 做卷积运算, 再做平移变换, 所得到的结果是一样的.

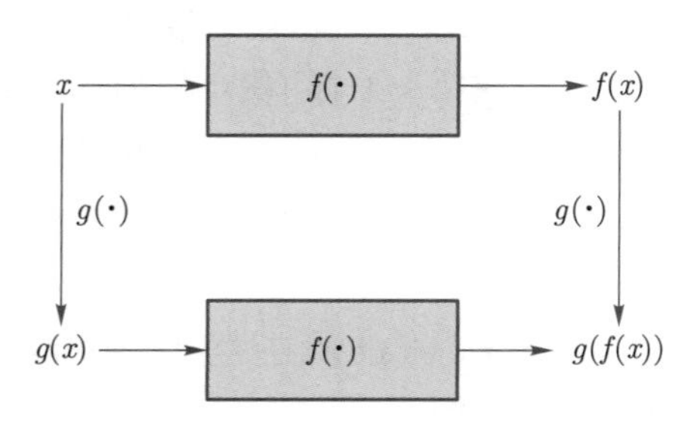

图 6.10
函数的等变性质

在处理图像时, 第一层的卷积隐层需进行图像的边缘检测, 这对后面进一步特征提取很有帮助. 相同的边缘散落在图像的各处, 正是由于卷积运算对平移变换的等变性质, 可以对整个图像进行参数共享. 当然, 卷积对其他的一些变换并不是天然等变的, 比如, 对于图像的放缩或者旋转变换.

6.4.3 池化层

池化 (pooling) 也称为降采样 (down sampling), 也是一种特征提取的局部操作. 池化层的输入一般来源于上一个卷积层的输出, 经过池化层后可以非常有效地缩小参数矩阵的尺寸, 从而减少后面的卷积层或者全连接层中的参数数量. 最常用的池化操作有最大池化 (max pooling) 和平均池化 (mean pooling). 图 6.11 显示了感受野为 2×2, 步幅为 2 的最大池化和平均池化. 最大池化在输入数据的局部取其最大值作为输出值, 平均池化取局部数据的均值作为输出值.

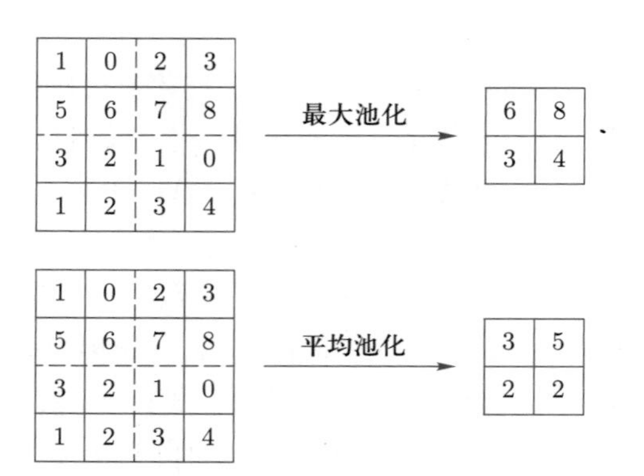

图 6.11
池化层的最大池化和平均池化

从图 6.11 可以看出, 池化层将保持数据的深度不变. 它在减少下一层参数的同时, 对不同位置的小尺度特征进行聚合统计, 保留了输入数据大尺度上的主要特征. 这种不同尺度上的处理与人脑的认知功能非常类似, 在浅层上得到局部特征, 在深层上得到相对的全局特征 (参见文献 [14]). 也正是基于多尺度的想法, 后续发展的空间金字塔池化 (spatial pyramid pooling) 方法将一个尺度的池化变成了多个不同尺度上的池化, 获取图像中的多尺度信息, 让网络架构可以处理任意大小的图像输入, 提高模型的适用能力, 具有非常重要的意义.

6.4.4 卷积神经网络的网络架构

卷积神经网络可以由若干卷积层、池化层、全连接层组成. 图 6.12 展示了卷积神经网络一种常用的基本架构: 首先, 一个卷积层 (可以多个卷积层) 叠加一个池化层; 然后, 重复这个结构多次 (图 6.12 中重复了两次); 最后, 叠加多个全连接层 (图 6.12 中叠加了两个全连接层).

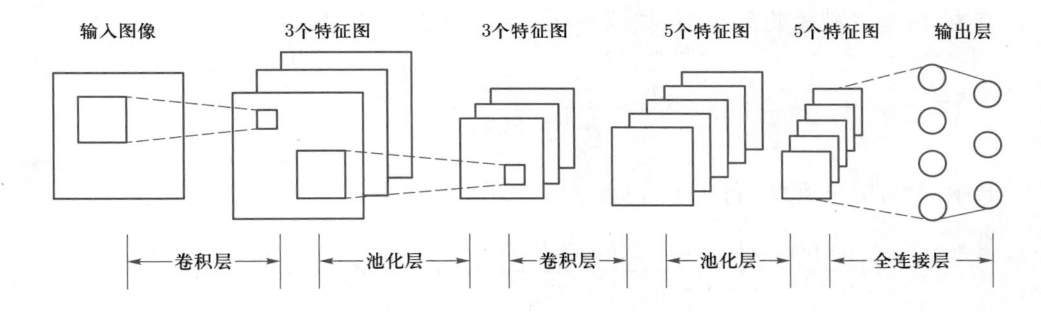

图 6.12 卷积神经网络的网络架构示意图

如图 6.12 所示, 输入层为输入图像的数据, 深度为 1. 第一层是卷积层, 有 3 个卷积核, 得到了 3 个特征图. 卷积核的个数 (3) 是一个超参数, 也就是说, 卷积核的个数是事先根据问题的特点或者其他性质设定的. 当然可以在卷积层中采用更多的卷积核, 提取更多的特征. 但如果卷积核太多, 那么会大大增加未知量的数目, 导致计算量的急增. 第二层是池化层, 得到尺寸更小的 3 个特征图. 然后重复这样的结构一次. 不同的是第三层的卷积层采用了 5 个卷积核, 得到 5 个特征图. 最后两层是全连接层. 第五层的全连接层的每个神经元和上一层 5 个特征图的每个神经元相连. 第六层的全连接层 (即输出层) 的每个神经元则和第五层全连接层的每个神经元相连, 得到了整个网络的输出.

从图 6.12 可以看出, 在卷积神经网络中卷积层的层结构和全连接神经网络的层结构是不同的. 卷积神经网络每层的神经元是按照三维排列, 有宽度、高度和深度的; 而全连接神经网络每层的神经元是按照一维排列的.

6.4.5 权值的训练

对于深度神经网络模型，梯度下降法最主要的运算是利用反向传播算法对误差项进行计算. 而在卷积神经网络中，由于卷积层和池化层的存在，反向传播算法的具体公式有所变化.

首先考虑卷积层. 假设输入的是二维图像数据，卷积层的步幅深和深度都取 1，不考虑补零. 偏置项取 0. 这些假设只是为了阐述的方便，其他情况的卷积层可以在此基础上直接推广. 用 $\delta_{i,j}^{(l)}$ 表示第 l 层第 i 行第 j 列的误差项，$w_{i,j}^{(l-1)}$ 表示第 $l-1$ 层到第 l 层卷积核的第 i 行第 j 列的权值，$z_{i,j}^{(l)}$ 表示第 l 层第 i 行第 j 列神经元的输入，$f^{(l)}$ 表示第 l 层的激活函数. 第 l 层第 i 行第 j 列的输出 $a_{i,j}^{(l)}$ 为

$$\begin{aligned} z_{i,j}^{(l)} &= \sum_{p=0}^{F-1}\sum_{q=0}^{F-1} a_{i+p,j+q}^{(l-1)} w_{p,q}^{(l-1)} + b^{(l-1)} = (\boldsymbol{a}^{(l-1)} * \boldsymbol{W}^{(l-1)})(i,j), \\ a_{i,j}^{(l)} &= f^{(l)}(z_{i,j}^{(l)}), \end{aligned}$$

其中 F 是卷积核的宽度. 根据误差项的定义和链式法则，有

$$\delta_{i,j}^{(l)} = \frac{\partial J}{\partial z_{i,j}^{(l)}} = \frac{\partial J}{\partial a_{i,j}^{(l)}} \frac{\partial a_{i,j}^{(l)}}{\partial z_{i,j}^{(l)}},$$

其中 J 为损失函数. 再由于

$$\begin{aligned} \frac{\partial J}{\partial a_{i,j}^{(l)}} &= \sum_p \sum_q \frac{\partial J}{\partial z_{p,q}^{(l+1)}} \frac{\partial z_{p,q}^{(l+1)}}{\partial a_{i,j}^{(l)}} = \sum_p \sum_q \delta_{p,q}^{(l+1)} w_{i-p,j-q}^{(l)}, \\ \frac{\partial a_{i,j}^{(l)}}{\partial z_{i,j}^{(l)}} &= \frac{\partial f(z_{i,j}^{(l)})}{\partial z_{i,j}^{(l)}} = f'(z_{i,j}^{(l)}), \end{aligned}$$

可以得到误差项的递推公式

$$\delta_{i,j}^{(l)} = \sum_p \sum_q \delta_{p,q}^{(l+1)} w_{i-p,j-q}^{(l)} f'(z_{i,j}^{(l)}),$$

其中当 δ 和w 的下标超出范围时，其值取零. 进一步，可以得到

$$\frac{\partial J}{\partial w_{i,j}^{(l)}} = \sum_p \sum_q \delta_{p,q}^{(l+1)} a_{i+p,j+q}^{(l)},$$

接着考虑池化层. 由于不涉及权重等参数，只需要计算误差项的传递公式即可. 如果池化层采用的是最大池化，那么

$$z_{i,j}^{(l+1)} = \max_{p,q}\{z_{p,q}^{(l)}\},$$

其中 p,q 是池化层输出 $z_{i,j}^{(l+1)}$ 所对应的感受野中所有神经单元的位置下标. 因此, 感受野中神经单元 $z_{p,q}^{(l)}$ 值最大的那个神经元所在位置是其误差项会传递的位置, 而其余位置上的误差项是不会传递的, 其值都为 0. 图 6.13 显示了池化层的最大池化运算. 右边子图中数字 6 所在位置的误差项会传递到上一层 (左边子图) 的数字 6 位置上的误差项, 而阴影处的其余三个位置 1, 0, 5 上的误差项都为 0.

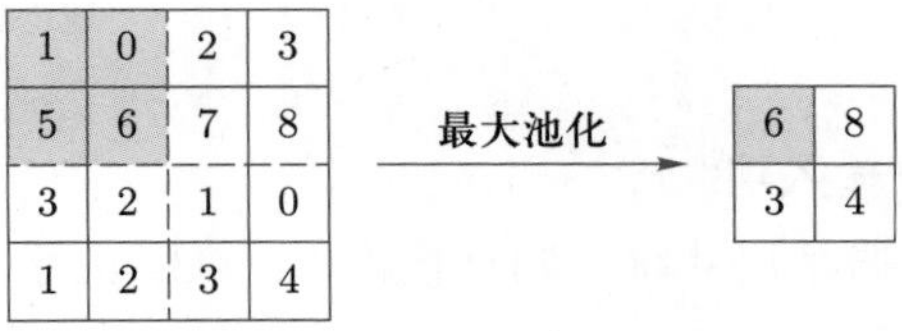

1	0	2	3
5	6	7	8
3	2	1	0
1	2	3	4

最大池化 →

6	8
3	4

图 6.13 池化层的最大池化运算

如果池化层采用的是平均池化, 那么误差项传递公式要复杂一些:

$$\left(\delta_{p,q}^{(l)}\right)_{d\times d} = \frac{1}{d^2}\delta_{i,j}^{(l+1)}\boldsymbol{E}_{d\times d},$$

其中 $\boldsymbol{E}_{d\times d}$ 表示所有元素都是 1 的 $d\times d$ 矩阵, $\left(\delta_{p,q}^{(l)}\right)_{d\times d}$ 表示由元素 $\delta_{p,q}^{(l)}$ 构成的矩阵, p,q 是池化区域内神经元的位置下标, d 为池化区域的宽度. 写成矩阵向量形式为

$$\boldsymbol{\delta}^{(l)} = \frac{1}{d^2}\boldsymbol{\delta}^{(l+1)} \otimes \boldsymbol{E}_{d\times d},$$

其中 $\otimes$ 表示克罗内克积 (Kronecker product). 图 6.14 显示了池化层的平均池化运算. 右边子图中数字 3 所在位置的误差项会均匀分配传递到上一层 (左边子图) 阴影标出位置上的误差项.

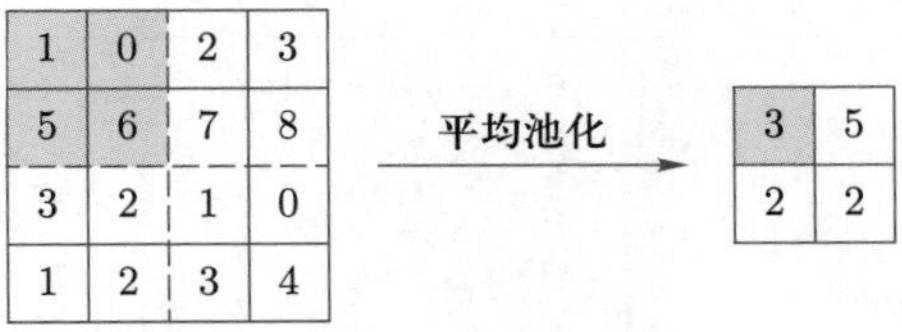

1	0	2	3
5	6	7	8
3	2	1	0
1	2	3	4

平均池化 →

3	5
2	2

图 6.14 池化层的平均池化运算

6.4.6 LeNet-5 卷积神经网络

LeNet-5 卷积神经网络是美国工程院院士杨立昆 (Yann LeCun) 等人在他们 1998 年的论文 [79] 里首次提出的, 并在手写体字符识别中取得了很好的效果, 从而备受关注. 图 6.15 (摘自 [79]) 显示了 LeNet-5 卷积神经网络的架构.

LeNet-5 除了输入层, 还有 7 层, 分别是卷积层、池化层、卷积层、池化层、全连接层、全连接层和输出层. 下面逐一介绍图 6.15 里的每一层:

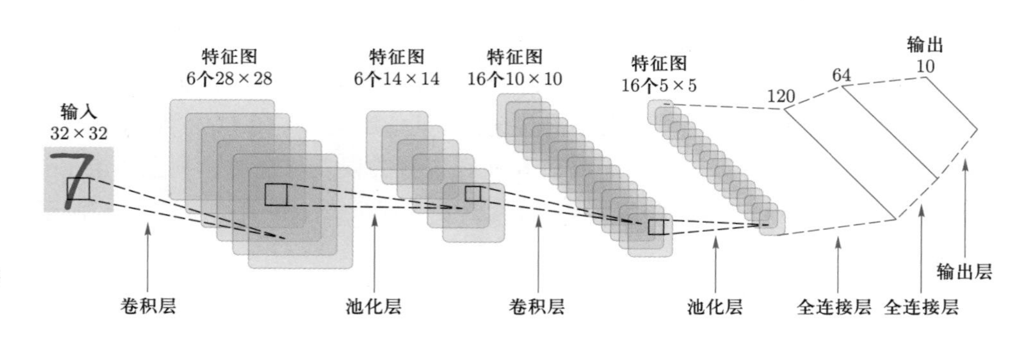

图 6.15 卷积神经网络 LeNet-5 的架构

(1) INPUT 层一输入层

输入层输入的数据是尺寸统一归一化为 32×32 的手写图像.

(2) C1 层–卷积层

对输入图像进行第一次卷积运算. 使用 6 个 5×5 大小的卷积核的, 得到 6 个 28×28 大小的特征图, 其中 28 是由 $32 - 5 + 1$ 计算得到的. 由于卷积核的大小为 5×5, 外加一个偏置, 总共就有 $6 \times (5 \times 5 + 1) = 156$ 个参数.

(3) S2 层–池化层

卷积之后紧接着是池化层. 采用 2×2 采样窗口上的平均池化, 得到了 6 个 14×14 的特征图, 其中 14 是由 28/2 计算得到.

(4) C3 层–卷积层

第二次的卷积运算采用与 C1 层相同的 5×5 大小的卷积核. 由于输入的是 14×14 的特征图, 所以输出的是 10×10 的特征图. 与 C1 层不同的是这里将输出 16 个特征图, 它们与 S2 层 6 个特征图的连接方式见表 6.1. 这种不对称的组合连接方式能减少参数, 同时也有利于提取多种组合特征.

表 6.1 C3 层一卷积层中 16 个特征图与 S2 层–池化层 6 个特征图的连接方式

	0	1	2	3	4	5	6	7	8	9	10	11	12	13	14	15
0	X				X	X	X			X	X	X	X		X	X
1	X	X				X	X	X			X	X	X	X		X
2	X	X	X				X	X	X			X		X	X	X
3		X	X	X			X	X	X	X			X		X	X
4			X	X	X			X	X	X	X		X	X		X
5				X	X	X			X	X	X	X		X	X	X

表 6.1 的列表示 C3 的 16 个特征, 行表示 C2 的 6 个特征. C3 层的前 6 个特征图 (对应表 6.1 第 $0-5$ 列) 与 S2 层的 3 个特征图相连接; 后面 6 个特征图 (对应表 6.1 第 $6-11$ 列) 与 S2 层 4 个特征图相连接; 后面 3 个特征图 (对应表 6.1 第 $12-14$ 列) 与 S2 层的 4 个特征图相连接; 最后 1 个特征图 (对应表 6.1 第 15 列) 与 S2 层的所有特征图相连. 由于卷积核大小依然为 5×5, 所以总参数共有 $6\times(3\times5\times5+1)+6\times(4\times5\times5+1)+3\times(4\times5\times5+1)+1\times(6\times5\times5+1) =$

1516 个.

(5) S4 层–池化层

第二次的池化层, 采样窗口大小仍然是 2×2, C3 层 16 个 10×10 的特征图分别进行平均池化后得到 16 个 5×5 的特征图.

(6) C5 层–全连接层

C5 层的神经单元个数是 120 个. 由于 S4 层的 16 个特征图的大小为 5×5, 所以仍然采用大小相同的 5×5 卷积核. 经卷积后形成大小为 1×1 的 120 个数. 事实上, 这等价于将 $16\times5\times5$ 输入数据拉成一个向量, 该向量与 120 个神经单元进行全连接. 总共有 $(16\times5\times5+1)\times120=16\times5\times5\times120+120=48120$ 个参数.

(7) F6 层–全连接层

F6 层有 84 个神经单元, 与 C5 层的 120 神经单元进行全连接. 总共有 $(120+1)\times84=10164$ 个参数.

(8) OUTPUT 层–输出层

OUTPUT 层也是全连接层, 共有 10 个神经单元, 在手写数字识别中分别代表数字 0 到 9. 有 $84\times10=840$ 个参数.

从图 6.15 的 LeNet-5 网络架构可以看出, 卷积层和池化层等模块化的存在, 能够方便和清晰地分析卷积神经网络模型的整体框架结构, 也方便构建更深层复杂的卷积神经网络. 比如 AlexNet, 它与 LeNet-5 类似, 但具有更多的层模块和复杂的结构.

6.5 循环神经网络

在前馈式神经网络模型中, 从输入层到隐含层再到输出层, 层与层之间是按顺序串联的, 每层之间的节点是无连接的. 但不少问题需要更好的处理序列的信息, 例如在自然语言处理中, 句子的单词不是孤立的. 要预测句子的下一个单词, 需要用到前面的单词信息. 显然这种前后有关联的结构是前馈式神经网络模型无法处理的. 为此, 出现了循环神经网络 (recurrent neural network, RNN), 具体表现为网络会对前面的信息进行记忆, 并应用于当前输出的计算中.

6.5.1 简单循环神经网络

简单循环神经网络 (simple recurrent network, SRN) 是一种特殊的只有一个隐层的循环神经网络, 是埃尔曼 (Elman) 于 1990 年首次提出 (参见文献

[50]). 图 6.16(a) 显示了一个简单循环神经网络, 其中 $\boldsymbol{x}$ 是输入, $\boldsymbol{s}$ 代表隐层, $\boldsymbol{o}$ 是输出, $\boldsymbol{U}$, $\boldsymbol{V}$, $\boldsymbol{W}$ 是权值矩阵. 而 (b) 是 (a) 中模型的具体展开形式. $\boldsymbol{x}_t$, $\boldsymbol{s}_t$, $\boldsymbol{o}_t$ 都是向量. 输入层 $\boldsymbol{x}_t$ 到隐层 $\boldsymbol{s}_t$ 是全连接, 连接权值矩阵为 $\boldsymbol{U}$; 隐层 $\boldsymbol{s}_t$ 到输出层 $\boldsymbol{o}_t$ 也是全连接, 连接权值矩阵为 $\boldsymbol{V}$; $t-1$ 时刻的隐层 $\boldsymbol{s}_t$ 到 t 时刻的隐层 $\boldsymbol{s}_t$ 还是全连接, 连接权值矩阵为 $\boldsymbol{W}$.

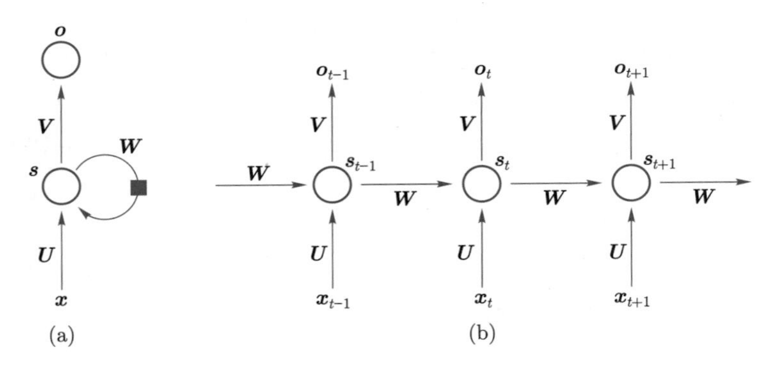

图 6.16 简单循环神经网络和它的展开形式

给定一个输入序列 $\{\boldsymbol{x}_t\}_{t=1}^{L}=\{\boldsymbol{x}_1,\cdots,\boldsymbol{x}_L\}$, 从图 6.16 可以看出, 在时刻 t, 隐层的输入除了 $\boldsymbol{x}_t$ 以外, 还有上一时刻 $t-1$ 时的激活值 $\boldsymbol{s}_{t-1}$. 显然这与前面的前馈神经网络模型有区别, 可以表示为:

$$\boldsymbol{o}_t = g(\boldsymbol{V}\boldsymbol{s}_t+\boldsymbol{b}_0), \tag{6.5.1}$$

$$\boldsymbol{s}_t = f(\boldsymbol{z}_t), \tag{6.5.2}$$

$$\boldsymbol{z}_t = \boldsymbol{U}\boldsymbol{x}_t+\boldsymbol{W}\boldsymbol{s}_{t-1}+\boldsymbol{b}_1, \tag{6.5.3}$$

其中 g 和 f 是激活函数. 权值矩阵 $\boldsymbol{U}$, $\boldsymbol{V}$, $\boldsymbol{W}$ 和 $\boldsymbol{b}_0,\boldsymbol{b}_1$ 在所有步骤中都是一样的. 因为每个步骤执行相同任务, 只是使用不同的输入, 所以大大减少了需要学习的参数量.

将 $\boldsymbol{z}_t$ 代入到 $\boldsymbol{s}_t$ 的表达式中, 得到

$$\boldsymbol{s}_t = f(\boldsymbol{U}\boldsymbol{x}_t+\boldsymbol{W}\boldsymbol{s}_{t-1}+\boldsymbol{b}_1) = h(\boldsymbol{s}_{t-1},\boldsymbol{x}_t).$$

通常都令 $\boldsymbol{s}_0=\boldsymbol{0}$. 上式可以看成一个离散动力系统, 即按照一定的规则随时间演变的系统. 其中 h 或者 f 为演变规则, $\boldsymbol{s}_t$ 是状态, 所有状态组成的集合为状态空间 (或者相空间). 给定演变规则和输入, 可以得到任何时刻的状态,

$$\begin{aligned}\boldsymbol{s}_t &= f(\boldsymbol{b}_1+\boldsymbol{U}\boldsymbol{x}_t+\boldsymbol{W}\boldsymbol{s}_{t-1})\\ &= f(\boldsymbol{b}_1+\boldsymbol{U}\boldsymbol{x}_t+\boldsymbol{W}f(\boldsymbol{b}_1+\boldsymbol{U}\boldsymbol{x}_{t-1}+\cdots)).\end{aligned}$$

可以看出 $\boldsymbol{s}_t$ 含有所有先前步骤中发生事件的信息, 这就是网络的“记忆”. 需要说明的是, 通常情况下 $\boldsymbol{s}_t$ 无法从太多先前时间步骤中获得信息, 也就是说 $\boldsymbol{s}_t$ 只具有短记忆.

简单循环神经网络中, 隐层 $\boldsymbol{s}_t$ 受到前一时刻的隐层 $\boldsymbol{s}_{t-1}$ 的影响. 如果隐层 $\boldsymbol{s}_t$ 还受到后一时刻隐层 $\boldsymbol{s}_{t+1}$ 的影响, 那么可以得到双向循环神经网络, 如图 6.17 所示. 简单循环神经网络中只有一个隐层. 如果进一步深化, 构造两个以上隐层, 那么可以得到深度循环神经网络模型, 如图 6.18 所示.

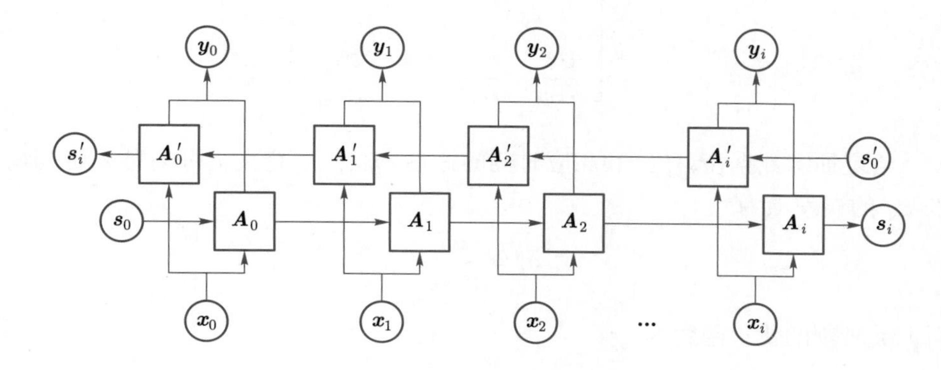

图 6.17 双向循环神经网络

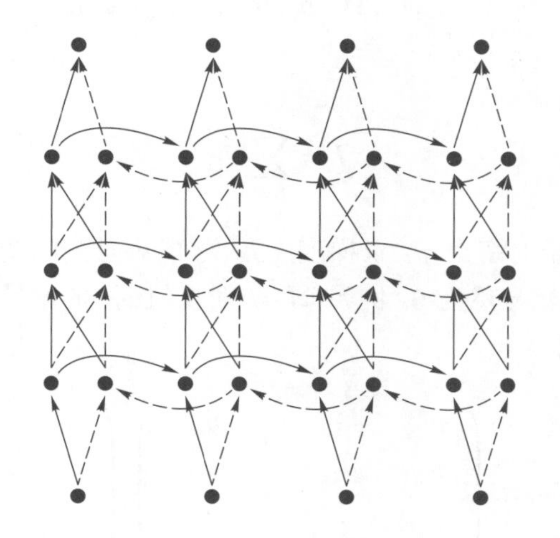

图 6.18 深度循环神经网络

6.5.2 基于时间的反向传播算法

循环神经网络的参数仍然通过梯度下降算法进行训练, 当涉及误差项的计算时, 也采用反向传播算法, 只是 RNN 的误差项不仅取决于当前时间步上的计算量, 还与先前时间步上的计算量有关, 被称为基于时间的反向传播算法 (back propagation through time, BPTT). 下面以简单循环神经网络 (图 6.16) 为例进行介绍.

若 $\boldsymbol{x}$ 和 $\boldsymbol{z}$ 为 n 维向量, f 为可微函数, 则 $\boldsymbol{z} = f(\boldsymbol{x})$ 意为 $z_i = f(x_i)(i = 1, \cdots, n)$; 向量函数 $\boldsymbol{z}$ 关于向量变量 $\boldsymbol{x}$ 的偏导数简记为

$$\frac{\partial \boldsymbol{z}}{\partial \boldsymbol{x}}=\begin{bmatrix} \frac{\partial z_1}{\partial x_1} & \frac{\partial z_1}{\partial x_2} & \cdots & \frac{\partial z_1}{\partial x_n} \\ \frac{\partial z_2}{\partial x_1} & \frac{\partial z_2}{\partial x_2} & \cdots & \frac{\partial z_2}{\partial x_n} \\ \vdots & \vdots & & \vdots \\ \frac{\partial z_n}{\partial x_1} & \frac{\partial z_n}{\partial x_2} & \cdots & \frac{\partial z_n}{\partial x_n} \end{bmatrix}.$$

给定训练数据$\{\boldsymbol{x}_t\}_{t=1}^L$ 和相应时刻的标签 $\{\hat{y}_t\}_{t=1}^L$. 定义 t 时刻对 k 时刻输入 $\boldsymbol{z}_k$ 的误差项为

$$\boldsymbol{\delta}_t^k=\frac{\partial J_t}{\partial \boldsymbol{z}_k}.$$

而记 t 时刻的代价函数为

$$J_t(\boldsymbol{V},\boldsymbol{U},\boldsymbol{W},\boldsymbol{b}_0,\boldsymbol{b}_1)=L(\hat{y}_t,\boldsymbol{o}_t).$$

总的代价函数为

$$J=\sum_{t=1}^L J_t.$$

对于 J 求梯度等于对每个 J_t 求梯度. J_t 关于 k 时刻的变量求偏导数, 如果 $k>t$, 那么其偏导数显然为 0. 例如, 求 J 对权值w_{ij} 的偏导数. 将公式 (6.5.3) 写成矩阵向量形式

$$\begin{pmatrix} z_{t,1} \\ z_{t,2} \\ \vdots \\ z_{t,n} \end{pmatrix}=\boldsymbol{U}\boldsymbol{x}_t+\begin{pmatrix} w_{11} & w_{12} & \cdots & w_{1n} \\ w_{21} & w_{22} & \cdots & w_{2n} \\ \vdots & \vdots & & \vdots \\ w_{n1} & w_{n2} & \cdots & w_{nn} \end{pmatrix}\begin{pmatrix} s_{t-1,1} \\ s_{t-1,2} \\ \vdots \\ s_{t-1,n} \end{pmatrix}+\boldsymbol{b}_1, \qquad (6.5.4)$$

其中 $z_{t,i}(i=1,\cdots,n)$ 表示 $\boldsymbol{z}_t$ 的第 i 个分量. 可以推出

$$\frac{\mathrm{d}z_{t,l}}{\mathrm{d}w_{ij}}=\begin{cases} 0, & l\neq i \\ s_{t-1,j}, & l=i. \end{cases}$$

因此,

$$\frac{\partial J}{\partial w_{ij}}=\sum_{t=1}^L\frac{\partial J_t}{\partial w_{ij}}=\sum_{t=1}^L\sum_{k=1}^t\sum_l\frac{\partial J_t}{\partial z_{k,l}}\frac{\mathrm{d}z_{k,l}}{\mathrm{d}w_{ij}}=\sum_{t=1}^L\sum_{k=1}^t\frac{\partial J_t}{\partial z_{k,i}}\frac{\mathrm{d}z_{k,i}}{\mathrm{d}w_{ij}}.$$

上式中 $\dfrac{\mathrm{d}z_{t,l}}{\mathrm{d}w_{ij}}$ 表示 $\boldsymbol{z}_t$ 的第 l 个分量关于 w_{ij} 求导, 而 $\boldsymbol{s}_{t-1}$ 视为与 w_{ij} 无关的常量. 另一方面, 根据 $\boldsymbol{\delta}_t^k$ 的定义, $\dfrac{\partial J_t}{\partial z_{k,i}}$ 是它的第 i 个分量, 所以

$$\frac{\partial J}{\partial w_{ij}} = \sum_{t=1}^{L}\sum_{k=1}^{t}\left(\boldsymbol{\delta}_t^k\right)_i s_{t-1,j},$$

或者

$$\frac{\partial J}{\partial \boldsymbol{W}} = \sum_{t=1}^{L}\sum_{k=1}^{t}\boldsymbol{\delta}_t^k\left(\boldsymbol{s}_{t-1}\right)^{\mathrm{T}}. \tag{6.5.5}$$

接着来推导 $\boldsymbol{\delta}_t^k$ 的反向递推关系. 根据 J_t 的定义, 有

$$\left(\boldsymbol{\delta}_t^k\right)^{\mathrm{T}} = \left(\frac{\partial J_t}{\partial \boldsymbol{z}_t}\right)^{\mathrm{T}}\frac{\partial \boldsymbol{z}_t}{\partial \boldsymbol{z}_k} = \left(\frac{\partial J_t}{\partial \boldsymbol{z}_t}\right)^{\mathrm{T}}\frac{\partial \boldsymbol{z}_t}{\partial \boldsymbol{z}_{t-1}}\cdots\frac{\partial \boldsymbol{z}_{k+1}}{\partial \boldsymbol{z}_k},$$

其中 $\dfrac{\partial \boldsymbol{z}_t}{\partial \boldsymbol{z}_{t-1}}$ 为方阵, $\dfrac{\partial \boldsymbol{z}_t}{\partial \boldsymbol{z}_{t-1}}\dfrac{\partial \boldsymbol{z}_{t-1}}{\partial \boldsymbol{z}_{t-2}}$ 为两个矩阵的乘积. 进一步利用链式法则可得

$$\frac{\partial \boldsymbol{z}_t}{\partial \boldsymbol{z}_{t-1}} = \frac{\partial \boldsymbol{z}_t}{\partial \boldsymbol{s}_{t-1}}\frac{\partial \boldsymbol{s}_{t-1}}{\partial \boldsymbol{z}_{t-1}}.$$

由公式 (6.5.4), 可知

$$\frac{\partial \boldsymbol{z}_t}{\partial \boldsymbol{s}_{t-1}} = \boldsymbol{W}.$$

再根据公式 (6.5.2), 有

$$\frac{\partial \boldsymbol{s}_{t-1}}{\partial \boldsymbol{z}_{t-1}} = \left[f'(\boldsymbol{z}_{t-1})\right] \xlongequal{\text{def}} \begin{pmatrix} f'(z_{t-1,1}) & 0 & \cdots & 0 \\ 0 & f'(z_{t-1,2}) & \cdots & 0 \\ \vdots & \vdots & & \vdots \\ 0 & 0 & \cdots & f'(z_{t-1,n}) \end{pmatrix}.$$

将

$$\frac{\partial \boldsymbol{z}_t}{\partial \boldsymbol{z}_{t-1}} = \boldsymbol{W}\left[f'(\boldsymbol{z}_{t-1})\right],$$

代入 $\boldsymbol{\delta}_t^k$, 有

$$\left(\boldsymbol{\delta}_t^k\right)^{\mathrm{T}} = \left(\boldsymbol{\delta}_t^t\right)^{\mathrm{T}}\prod_{i=k}^{t-1}\boldsymbol{W}\left[f'(\boldsymbol{z}_i)\right]. \tag{6.5.6}$$

因为简单循环神经网络只有一层隐层, 所以前面只计算了误差项沿着时间的传递方式. 但如果有多于一层的隐层, 那么还需要计算误差项沿着层之间的

传递方式. 这完全类似于前馈神经网络中误差项的计算, 就不再叙述了. 从公式 (6.5.4)~(6.5.6) 可以看出 BPTT 算法, 在参数的更新所涉及的梯度计算中, 也需要一个完整的正向计算 (如计算所有的 $\boldsymbol{s}_t$) 和反向计算 (如 $\boldsymbol{\delta}_t^k$ 的反向递归推导).

6.5.3 梯度消失和梯度爆炸

RNN 有一个缺点就是容易在训练中发生梯度消失和梯度爆炸问题. 由公式 (6.5.6), 可以推出

$$\begin{aligned}\|\boldsymbol{\delta}_t^k\| &\leqslant \|\boldsymbol{\delta}_t^t\| \prod_{i=k}^{t-1} \|\boldsymbol{W}\| \|[f'(\boldsymbol{z}_i)]\| \\ &\leqslant \|\boldsymbol{\delta}_t^t\| (\beta_W \beta_f)^{t-k},\end{aligned}$$

其中 β_W 和 β_f 分别是 $\|\boldsymbol{W}\|$ 和 $\|[f'(\boldsymbol{z}_i)]\|$ 的上界. 若 $\beta_W\beta_f > 1$, 当 $t-k \to \infty$ 时, 会造成网络系统的梯度爆炸问题; 若 $\beta_W\beta_f < 1$, 当 $t-k \to \infty$ 时, 会造成网络系统的梯度消失问题. 所以当每个时序训练数据的长度较大或者某时刻较小, 即 $t \gg k$ 时, 损失函数关于隐层变量的梯度比较容易出现消失或爆炸的问题 (也称长期依赖问题).

为了解决这个问题, 提出了改进的循环神经网络模型, 比如长短时记忆网络 (long short-term memory, LSTM) 和门控循环单元 (gated recurrent unit, GRU).

6.5.4 长短时记忆网络

长短时记忆网络 (LSTM) 是 RNN 的一种变体, 适合于处理和预测时间序列中间隔和延迟相对较长的重要事件. LSTM 的主要思想是在隐层中增加一个用来储存长期信息的单元状态 (cell state, 记为 c, 如图 6.19 所示), 同时引入了线性连接, 从而更好地捕捉时序数据中间隔较强的依赖关系.

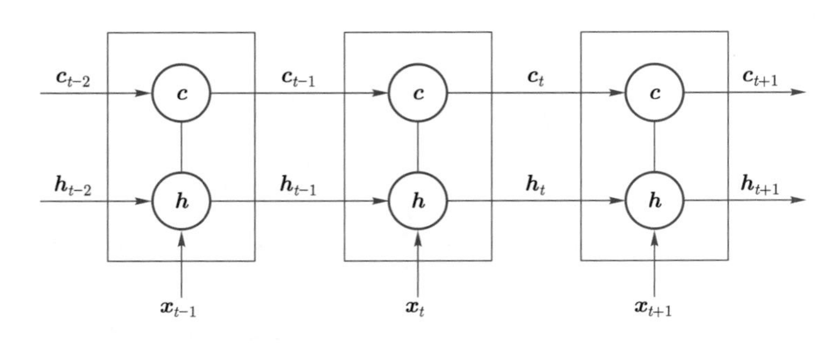

图 6.19 长短时记忆网络 (LSTM) 增加了单元状态 c

从图 6.19 可以看到, 在 t 时刻有三个输入: 上一时刻的输出值 $\boldsymbol{c}_{t-1}$, 上

一时刻的单元状态 $\boldsymbol{h}_{t-1}$, 当前时刻的输入 $\boldsymbol{x}_t$; 有两个输出 $\boldsymbol{h}_t$ 和 $\boldsymbol{c}_t$. 事实上, LSTM 用一个模块化结构 (图 6.20 中的 A) 替代了 RNN 简单的隐层神经元.

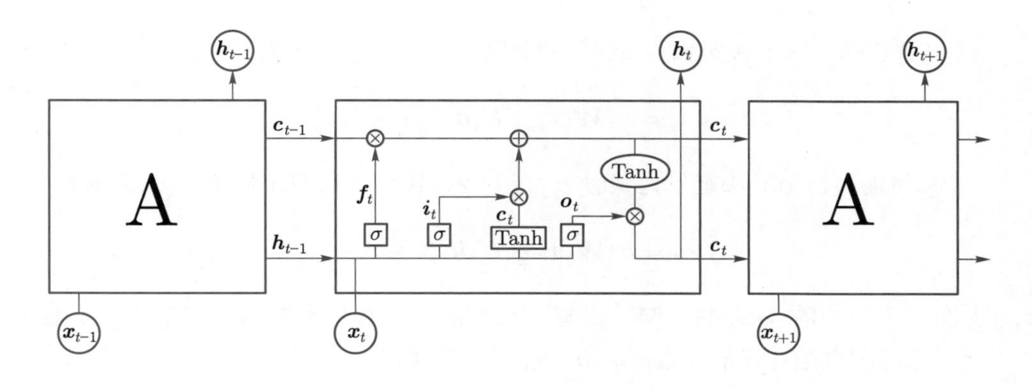

图 6.20 LSTM 中的模块化结构替代隐层神经元

为了实现信息的保护和控制, LSTM 引入了门 (gate) 的概念. 它是一个全连接层, 输出是一个向量, 每个分量是 0 到 1 的实数, 然后将该输出向量乘上某个需要控制的向量. 假设门为 $g(\boldsymbol{x})$, 其中输入为向量 $\boldsymbol{x}$, 需要控制的量为 $\boldsymbol{s}$, 那么使用门来控制的表达式为

$$g(\boldsymbol{x}) \otimes \boldsymbol{s} = \sigma(\boldsymbol{W}\boldsymbol{x} + \boldsymbol{b}) \otimes \boldsymbol{s}.$$

其中 $\otimes$ 为向量元素乘积. 对于某个分量 j, 如果 $g(x_j) = 0$, 那么门没有让 s_j 通过; 如果 $g(x_j) = 1$, 那么门让 s_j 全额度通过; 如果 $0 < g(x_j) < 1$, 那么门只让 s_j 部分额度通过. 因此, 门 g 的作用就是控制通过量的.

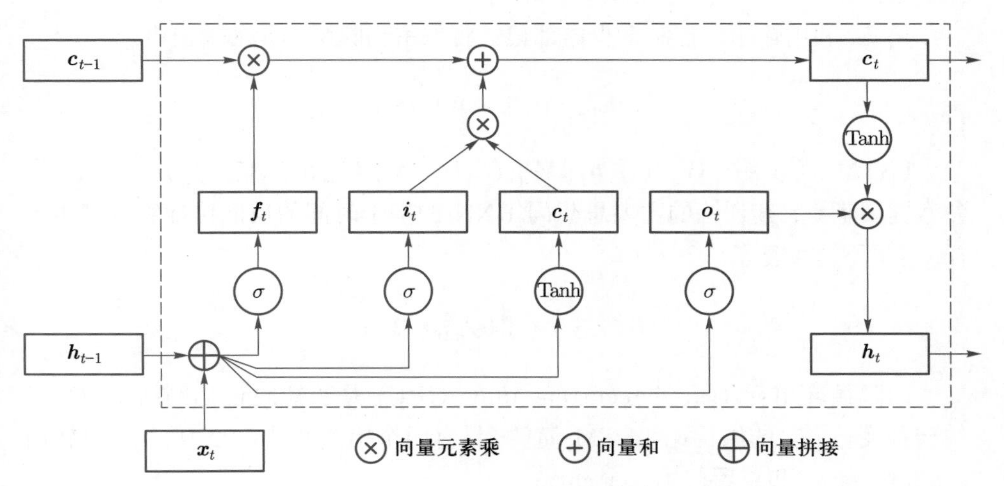

图 6.21 LSTM 在 t 时刻的网络结构

LSTM 采用了三个门 (如图 6.21 所示): 输入门 (input gate)、遗忘门 (forget gate) 和输出门 (output gate).

(1) 遗忘门 $\boldsymbol{f}_t$: 决定上一时刻的单元状态 $\boldsymbol{c}_{t-1}$ 有多少保留到 $\boldsymbol{c}_t$ 中, 表示为

$$\boldsymbol{f}_t=\sigma(\boldsymbol{W}_f\boldsymbol{x}_t+\boldsymbol{U}_f\boldsymbol{h}_{t-1}+\boldsymbol{b}_f).$$

(2) 输入门 $\boldsymbol{i}_t$: 决定输入 $\boldsymbol{x}_t$ 有多少保留到 $\boldsymbol{c}_t$ 中, 表示为

$$\boldsymbol{i}_t=\sigma(\boldsymbol{W}_i\boldsymbol{x}_t+\boldsymbol{U}_i\boldsymbol{h}_{t-1}+\boldsymbol{b}_i).$$

(3) 输出门 $\boldsymbol{o}_t$: 决定单元状态 $\boldsymbol{c}_t$ 有多少保留到当前输出值 $\boldsymbol{h}_t$ 中, 表示为

$$\boldsymbol{o}_t=\sigma(\boldsymbol{W}_o\boldsymbol{x}_t+\boldsymbol{U}_o\boldsymbol{h}_{t-1}+\boldsymbol{b}_o).$$

上面三个门中的 $\boldsymbol{W}_f$, $\boldsymbol{W}_i$, $\boldsymbol{W}_o$ 是输入层到隐层的权值参数, $\boldsymbol{U}_f$, $\boldsymbol{U}_i$, $\boldsymbol{U}_o$ 是隐层到隐层的自循环权值参数, $\boldsymbol{b}_f$, $\boldsymbol{b}_i$, $\boldsymbol{b}_o$ 是偏置项.

LSTM 的工作原理可分为三个步骤: 第一, 根据上一时刻的输出和当前时刻的输入计算当前输入的单元状态

$$\tilde{\boldsymbol{c}}_t=\operatorname{Tanh}\left(\boldsymbol{W}_c\boldsymbol{x}_t+\boldsymbol{U}_c\boldsymbol{h}_{t-1}+\boldsymbol{b}_c\right).$$

同样, $\boldsymbol{W}_c$ 是输入层到隐层的权值参数, $\boldsymbol{U}_c$ 是隐层到隐层的自循环权值参数, $\boldsymbol{b}_c$ 是偏置项.

第二, 有了 $\tilde{\boldsymbol{c}}_t$ 就可以给出当前隐层单元的单元状态

$$\boldsymbol{c}_t=\boldsymbol{f}_t\otimes\boldsymbol{c}_{t-1}+\boldsymbol{i}_t\otimes\tilde{\boldsymbol{c}}_t.$$

LSTM 用遗忘门和输入门两个门来控制单元状态 $\boldsymbol{c}_t$ 保留多少历史信息和多少新信息.

第三, 利用输出门控制多少内部记忆将保留到隐层单元的输出中,

$$\boldsymbol{h}_t=\boldsymbol{o}_t\odot\operatorname{Tanh}(\boldsymbol{c}_t).$$

LSTM 有 4 组: $\boldsymbol{W}_f,\boldsymbol{U}_f,\boldsymbol{b}_f$; $\boldsymbol{W}_i,\boldsymbol{U}_i,\boldsymbol{b}_i$; $\boldsymbol{W}_o,\boldsymbol{U}_o,\boldsymbol{b}_o$; $\boldsymbol{W}_c,\boldsymbol{U}_c,\boldsymbol{b}_c$, 共 12 个参数需要训练. 其训练的主要思想同 RNN 的基于时间的反向传播算法基本一样, 这里不再重复了.

*6.5.5 门限循环单元

门限循环单元 (gated recurrent unit, GRU) 是长短时记忆网络 (LSTM) 的一种变体. 它的结构比 LSTM 简便, 只有两个门 (如图 6.22 所示): 更新门 (update gate) 和重置门 (reset gate).

(1) 重置门 $\boldsymbol{r}_t$: 决定上一时刻隐藏状态的信息中有多少是需要被遗忘的,

$$\boldsymbol{r}_t=\sigma(\boldsymbol{W}_r\boldsymbol{x}_t+\boldsymbol{U}_r\boldsymbol{h}_{t-1}+\boldsymbol{b}_r).$$

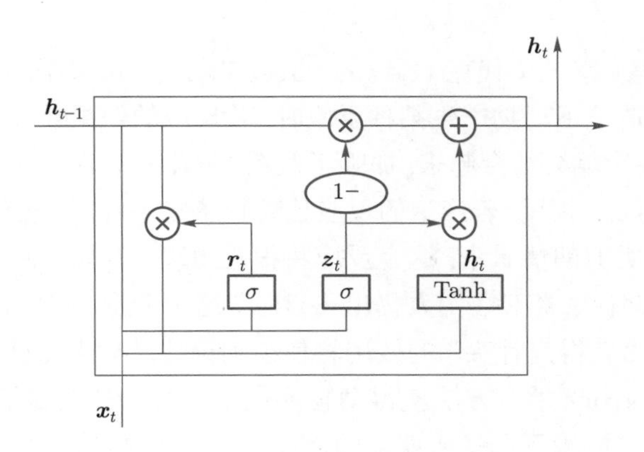

图 6.22
门限循环单元的更新门和重置门

(2) 更新门 $\boldsymbol{z}_t$: 用来控制当前状态需要遗忘多少历史信息和接受多少新信息. 也就是说, 前一时刻和当前时刻的信息有多少需要继续传递,

$$\boldsymbol{z}_t = \sigma(\boldsymbol{W}_z \boldsymbol{x}_t + \boldsymbol{U}_z \boldsymbol{h}_{t-1} + \boldsymbol{b}_z).$$

GRU 使用了重置门来控制候选状态 $\tilde{\boldsymbol{h}}_t$ 中有多少信息是从历史信息得到的,

$$\tilde{\boldsymbol{h}}_t = \mathrm{Tanh}(\boldsymbol{W}_h \boldsymbol{x}_t + r_t \otimes \boldsymbol{U}_h \boldsymbol{h}_{t-1} + \boldsymbol{b}_h).$$

如果重置门 $\boldsymbol{r}_t$ 接近于 **0**, 那么上一个隐含状态信息将几乎被丢弃；如果接近于 **1**, 那么上一个隐含状态信息大多会继续保留. 虽然 GRU 没有 LSTM 的细胞状态, 但是它有一个记忆内容. 当前时刻的记忆内容由两部分组成, 一部分是使用重置门储存过去相关的重要信息, 另一部分是加上当前时刻输入的重要信息.

隐含状态 $\boldsymbol{h}_t$ 使用更新门 $\boldsymbol{z}_t$ 来对上一个隐含状态 $\boldsymbol{h}_{t-1}$ 和候选隐含状态 $\tilde{\boldsymbol{h}}_t$ 进行更新,

$$\boldsymbol{h}_t = (\boldsymbol{1} - \boldsymbol{z}_t) \otimes \boldsymbol{h}_{t-1} + \boldsymbol{z}_t \otimes \tilde{\boldsymbol{h}}_t.$$

GRU 有 3 组: $\boldsymbol{W}_r, \boldsymbol{U}_r, \boldsymbol{b}_r; \boldsymbol{W}_z, \boldsymbol{U}_z, \boldsymbol{b}_z; \boldsymbol{W}_h, \boldsymbol{U}_h, \boldsymbol{b}_h$, 共 9 个参数需要训练, 其训练的主要思想也同基于时间的反向传播算法基本一样.

6.6 强化学习

6.6.1 什么是强化学习?

强化学习 (reinforcement learning, RL) 又称为增强学习、再励学习, 是指从环境状态到行为映射的学习, 使系统行为从环境中获得累积奖励值最大的一种机器学习方法. 强化学习的思想源于行为心理学 (behavioural psychology) 的研究, 是从控制理论、统计学、心理学等相关学科发展而来的. 1911 年美国

心理学家爱德华 • 李 • 桑代克 (Edward Lee Thorndike) 提出了效果法则 (law of effect): 某个情境下动物产生某种反应时, 若反应的结果让动物感到舒服, 则此时的情境和反应就会结合起来, 加强了联系 (强化). 以后在类似的情境下, 这个反应就容易再现. 相反, 若产生的反应让动物感觉不舒服, 就会减弱与此情景的联系, 以后在类似的情景下, 这个反应将很难再现. 例如, 小狗叼回主人扔出的飞盘而获得肉骨头, 将使“主人扔出飞盘时”这个情景和“叼回飞盘”这个反应加强联系, 而“获得肉骨头”的效用将使小狗记住“叼回飞盘”的反应. 这种试错 (rail and error) 学习方法使得动物通过不同行为的尝试而获得奖励或惩罚, 来学会在特定情境下选择所期望的反应. 也就是说, 给定情境下, 得到奖励的行为会被“强化”, 而受到惩罚的行为会被“弱化”. 这也是强化学习的核心机制: 机器或叫智能体 (agent) 用试错来学会在给定的环境状态 (environment state) 下选择最佳动作 (action), 从而获得最大的回报 (rewards). 如图 6.23 所示:

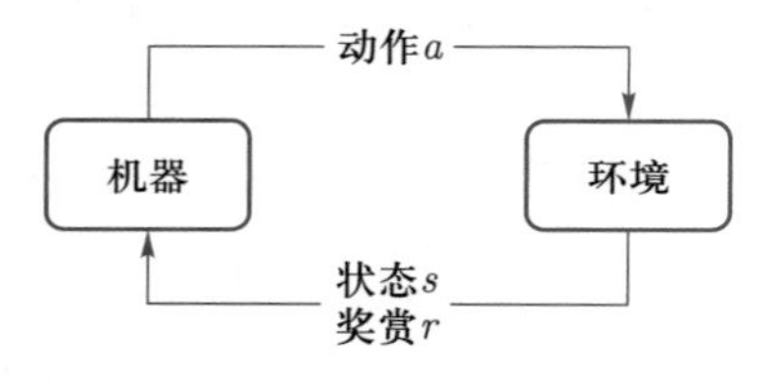

图 6.23
强化学习图示

也正是因为强化学习的以上机制, 不同于监督学习、非监督学习的学习方式, 在机器学习当中, 强化学习常被视为与监督学习、非监督学习并列的另一大类.

我们以“走迷宫”的例子帮助理解强化学习中智能体、环境、状态、动作、回报、策略及价值函数的概念，并介绍强化学习的基本实现过程 (迷宫示意图见图 6.24):

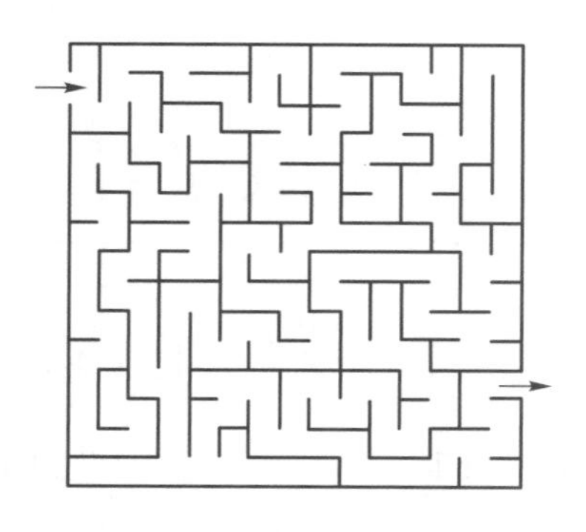

图 6.24
迷宫

(1) 智能体指的是具备学习能力、能够自主活动并能感知迷宫环境的物体.

(2) 环境为与智能体相交互的迷宫, 包括可通行路径、障碍物、出入口等.

(3) 状态为智能体在给定时刻下所处的位置、朝向、速度等信息, 作为智能体的输入.

(4) 动作是指在走迷宫过程中, 智能体选择的上、下、左、右的移动方向, 从而更新其不同时刻的状态信息.

(5) 智能体在选择不同动作后, 迷宫对智能体的反馈被称为回报, 通常为一个标量函数. 若该动作未触碰到障碍物, 得到奖励, 反之, 得到惩罚.

(6) 策略定义了智能体在给定状态下, 选择下一状态移动方向的方式.

(7) 价值函数是用以评估智能体从当前位置开始, 未来长期累积奖励的期望值, 在求解迷宫路径的过程中, 不断寻求能带来更高价值的动作, 并且在智能体每一组的路径探索后, 根据所得回报对价值函数进行重新计算与估计.

智能体在学习过程中, 通过试错和探索寻找能从指定起点穿过迷宫到达终点的路径. 在每一次尝试后, 更新价值函数, 以便智能体在之后的探索中, 选择收益更高的动作, 最终到达终点, 输出可行路径.

6.6.2 强化学习的相关应用

强化学习已经广泛应用在游戏、机器人控制、计算机视觉、自然语言处理和推荐系统 (如个性化教育) 等领域.

特别值得一提的是, 谷歌 DeepMind 团队研发的围棋程序阿尔法狗 (AlphaGo) 在 2016 年和 2017 年分别战胜了围棋世界冠军李世石和柯洁. AlphaGo 为何如此强大, 关键在于它将强化学习与深度学习结合起来. 随着 AlphaGo 的成功, 强化学习已成为当下机器学习中最热门的研究领域之一.

除此之外, 强化学习在制造业、库存管理中均有应用. Bonsai 公司整理和罗列了强化学习在不同场景下的应用. 这里给出几个经典的例子:

(1) DeepMind 的谷歌工程师们正利用强化学习降低数据中心的能耗;

(2) 在金融领域, 摩根大通利用强化学习构建交易系统, 以尽可能的最快速度和最佳价格来执行交易;

(3) 机器学习自动化 (autoML), 如自动调参等.

6.7 其他的学习模型

随着人工智能的广泛普及和大数据技术的深入发展, 新的学习方法和学习模型如雨后春笋般涌现. 这里我们将简单介绍几个当前比较流行的学习模型,感兴趣的读者也可查阅相关资料深入了解.

6.7.1 联邦学习

由于数据的重要性和潜在价值逐步凸显, 获取优质的“大数据”变得困难, 更多的是“小数据”或者质量很差的数据. 另一方面, 由于数据的敏感性和隐私保护问题, 很难形成有效的数据交换, 导致大量的数据分散在不同的机构, 形成了一个个“数据孤岛”. 数据孤岛可以分为逻辑性数据孤岛和物理性数据孤岛. 逻辑性数据孤岛, 即不同企业或者部门站在自己角度上定义数据, 即便是相同的数据也有可能被赋予不同含义, 加大了数据合作的沟通成本. 物理性数据孤岛, 即数据在不同企业或者部门内相互孤立, 独立存储, 独立维护. 不论逻辑性数据孤岛还是物理性数据孤岛, 虽然数据也能参与规模庞大的团体作战, 但都缺乏有效的互通和协作, 给数据互通建立了屏障, 导致模型效果很难大幅提升, 要实现跨机构的整体安全协同治理也很困难, 严重影响和制约了人工智能发展.

在这种背景下, 传统的数据处理模式显然已经不再适用, 因此联邦学习 (federated learning) 这种解决方案应运而生. 联邦学习本质上是一种分布式机器学习技术或机器学习框架, 其目标是在保证数据隐私安全及合法合规的基础上, 克服当前深度学习算法存在的瓶颈, 构建更为泛化的机器学习模型. 联邦学习的核心机制是数据不出本地, 各自利用本地数据来训练模型, 系统可以通过加密机制进行参数交换方式, 在不违反数据隐私法规情况下, 建立一个迭代更新的共享模型. 建好的模型在各自的区域仅为本地的目标服务, 各区域的身份和地位相同, 形成一个联邦机制, 实现共同发展的策略.

联邦学习的架构分为两种, 中心化联邦学习架构和去中心化联邦学习架构. 两者的本质区别在于是否存在中央服务器. 在中心化联邦学习架构里, 各客户端需要与中央服务器合作完成联合训练. 而在去中心化联邦学习架构中, 由于没有中央服务器, 所有客户端的交互都是直接进行的. 根据各参与数据集的贡献方式不同, 联邦学习可以分为横向联邦学习、纵向联邦学习和联邦迁移学习. 横向联邦学习的本质是样本的联合, 适用于各数据持有方的业务类型相似、所获得的用户特征多而用户空间只有较少重叠或基本无重叠的场景, 即特征重叠多, 用户重叠少时的场景, 比如不同地区的银行间, 他们的业务相似, 即特征相似, 但用户人群不同, 即样本不同. 纵向联邦学习的本质是特征的联合, 是以共同用户为数据的对齐导向, 需要先对各参与方数据进行样本对齐, 取出各区域中用户相同而特征不完全相同的部分, 然后各自在被选出的数据集上进行训练. 纵向联邦学习适用于用户重叠多, 特征重叠少的场景, 比如同一地区的商超和银行, 用户都为该地区的居民, 即样本相同, 但业务不同, 即特征不同. 联邦迁移学习是对横向联邦学习和纵向联邦学习的补充, 适用于用户和特征重叠较少的情况. 例如, 不同地区的银行和商场之间, 用户重叠较少, 并且特征也基本无重叠. 若采用横向联邦学习则可能会产生比单独训练更差的模型; 若采用纵向联邦学习, 则可能会产生学习相互干扰和抑制情况. 而联邦迁移学习是基于各方数据之间的相似性, 将在源域中学习的模型, 迁移应用到目标域中, 从而完成数据间的联合学习.

6.7.2 元学习

元学习 (meta-learning) 也称为 learning to learn, 字面含义是学会学习, 也就是让模型获取一种 "学习" 的能力, 使其可以在获取已有知识的基础上快速学习新的任务. 以分类为例, 传统机器学习的分类学习方法会利用训练集和相应的标签, 训练得到一个对应分类任务的分类器. 这样的分类器通常可以学习得很好, 即可以较好完成该分类任务. 但换一个分类任务, 得到的分类器可能就无法胜任了, 需要重新收集训练数据, 重新训练. 而元学习是把大量的任务作为训练集, 它会得到一个训练的算法. 当有新的任务时, 利用这个训练得到的算法可以得到一个针对这个新任务的分类器.

学习模型	目标	输入	输出	算法伪代码
机器学习	通过训练数据, 学习到输入图片与输出分类类别之间的映射 f	图片 X	类别 $Y = f(X)$	1. 初始化 f 的参数; 2. 构建训练数据集 $\{X, Y\}$; 3. 计算损失函数, 优化更新 f 的参数; 4. 得到图片分类的学习模型 f.
元学习	通过训练数据, 学习分类任务与对应的分类器之间的映射 F	分类任务 T 和对应训练数据	分类器 $f = F(T)$	1. 初始化 F 的参数; 2. 用训练数据训练任务和分类器; 3. 计算损失函数, 优化更新 F 的参数; 4. 得到对分类任务的学习模型 F.

表 6.2
对于分类, 机器学习和元学习的区别

表 6.2 显示了机器学习和元学习在分类任务上的区别. 从表中可以看出, 机器学习的训练对象是数据, 通过数据来对模型进行优化; 数据一般可以分为训练集、测试集和验证集. 但元学习中, 训练分为两层, 第一层的训练对象是任务, 也就是说, 要为元学习准备许多任务来进行学习, 第二层训练对象才是每个任务对应的数据. 这一层的训练和机器学习基本一样了. 表 6.2 中提到了两种学习方法的损失函数, 前面章节已经介绍过, 机器学习的损失函数可以是真实类别 y^* 和输出类别 $f(X)$ 之间的均方差, 即

$$l(f)=\frac{1}{m}\sum_{i=1}^{m}|y^*-f(X)|^2.$$

而元学习的损失函数是通过 n 个任务的损失 l^k $(k=1,\cdots,n)$ 相加得到. 定义在第 k 个任务 T_k 上的测试损失为 $l^k(f)=l^k(F(T_k)):=L_k(F)$, 则对于 n 个任务来说, 总的损失为

$$L(F)=\sum_{k=1}^{n}L_k(F).$$

这就是元学习的优化目标.

6.7.3 小样本学习

在很多场景下, 收集大量的有标签的数据是非常昂贵、困难、甚至不可能的. 小样本学习 (few-shot learning) 不需要大规模训练数据, 学习成本小. 可以减少大规模数据集的人工标注成本, 在数据量匮乏的领域也有非常广阔的应用前景.

小样本学习的概念最早来源于计算机视觉. 在计算机视觉领域, 可以使用数据增强来获得额外的训练数据, 在一定程度上可以解决数据量过小的问题. 其实, 小样本学习是元学习的一个特例, 它是元学习在监督学习领域的应用. 以分类为例, 小样本学习的训练集中包含了很多的类别, 每个类别中有多个样本. 在训练阶段, 会在训练集中随机抽取 N 个类别, 每个类别 K 个样本 (总共 NK 个数据), 构建一个元任务 (meta-task), 作为模型的支撑集输入；再从这 N 个类中剩余的数据中抽取一批样本作为模型的预测对象. 即要求模型从 NK 个数据中学会如何区分这 N 个类别, 这样的任务就是小样本学习的经典 N-way K-shot 问题. 显然, N 越大, K 越小, 分类任务越难. 当 $K=1$ 时, 成为单样本学习 (one-shot learning).

在训练过程中, 每次训练都会采样得到不同的元任务, 所以总体来看, 训练包含了不同的类别组合, 这种机制使得模型学会不同元任务中的共性部分, 比如如何提取重要特征及比较样本相似等. 通过这种学习机制学到的模型, 在面对新的未见过的元任务时, 也能较好地进行分类.

孪生 (siamese) 网络是用于小样本学习的经典架构, 它用一个共享参数的卷积层将同时输入的两张图片各自转换为一个特征向量. 然后, 使用一个全连接层来度量这两个特征向量的相似性, 最后输出分类结果. 对于一个单样本学习, 孪生网络将每个类别的训练样本与待分类的测试样本, 成对输入网络, 然后, 逐一计算测试样本的特征向量与所有训练样本的特征向量的相似度, 相似度最高的便是测试样本所属的类别, 从而完成分类任务.

习　题

6.1 用单层感知器训练一分类器, 参数初值选 0, 学习率为 1, 计算出训练后的参数值. 训练样本如下:

第一类: $\{(0.8, 0.6, 0), (0.9, 0.7, 0.3), (1.0, 0.8, 0.5)\}$,

第二类: $\{(0, 0.2, 0.3), (0.2, 0.1, 1.3), (0.2, 0.8, 0.8)\}$.

6.2 对单层感知器, 分析均平差损失和交叉熵损失在梯度下降法下的差异.

6.3 讨论单层感知器不能解决异或 (XOR) 逻辑问题, 参阅文献 [88].

6.4 推导单层感知器的反向传播算法 (BP 算法).

6.5 根据 LeNet-5 的构造和基本原理, 使用自己构造的手写数字图像数据集设计和训练一个手写数字识别器, 并进行测试. 大致步骤如下:

(1) 导入必要的库和模块, 如 Python, NumPy, TensorFlow 等.

(2) 构造训练集和测试集. 您可以通过手写数字、数字字体库或者在线获取的手写数据等方式来生成图像数据. 确保训练集和测试集有足够的样本且具有代表性.

(3) 对输入图像进行预处理, 例如归一化、平衡化等.

(4) 构建 LeNet-5 模型结构, 包括卷积层、池化层和全连接层等. 与原始 LeNet-5 模型相同或适当调整结构.

(5) 配置模型的优化算法、损失函数和评估指标.

(6) 编译并训练 LeNet-5 模型, 使用您构造的训练集进行迭代优化.

(7) 在训练过程中, 可以监控模型在训练集上的性能, 以便进行模型调优和过拟合检测.

(8) 使用自己构造的测试集评估模型的准确率和性能.

(9) 可以尝试调整 LeNet-5 的超参数, 比如学习率、批大小、卷积核数量等, 观察对结果的影响.

请注意, 在构造训练集和测试集时, 应该均匀地覆盖手写数字的不同样式、大小和书写风格, 以提高模型的泛化能力. 同时, 确保测试集与训练集独立且无重叠, 以准确评估模型在新数据上的性能.

6.6 从网上下载或者自己编写一个 LeNet-5 神经网络, 并在手写字符识别数据 MNIST 上进行测试.

6.7 推导 LSTM 的参数训练算法.

7

第七章 深度学习在人工智能中的应用

深度学习不但改变着传统的机器学习方法, 而且也影响着文本对人类感知的理解. 近年来, 深度学习在自然语言处理、推荐系统、多目标追踪、人脸识别和生成、图像理解、语音识别等各个应用领域引发了革命性的改变. 下面将介绍深度学习在几个重要的应用领域中的应用.

7.1 无人驾驶汽车

互联网技术的迅猛发展给汽车工业带来了革命性的变化, 高精度地图、精准定位和智能识别等高新科技的发展, 共同推动了无人驾驶汽车技术的发展. 无人驾驶汽车又称为自动驾驶汽车, 是智能汽车的一种. 它依靠人工智能、视觉计算、雷达、监控装置和定位系统协同合作, 让电脑在没有人类主动指令下, 自动安全地操控汽车来实现无人驾驶. 无人驾驶技术可以有效地减少交通事故, 特别是可以避免由于驾驶员失误造成的交通事故, 如酒后驾驶、恶意驾驶等; 而且可以充分提高汽车利用效率, 使不会驾驶汽车的成年人, 以及儿童和老年人都能受益.

20 世纪 70 年代初, 美国、英国、德国等发达国家便开始进行无人驾驶汽车的研究. 谷歌公司是较早涉足这一领域的公司, 所研发的无人驾驶技术也是世界公认较高的水平. 谷歌 X 实验室于 2007 年开始筹备无人驾驶汽车的研发, 并于 2010 年公开宣布开始研发自动驾驶汽车. Waymo 作为 Alphabet 公司 (谷歌母公司) 旗下的一家子公司, 于 2017 年 11 月 7 日宣布, 将对不配备安全驾驶员的无人驾驶汽车进行测试. 2018 年 7 月, Waymo 宣布其自动驾驶车队在公共道路上的路测里程已达 800 万英里 (约 1.2875×10^7km). 我国从 20 世纪 80 年代末开始进行无人驾驶技术的研究工作. 百度公司和国防科技大学等企业或院校的无人驾驶汽车技术走在国内研发的前列. 1992 年国防科技大学成功研制出中国第一辆真正意义上的红旗系列无人驾驶汽车. 2005 年, 首辆城市无人驾驶汽车在上海交通大学研制成功. 2015 年 12 月, 百度公司的无人驾驶汽车在北京首次实现了城市、环路及高速道路混合路况下的全自动驾驶. 近年来, 国内外各大型车企和 IT 公司都纷纷加入无人驾驶汽车的研究, 使无人驾驶技术有了突飞猛进的发展.

无人驾驶汽车通过车载雷达或者激光测距仪等传感器将车辆周边信息和图像数据传给计算机智能系统, 由它进行快速的识别和判断处理, 产生智能性决策, 并反馈给驾驶操控系统, 如图 7.1 所示. 毫无疑问, 人工智能和大数据计算算法是无人驾驶技术的一个核心部分, 而机器学习是无人驾驶技术成功的基础.

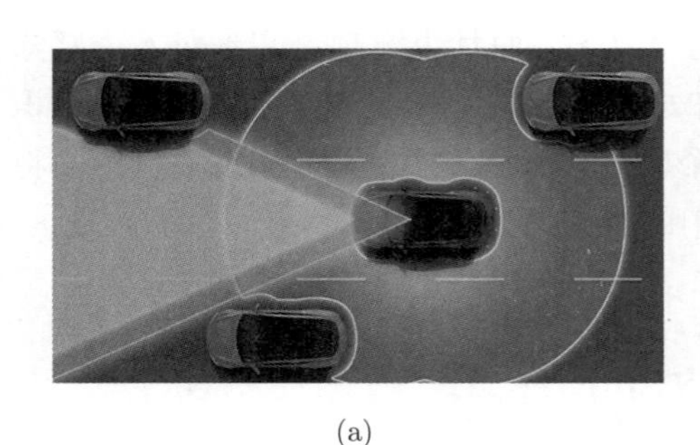

(a)

(b)

图 7.1
无人驾驶汽车雷达等传感器

无人驾驶领域中有大量的图像信息需要处理, 深度学习能最大限度地发挥其优势. 主要有三方面的工作 (图 7.2): 物体识别 (object recognition)、可行驶区域检测 (free space identification) 和行驶路径预测 (path prediction).

(a) **无人驾驶汽车的物体识别**

(b) **无人驾驶汽车的可行驶区域检测**

(c) **无人驾驶汽车的行驶路径预测**

图 7.2
深度学习在无人驾驶领域中的应用

近年来, 随着深度学习的快速发展, 利用深度学习实现无人驾驶技术取得了很大的突破. 杨立昆等在 2016 年首次提出了 Siamese 网络, 类似人类的视角, 汽车左边摄像机获取的左视图和右边摄像机获取的右视图同时输入, 利用深度神经网络计算出两幅图像之间的差异来判断周围物体的远近, 从而合理操控汽车实现无人驾驶. 同一年, 英伟达公司 (NVIDIA) 通过卷积神经网络将前置摄像头的原始像素映射到自动驾驶汽车的转向命令. 该卷积神经网络一共含 9 层隐含层 (1 个归一化层、5 个卷积层和 3 个全连接层), 在最少的训练数据的情况下, 系统学会在有或没有车道标记的道路和高速公路上驾驶. 而作为开发高级驾驶辅助系统的先行者, 无比视 (Mobileye) 公司将自动驾驶分为感知、高精地图和驾驶决策三个步骤. 每个步骤又可分为多个模块, 每个模块对应一个人工监督的神经网络. 例如, 在环境模型方面, 通过深度神经网络识别当前行驶车道的左右车道线, 提供道路的语义特征描述; 在驾驶决策模型中, 利用深度学习进行驾驶过程中的时序性训练, 实现短时预测.

毫无疑问, 深度学习技术带来的高精度、高效能、高智能大大促进了无人驾驶车辆系统在目标检测、行驶决策、路径预测等多个核心领域的发展.

7.2 自然语言处理

自然语言处理 (natural language processing, NLP) 是人工智能和语言学两个领域的交叉学科, 涉及语言学、计算机科学、数学、统计学等多门学科. 它主要探讨如何使计算机理解人类语言中的句子或词义, 从而实现人与计算机之间用自然语言进行有效通信和交流, 因此具有重要的科学意义. 然而, 自然语言具有歧义性、动态性和非规范性, 同时语言理解通常需要丰富的知识和一定的推理能力, 这些都给自然语言处理带来了极大的挑战.

早期的研究集中采用基于规则的方法, 虽然解决了一些简单的问题, 但是无法从根本上将自然语言理解并实用化. 直到 20 世纪 70 年代, 统计机器学习的出现, 极大地推动了自然语言处理的发展, 形成了一个新的研究领域: 统计自然语言处理. 不过, 传统的机器学习方法在自然语言处理的诸多方面都存在问题. 例如, 为获得标注数据, 传统方法需要雇用语言学专家进行烦琐的人工标注, 这不但费时费力, 还很难获得大规模、高质量的数据, 严重影响研究结果; 而且, 在传统的自然语言处理模型中, 往往需要人工来设计模型所需的特征以及特征组合. 这又需要开发人员对问题有深刻的理解和丰富的经验.

随着机器学习方法的发展, 特别是深度学习技术的蓬勃发展和广泛应用, 基于深度学习的自然语言处理已经取得显著进展. 下面重点介绍自然语言处理中的几个重要子领域.

7.2.1 机器翻译

机器翻译 (machine translation, MT) 是利用计算机把一种自然源语言转变为另一种自然目标语言, 也称为机器自动翻译. 20 世纪 80 年代之前, 机器翻译主要基于规则, 称为基于规则的机器翻译 (rule based machine translation, RBMT). 它依赖于语言学的发展, 包括形态分析 (morphological analysis)、句法分析 (syntactic analysis)、语义分析 (semantic analysis) 等. 到了 20 世纪 90 年代, 基于统计的机器翻译开始兴盛. 统计机器翻译系统的任务是在所有可能的目标语言的句子中寻找概率最大的对应句子作为翻译结果, 是基于对已有的文本语料库的分析来生成翻译结果.

进入 21 世纪以后, 随着人工智能的兴起, 基于深度学习的机器翻译取得了很大的进展. 将深度学习与机器翻译结合主要存在以下两种形式.

第一种是在传统模型中引入深度学习模型. 以统计机器翻译为主体, 用深度学习改进语言模型、翻译模型或词语对齐等关键模块. 2003 年加拿大本希奥 (Bengio) 教授提出了基于神经网络的语言模型 (参见文献 [33]). 它是一个简单三层神经网络的 N-gram 模型, 通过输入的前 $n-1$ 个单词, 来预测第 n 个单词的概率分布.

2014 年德夫林 (Devlin) 等人在神经网络概率语言模型 (neural probabilistic language model, NPLM) 的基础上, 同时对源语言 (将要被翻译的句子) 和目标语言 (翻译生成的句子) 进行联合建模 (参见文献 [45]). 由于神经网络联合模型能够使用丰富的上下文信息, 所以德夫林等人提出的模型相对于传统的统计机器翻译方法有显著的提升. 该工作也得到了 2014 年计算语言学协会年会 (Annual Meeting of the Association for Computational Linguistics) 的最佳论文奖.

第二种是完全基于深度学习方法的端到端神经机器翻译 (neural machine translation, NMT). 与传统机器翻译方法不同, NMT 用深度神经网络直接将源语言文本映射成目标语言文本, 不再需要人工设计的词语对齐、短语切分、特征等, 过程简单且能够获得与传统方法相媲美甚至更佳的结果. 2013 年, 卡尔什布伦纳 (Kalchbrenner) 和布兰瑟姆 (Blunsom) 首先提出了端到端的神经机器翻译 (参见文献 [74]). 他们采用了编码-解码 (encoder-decoder) 的新结构, 对给定的源语言句子使用 CNN 将其编码为一个连续和稠密的向量, 然后使用 RNN 解码转换为目标语言句子. 显然, 深度学习神经网络可以获取自然语言之间的非线性映射关系. 而且由于采用了 RNN, 他们的 NMT 具有能够捕获历史信息和处理长句子的优点. 另一方面, 机器翻译的一个核心问题是, 输入和输出都是长度可变的序列. 编码-解码的架构能较好处理这种类型的输入和输出, 并已广泛应用. 其架构通常包含两个主要组件. 一是编码器 (encoder), 它接受一个长度可变的序列作为输入, 并将其转换为具有固定长度的编码状态. 二是解码器 (decoder), 它将固定长度的编码状态映射到长度可变的序列. 如图 7.3 所示, 输入和输出都是长度可变的序列, 通过编码器将输入编码为固定长度的编码状态, 解码器将编码状态解码为输出, 其中虚框为可选的输入.

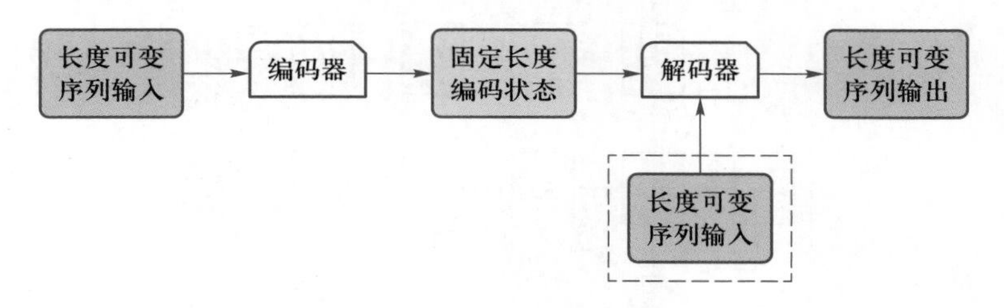

图 7.3
编码–解码架构

序列到序列模型

序列到序列模型 (sequence to sequence model, seq2seq) 属于编码–解码框架的一种, 用两个 RNN 分别作为编码器和解码器.

编码器 RNN 负责将输入序列编成指定长度的向量, 这个向量可以看成是由上下文得到这个序列的语义, 如图 7.4 所示, 将输入序列编码为指定长度的向量 C, 视为该序列的语义, 虚框中的 h_0 是可选的输入. 语义向量 C 的计算, 通常可由 h_N 直接得到, 或者由 h_N 经某映射后得到, 甚至可以是由 $h_1, \cdots, h_N$ 经某种映射后得到.

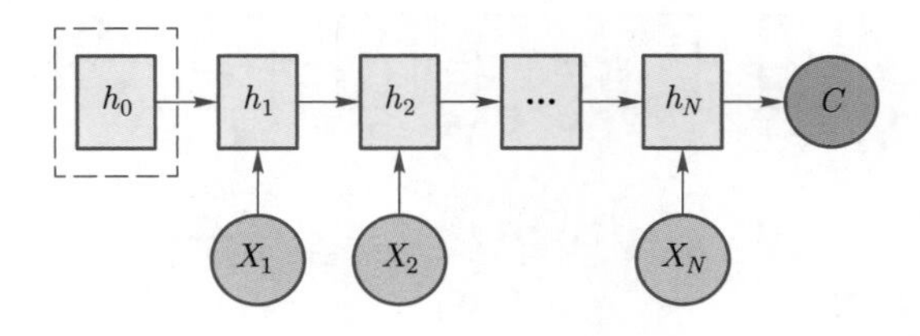

图 7.4
序列到序列模型中的编码器

假设输入是文本序列 $x_1, \cdots, x_N$, 其中 x_i 是输入文本序列的第 i 个词元, 其特征为 X_i. 为了便于说明, 图 7.3 直接以特征 X_i 作为输入. 在时间步 t, 循环神经网络将根据 X_t 和上一时间步的隐状态 h_{t-1} 得到当前的隐状态 h_t,

$$h_t = f(X_t, h_{t-1}),$$

其中函数 f 描述循环神经网络的循环层所做的变换. 语义向量 C 可表示为

$$C = g(h_1, \cdots, h_N),$$

其中函数 g 由编码器确定. 如前所述, 由 h_N 直接得到, 则 $g(h_1, \cdots, h_N) = h_N$.

解码器 RNN 负责将语义向量 C 生成指定的输出序列. 语义向量 C 在解码过程中一般有两种方式. 一种是语义向量 C 只作为初始状态参与运算, 但不参与后面时刻的运算 (图 7.5(a)), 虚框中的 h_0 是可选的输入. 另一种是语义向量 C 参与了序列所有时刻的运算 (图 7.5(b)).

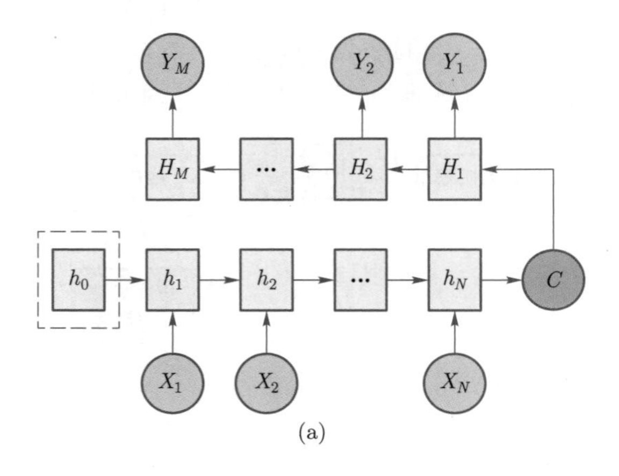

(a)

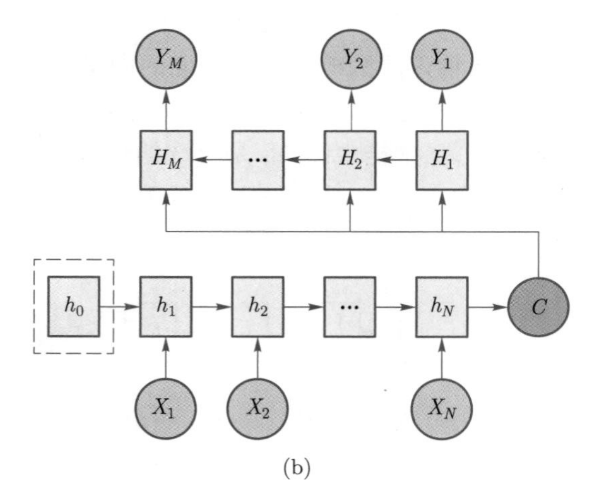

(b)

图 7.5 序列到序列模型中的编码器和解码器

与编码器略微不同, 在时间步 s, 循环神经网络将前隐状态 H_{s-1} 和语义向量 C 作为输入, 然后将它们和上一时间步的输出 Y_{s-1} 一起在转换函数 F 的作用下, 成为当前的隐状态 H_s, 即

$$H_s = F(Y_{s-1}, C, H_{s-1}).$$

在获得解码器的隐状态 H_s 之后, 输出 Y_s 可表示为

$$Y_s = G(H_1, \cdots, H_s, Y_{s-1}, C),$$

其中函数 G 由解码器决定. 如果表示输出概率, 那么可以使用输出层和 softmax 结合得到, 时间步 s 输出的条件概率为

$$y_s = P(Y_s | Y_1, \cdots, Y_{s-1}, C).$$

图 7.6 显示了使用两个循环神经网络的序列到序列学习模型来完成从"It is a book"到"这是一本书"的机器翻译. 在图 7.6 中, 特定的"<eos>"表示序列结束词元. 一旦输出序列生成此词元, 模型就会停止预测. 在循环神经网络解码器的初始化时间步, 有两个特定的设计决定: 首先, 特定的"<bos>"表示序列开始词元, 它是解码器的输入序列的第一个词元. 其次, 使用循环神经网络编码器最终的隐状态来初始化解码器的隐状态. 需要强调的是, 模型的输入并不是单词, 而是单词对应的词向量. 关于模型的损失函数和激活函数不再展开讨论, 读者可参考前面的章节或者其他相关文献.

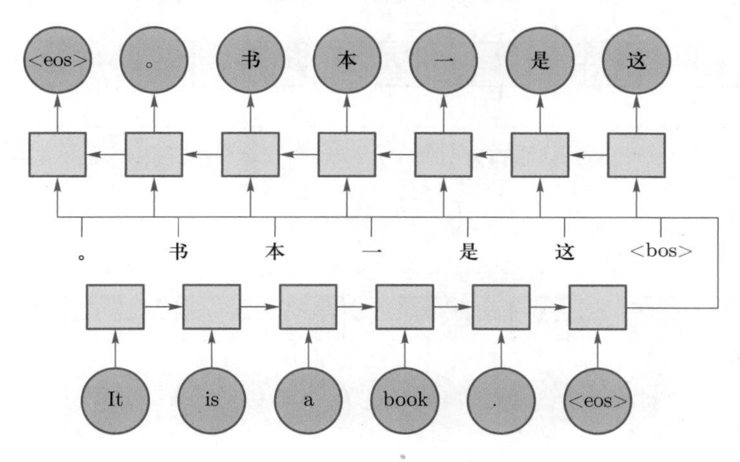

图 7.6 在机器翻译中使用循环神经网络编码器和循环神经网络解码器的序列到序列学习模型

注意力机制

图 7.6 的例子中, 序列到序列模型将"It is a book"翻译为"这是一本书". 其中的编码端对"It is a book"进行编码, 然后把整句话的信息传递给解码端. 在解码过程中, 解码器是逐字解码的, 如图 7.6 所示, 是先解码"这"字, 再解码"是"字, 以此类推. 但在翻译长句时, 这样的模型会存在瓶颈. 如果输入的数据很长, 就有很多信息无法被编码压缩到语义向量中. 而且, 对于长句翻译, 循环神经网络的记忆能力有限.

为了改善这两个问题, 德米特里・巴赫达瑙 (Dzmitry Bahdanau) 等学者在 2014 年首次提出注意力模型 [29]. 在这个注意力模型中, 解码的每一个时间步都可以访问到编码的所有状态信息, 这样记忆问题得以改善. 而且在解码的不同时间步可以对编码中不同的时间步予以不同程度的关注, 这样重要信息不会被淹没.

仍以"It is a book"的翻译为例, 图 7.7 显示了注意力机制在解码"这是一本书"中的作用. 在生成"书"字时, 注意力机制首先将前一个时刻的输出状态 q_4 和编码器中的隐状态 h_i 进行结合, 得到当前时刻的注意力汇聚

$$c_5 = \sum_{i=1}^{6} \alpha_{5i} h_i,$$

其中 α_{5i} 是针对 c_5 的注意力权重, 是通过注意力评分函数得到的, 下面会详细介绍. 可以看出, 注意力汇聚 c_5 是截止到当前解码器得到 “这是一本” 时, 下一个时刻应该更加关注原文句子中的哪些内容. 显然, “book” 这个词得到的关注度将最大. 最后, 模型将这个注意力汇聚 c_5 和上个时刻的输出 “本” 进行融合作为当前时刻循环神经网络单元的输入.

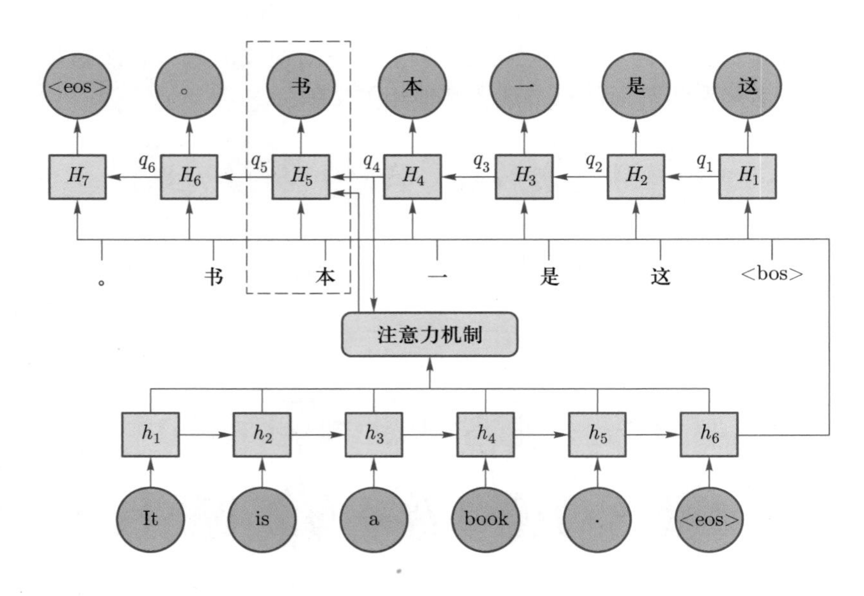

图 7.7
在 “It is a book” 翻译中的注意力机制

通常, 注意力机制框架会涉及三个量: 查询 $\boldsymbol{q} \in \mathbb{R}^q$, 键 $\{\boldsymbol{k}_1, \cdots, \boldsymbol{k}_m\}$ ($\boldsymbol{k}_i \in \mathbb{R}^k$) 和值 $\{\boldsymbol{v}_1, \cdots, \boldsymbol{v}_m\}$ ($\boldsymbol{v}_i \in \mathbb{R}^v$). 注意力汇聚实际上是这三个量的函数, 可表示成值的加权和, 即

$$c = f(\boldsymbol{q}, \boldsymbol{k}_1, \boldsymbol{v}_1, \cdots, \boldsymbol{k}_m, \boldsymbol{v}_m) = \sum_{i=1}^{m} \alpha(\boldsymbol{q}, \boldsymbol{k}_i)\boldsymbol{v}_i.$$

公式中的 $\alpha(\boldsymbol{q}, \boldsymbol{k}_i)$ 是查询 $\boldsymbol{q}$ 和键 $\boldsymbol{k}_i$ 的注意力权重, 它是一个标量, 是通过注意力评分函数 a, 经过 softmax 运算得到的, 即

$$\alpha(\boldsymbol{q}, \boldsymbol{k}_i) = \mathrm{softmax}\left(a(\boldsymbol{q}, \boldsymbol{k}_i)\right) = \frac{\exp\{a(\boldsymbol{q}, \boldsymbol{k}_i)\}}{\sum\limits_{j=1}^{m} \exp\{a(\boldsymbol{q}, \boldsymbol{k}_i)\}}.$$

注意力评分函数 a 通常有以下几种形式:

- 加性模型: $a(\boldsymbol{q}, \boldsymbol{k}) = V^{\mathrm{T}}\mathrm{Tanh}(\boldsymbol{W}\boldsymbol{q} + \boldsymbol{U}\boldsymbol{k})$, 其中 $\boldsymbol{V} \in \mathbb{R}^h$, $\boldsymbol{W} \in \mathbb{R}^{h \times q}$, $\boldsymbol{U} \in \mathbb{R}^{h \times k}$ 为学习的参数, Tanh 是激活函数;
- 点积模型: $a(\boldsymbol{q}, \boldsymbol{k}) = \boldsymbol{q}^{\mathrm{T}}\boldsymbol{k}$,
- 缩放点积模型: $a(\boldsymbol{q}, \boldsymbol{k}) = \dfrac{1}{\sqrt{d}}\boldsymbol{q}^{\mathrm{T}}\boldsymbol{k}$,

- 双线性模型: $a(\boldsymbol{q},\boldsymbol{k})=\boldsymbol{q}^{\mathrm{T}}A\boldsymbol{k}$, 其中 $\boldsymbol{A}\in\mathbb{R}^{q\times k}$ 为学习的参数.

点积模型和缩放点积模型要求查询和键具有相同的长度 d. 当输入向量的维度 d 比较高时, 点积模型容易造成方差过大, 从而导致 softmax 函数梯度较小, 使用缩放点积模型可适当缓解这个问题. 双线性模型是一种泛化的点积模型.

查询 $\boldsymbol{q}$ 往往和学习任务相关, 在基于序列到序列的机器翻译任务中, 查询向量 $\boldsymbol{q}$ 可以是解码端前个时刻的输出状态向量, 如图 7.7 翻译的例子所示. 这样解码器循环神经网络中每一个时间步骤的隐藏层状态

$$H_s=F\left(Y_{s-1},c_s,H_{s-1}\right).$$

可以看出, 与前面的序列到序列模型不同的是, 这里采用了

$$c_s=\sum_j\alpha_{sj}h_j.$$

显然 c_s 包含了整个输入序列信息的隐状态 h_i, 权重 α_{sj} 对位置 j 附近的输入和位置 s 处的输出的匹配程度进行评分. 从而反映了该时间步的隐藏状态对当前解码的重要程度以及需要多大的关注度.

自注意力机制 (self-attention) 和 Transformer 模型

上述的注意力机制主要运用在编码器和解码器之间, 被称为 cross-attention, 表现较好的编码-解码模型基本都用了此方法. 但是在改进的 cross-attention 的 seq2seq 模型中, 依然存在着一些问题: 序列过长导致模型效果太差, 收敛时间过久, RNN 的顺序计算导致无法并行. 在 RNN 模型中, 任意两个位置的输入信息或输出信息需要关联起来, 所需要的操作数量会随着距离的增大而增加. 为了解决此类为题, 在瓦斯瓦尼 (Vaswani) 等人的 2017 年文章 ([116]) 中提出了自注意力机制 (self-attention). 它也被称为内部注意力机制 (intra-attention), 通过将同一个序列不同位置的两个信息关联起来以获得这个序列的特征表示.

在此自注意力机制中, 编码模块不再使用 RNN, 而是使用非线性函数对输入序列中的信息进行抽取, 生成三个向量, 分别为查询 (query) 向量 $\boldsymbol{Q}$, 匹配 (key) 向量 $\boldsymbol{K}$, 信息 (value) 向量 $\boldsymbol{V}$. 这三个向量是由输入信息的嵌入 (embedding) 向量 $\boldsymbol{X}$ 与三个矩阵相乘得到的

$$\boldsymbol{Q}=\boldsymbol{X}^{\mathrm{T}}\boldsymbol{W}_q,$$

$$\boldsymbol{K}=\boldsymbol{X}^{\mathrm{T}}\boldsymbol{W}_k,$$

$$\boldsymbol{V}=\boldsymbol{X}^{\mathrm{T}}\boldsymbol{W}_v,$$

其中三个矩阵 $\boldsymbol{W}_q, \boldsymbol{W}_k$ 和 $\boldsymbol{W}_v$ 通过学习得到. 通过注意力机制的缩放点积模型计算得到每个输入向量的评分, 把评分累加即为最后的输出 $\boldsymbol{H}$

$$\boldsymbol{H} = \mathrm{softmax}\left(\frac{\boldsymbol{K}^{\mathrm{T}}\boldsymbol{Q}}{\sqrt{D_k}}\right)\boldsymbol{V},$$

其中 D_k 为 $\boldsymbol{Q}$ 或者 $\boldsymbol{K}$ 的行数. 图 7.8 给出了自注意力机制的结构和计算流程.

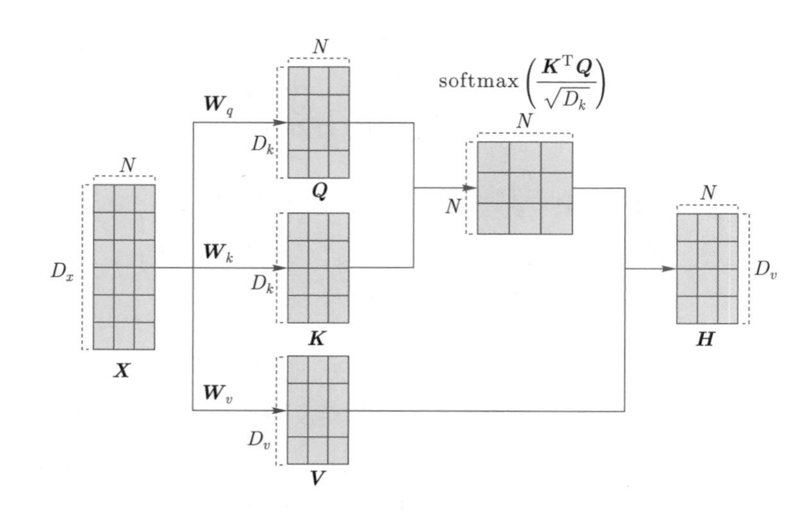

图 7.8
自注意力机制的结构和计算流程

多头自注意力机制结构

Transformer 模型结构

在此基础上, 上文作者又提出了多头自注意力机制, 即将 $\boldsymbol{Q}, \boldsymbol{K}, \boldsymbol{V}$ 进行进一步的信息分离, 生成多个 $\boldsymbol{Q}, \boldsymbol{K}, \boldsymbol{V}$ 向量.

但随之而来的问题是, 使用自注意力机制计算隐藏层状态是完全并行的, 忽略了序列中最重要的位置信息. 因此要加入额外的位置编码. 文章中采用了正弦和余弦方法对位置信息进行编码.

使用此自注意力机制, 文章提出了一个新的模型, 即 Transformer 模型. 此模型是一个 seq2seq 模型, 且也是一种编码–解码 (encoder-decoder) 模型. 其中 encoder 与 decoder 内部全部使用了自注意力机制和前馈神经网络. 该模型能够使时间序列的计算并行化, 极大减小了每层的计算复杂度, 提高运算速度.

7.2.2 BERT 模型

BERT 模型的全称为基于 Transformer 模型的双向编码表示 (bidirectional encoder representations from Transformers). 其主要部分使用了 Transformer 模型中的编码部分, 由德夫林等于 2018 提出 (参见文献 [44]). 该文旨在解决文本任务中的预训练问题, 能够更好地提取出序列数据中的包含上下文的信息. 表现在模型中, 这些信息就是文本中每个单词的特征向量. 然后使用这些单词的特征向量进行进一步的下游任务. 因此 BERT 模型被称为预训练模型.

BERT 通过使用掩码语言模型 (Mask Language Model, MLM) 进行预训练. 掩码语言模型是在输入序列中随机遮罩一些单词, 然后根据上下文, 预测出这些被遮罩的单词. 与从左到右的语言模型预训练不同, MLM 的目标能使特征表示融合左右语境, 这使我们能够预训练深层的双向 Transformer.

BERT 模型结构

在进行预训练之后所获得的特征向量, 要将其运用到下游任务. 它的训练有两种方式, 或者基于特征 (feature-base), 或者基于微调 (fine-tuning). 基于特征是指在进行下游任务时预训练模型生成的特征不参与训练. 基于微调是指在进行下游任务时预训练模型的特征参与训练且进行一定微小的调整. 在 BERT 中, 在预训练阶段, 模型使用无标记数据对不同任务进行预训练, 在微调阶段, 首先试用预训练模型参数初始化模型参数, 然后使用有标签数据的下游任务进行训练微调.

7.2.3 NLP 任务的其他模型

除上述提到的模型之外, 还有许多模型结构可以应用在 NLP 任务上. 比如基于 Transformer 模型中解码部分所构建的生成预训练模型 (generative pre-training, GPT), 以及后续提出的 GPT-2、GPT-3 模型, 来解决一些多任务问题. 它的原理是将文本当做图结构数据, 使用图卷积神经网络来处理文本信息. 这些模型也应用到了许多不同的领域, 如文本检索、机器翻译、文本分类、情感分析、信息抽取、序列标注、文本摘要、问答系统、对话系统、知识图谱、文本聚类.

自然语言处理的表现不在于使用何种模型, 而更取决于如何建立合适的模型, 提出合适的结构来完成任务. 人们也在尝试研究更适合文本数据结构的模型, 以达到更好的处理结果.

7.3 医疗健康

由于近三十年的医学影像技术迅猛发展, 包括 MRI、CT 等医学成像技术让医疗水平得到了很大的提升, 医学影像分析成为现代医疗活动中不可缺少的一个环节. 但传统的影像识别依靠人工分析, 放射科医师每年需要处理大量的影像数据, 不但工作效率低, 而且还可能出现识别误差. 通过人工智能深度学习技术, 可以有效地解决上述问题. 目前, 深度学习在医学影像分析方面已经有许多成功的应用, 如肺小结节检测、病理切片检测、皮肤癌检测、视网膜病变检测等. 下面以肺癌影像识别为重点进行介绍.

肺癌是当前人类中致死率较高的癌症之一, 其主要原因是肺癌在早期阶段没有明显症状, 不易被发觉. 大多数的肺癌患者在临床诊断时已经处于中晚期甚至出现转移病症, 失去了最佳的治疗机会. 如果能早期发现, 肺癌患者 5 年生存率可从 15% 提高到 60% 以上. 由于肺癌早期常常以肺结节的形式表现, 所以通过无痛苦、无创伤的医学影像肺结节检测成了癌症早发现的主要手段. 特别是低剂量肺 CT 筛查为肺癌早期诊断提供了一种有效的首选方法. 但肺结节类别众多, 大小和形态都没有明显的规律, 还容易与其他正常组织相连难以分辨, 给传统的肺结节 CT 识别造成了较大的困难 (如图 7.9 所示). 传统的肺结节检测需要人工设计的特征来描述并检测肺结节, 例如, 三维轮廓特征, 形状特征和纹理特征等 (参见文献 [115]). 但肺结节形状、大小和纹理复杂度高、可变性大, 人工设计的特征无法有效区分, 导致检测结果较差.

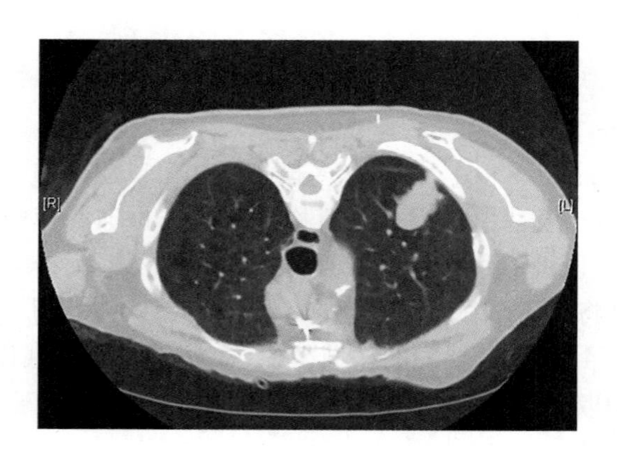

图 7.9
胸腔肺部 CT 平扫影像

近年来, 深度学习技术在图像和语音识别等领域取得了巨大的成功, 也逐渐成为医疗检测的研究重点, 在计算机辅助诊疗中发挥日益重要的作用. 肺结节的研究分析主要有两个部分. 一部分是肺结节检测. 例如, 在 2016 年窦琪等人提出了一种三维卷积神经网络来筛除假阳性结节 (参见文献 [48]). 与二维卷积神经网络相比, 三维卷积神经网络能捕捉更多的空间信息, 能提取更丰富的图像特征, 在一定程度上降低了假阳性肺结节的检出率. 然而, 该方法只采用了三层卷积层的浅网络结构, 未能充分利用深度学习的优势. 在 2017 年, 一种基于深度卷积神经网络 (deep convolutional neural networks, DCNNs) 的新型 CAD 系统被构建用于精确的肺结节检测 (参见文献 [46]). 该系统首先在基于区域的快速卷积神经网络 (faster region-based convolutional neural network, Faster R-CNN) 中引入反卷积结构, 用于候选结节的检测. 然后, 运用三维的 DCNNs 减少假阳性. 该 CAD 系统在 LUNA16 数据集上取得了 92% 以上的高检测灵敏度.

基于 DCNNs 的新型 CAD 系统

另一部分是肺结节分类. 例如, 在 2015 年, 沈伟等人提出了一个多尺度卷积神经网络 (MCNN) 的分层学习框架, 通过从交替堆叠层中提取鉴别特征来捕获肺结节的异质性, 利用不同尺度共享权重的多尺度卷积神经网络进行肺结

节斑块分类 (参见文献 [105]). 在 2016 年, 沈伟等人又提出了基于 CNN 的转移学习模型, 利用多源 CT 数据来学习恶性肺结节可转移的深层特征, 并用于肺结节的分类和肺癌的恶性预测 (参见文献 [104]). 2017 年侯赛因 (Hussein) 等人使用三维 CNN 和图正则化稀疏表示 (graph regularized sparse representation) 的多任务学习框架对肺结节进行分类 (参见文献 [70]). 在三维 CNN 上学习肺结节属性 (如钙化、球形、分叶状等) 所对应的特征, 提高结节分类的准确性.

还有就是将这两个部分结合在一起建立完整的肺癌 CT 诊断系统. 例如, 2017 年朱文涛等人提出了一个全自动肺癌 CT 诊断系统 "DeepLung" (参见文献 [128]), 将三维网络分别用于肺结节的检测和肺结节的分类. 在检测上, 使用三维 Faster R-CNN 结合类似 U-net 的编码-解码结构来有效地学习结节特征. 在分类上, 采用三维双路径网络 (double path networks, DPN) 和梯度增强机 (gradient boosting machine, GBM). 他们在 LUNA16 和 LIDC-IDRI 数据集上的实验表明, 该诊断系统已经达到甚至超过有一定经验的放射科医生水平.

全自动肺癌 CT 诊断系统

7.4 图神经网络

从计算机科学的角度来讲, 图是由两个组件组成的数据结构: 节点 (顶点) 和边. 图 G 可以定义为 $G = (V, E)$, 其中 V 是节点集, E 是它们之间边的集合. 如果节点之间存在方向依赖关系, 那么边是有向的, 则为有向图 (如图 7.10 所示). 如果不是, 那么为无向图.

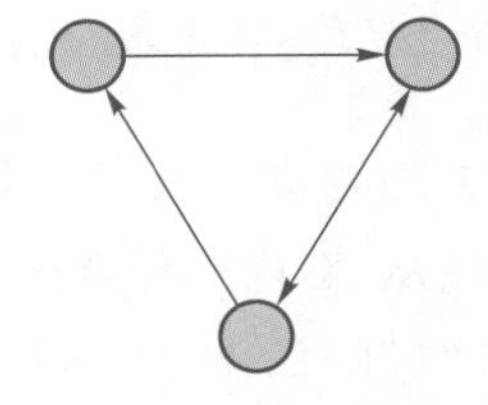

图 7.10 有向图

图的应用非常广泛, 从原子之间的联系到社交媒体上的朋友圈, 所有这些场景都可以用图来表示. 图 7.11 展示了社交媒体的图数据, 其中用户是节点, 连接用户的边表示用户之间的某种社会关系.

图数据的复杂性对现有的机器学习算法构成了巨大挑战. 这是因为传统的机器学习和深度学习工具仅适用于简单的数据类型, 比如具有相同结构和大小的图像, 可以将其视为固定大小的网格图; 而文本和语音则可以视为序列数据, 类似于折线图. 然而, 一般的图数据没有固定的形式, 每个节点可以拥有不同数量的邻居节点, 并且这些节点之间没有明确定义的顺序关系. 因此, 经典的卷积神经网络 (CNN) 无法直接应用于图数据. 为了解决这个问题, 出现了图神经网络 (GNN), 是专门设计用于图结构的神经网络.

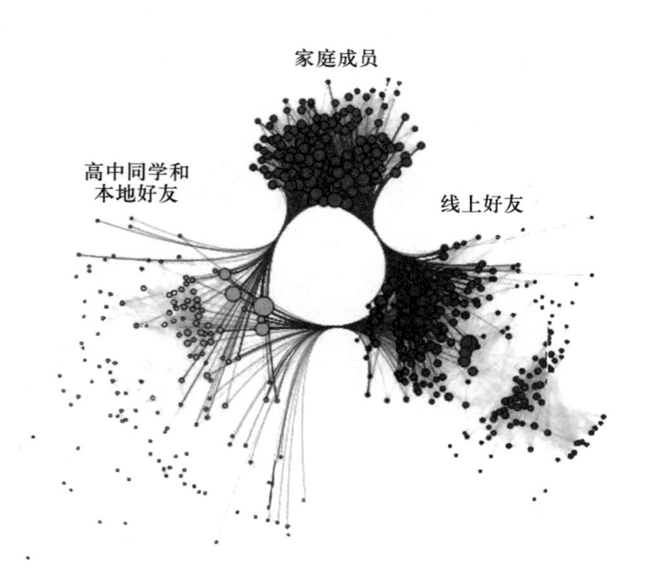

图 7.11 社交媒体图

图神经网络

图神经网络可追溯到 2009 年斯卡尔塞利 (Scarselli) 的工作[131]. 它是在空域 (图顶点和边的信息) 上, 根据巴拿赫不动点定理, 通过节点之间的相互作用和信息传递来进行推理和预测, 将神经网络模型扩展到处理图领域的数据.

定理 7.1 (巴拿赫不动点定理) *设 $\mathbb{X}$ 是非空的完备度量空间, d 是 $\mathbb{X}$ 上的度量函数. 如果 $T:\mathbb{X}\to\mathbb{X}$ 是 $\mathbb{X}$ 上的一个压缩映射, 即对 $\forall x_1, x_2 \in \mathbb{X}$,*

$$d(T(x_1), T(x_2)) < cd(x_1, x_2),$$

其中 $0 < c < 1$. 那么映射 T 在 $\mathbb{X}$ 内有且仅有一个不动点 x^*, 即 $Tx^* = x^*$.

由巴拿赫不动点定理可知, 从 $\mathbb{X}$ 内的任意一个元素 x^0 开始, 由压缩映射 T 定义的迭代序列 $x^n = T(x^{n-1})$, 当 $n \to \infty$, 序列 $\{x^n\}_{n=0}^{\infty}$ 收敛, 且收敛到 x^*.

图结构中的每个节点有一个隐藏状态, 它包含了该节点自身的特征以及邻节点的信息. 图神经网络的首要目标就是学习节点的隐藏状态, 即学习得到一个表示隐藏状态的嵌入向量. 假设有一个图 $G = (V, E)$, 对于节点 $v \in V$, x_v 表示节点 v 的自身特征, $x_{ne}(v)$ 表示 v 邻居节点的特征, $x_e(v)$ 表示与 v 相连的所有边的特征. 在 $t+1$ 时刻, 节点 v 的隐藏状态 h_v^{t+1} 定义为:

$$h_v^{t+1} = f(x_v, x_e(v), h_{ne}^t(v), x_{ne}(v)), \tag{7.4.1}$$

其中 $h_{ne}^t(v)$ 是 v 邻居节点在 t 时刻的隐藏状态. 把所有节点的隐藏状态写出一个向量 H, 公式 (7.4.1) 可写为

$$H^{t+1} = f(H^t, \cdots),$$

其中式子中的省略号表示节点和边的特征项. 根据巴拿赫不动点定理, 只需要 f 是一个压缩映射, 就可以得到收敛的隐藏状态 H^*, 即所有节点的隐藏状态.

通常可要求 f 对状态 H 的雅克比矩阵范数小于 1, 因为这等价于 f 是一个压缩映射. 因此, 只要在损失函数中加入对这个雅克比矩阵范数的惩罚项, 通过这个约束条件就保证 f 是一个压缩映射.

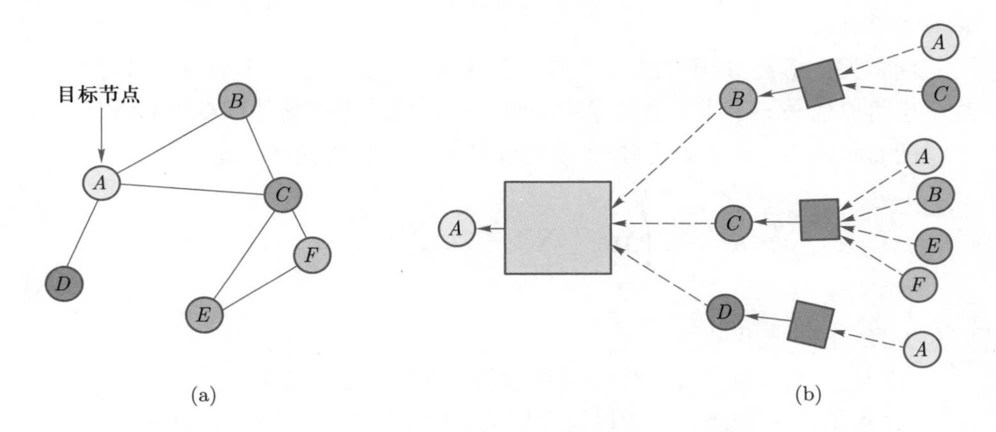

图 7.12
从节点到图网络

在图神经网络中, f 用一个简单的前馈神经网络来实现. 为了方便说明, 假设只考虑节点特征, 没有边的特征. 如图 7.12 所示, 目标节点 A 的隐藏状态只和它自身特征以及它邻居节点特征有关. 根据图 7.12(b), 节点隐藏状态的前向传播计算可分为三个步骤:

第一步初始化, 令

$$\boldsymbol{h}_v^0 = \boldsymbol{X}_v.$$

第二步更新每个节点的隐藏状态,

$$\boldsymbol{h}_v^k = \sigma\left(\boldsymbol{W}_k \sum_{u \in ne(v)} \frac{\boldsymbol{h}_u^{k-1}}{|ne(v)|} + \boldsymbol{B}_k \boldsymbol{h}_v^{k-1}\right), k \in \{1, \cdots, K\}, \tag{7.4.2}$$

其中 $ne(v)$ 表示 v 节点的邻居节点集合, $|ne(v)|$ 表示邻居节点的数目, K 表示前馈神经网络的总层数, 在图 7.12 中 $K=2$. 公式 (7.4.2) 右端括号内的第一项是权重矩阵 $\boldsymbol{W}_k$ 乘以节点 v 所有邻居节点在上一层时隐藏状态的平均. 第二项是节点 v 在上一层时的隐藏状态乘以偏置 $\boldsymbol{B}_k$. 最后将这两项相加经过激活函数 σ 作为当前层 v 节点的隐藏状态.

第三步输出

$$\boldsymbol{o}_v = \boldsymbol{h}_v^K.$$

同经典的神经网络模型一样, 将输出 $\boldsymbol{o}_v$ 代入损失函数, 使用随机梯度下降法训练得到 $\boldsymbol{W}_k$ 和 $\boldsymbol{B}_k$, 从而获得整个图神经网络模型.

7.4.1 图卷积网络

图卷积网络 (graph convolutional networks, GCN) 最初是在 "图谱网络和深度局部连接网络"(参见文献 [36]) 一文中引入的, 作为一种将神经网络应用于图结构数据的方法. 最简单的 GCN 只有三个不同的算子: 图卷积、线性层和非线性激活.

通常按此顺序共同构成一个图卷积网络层. 类似于经典的卷积神经网络, 这里也可以组合一个或多个图卷积网络层来形成一个完整的图卷积网络.

图卷积网络 (参见文献 [75]) 是对邻域聚合思想的轻微改动:

$$\boldsymbol{h}_v^k = \sigma\left(\boldsymbol{W}_k \sum_{u \in N(v) \cup v} \frac{\boldsymbol{h}_u^{k-1}}{\sqrt{|N(u)||N(v)|}}\right).$$

它和 GNN 的主要区别为

(1) 权重矩阵 $\boldsymbol{W}_k$ 对于节点 v 和它的邻居嵌入是一样的;

(2) 用节点 v 的所有邻居以及它们邻居的平均对上一层嵌入做规范化.

从实践来看, 他们发现因为更多的参数共享和降低最近邻居的权重, 这种方法可以得到更好的效果. 同时它还可以使用稀疏批处理操作有效地提高训练速度.

GraphSAGE

GraphSAGE(参见文献 [62]) 是一种动态图的表示学习技术. 它可以预测新节点的嵌入, 而不需要重新训练过程. GraphSAGE 使用归纳学习. 它是根据节点的特征和邻域学习诱导新节点嵌入的聚合器函数:

$$\boldsymbol{h}_v^k = \sigma\left(\left[\boldsymbol{A}_k \cdot \mathrm{AGG}\left(\left\{\boldsymbol{h}_u^{k-1}, \forall u \in N(v)\right\}\right), \boldsymbol{B}_k \boldsymbol{h}_v^{k-1}\right]\right).$$

我们可以注意到两个很大的不同. 不是将两件事加在一起并忘记它们, 而是使用一个通用的聚合函数 AGG, AGG 的选择可以是:

(1) 均值, 即从邻居那里获取消息并将它们相加, 然后通过邻居的数量对其进行归一化:

$$\mathrm{AGG} = \sum_{u \in N(v)} \frac{\boldsymbol{h}_u^{k-1}}{|N(v)|};$$

(2) 也可以使用池化类型的方法:

$$\mathrm{AGG} = \gamma\left(\left\{\boldsymbol{Q}\boldsymbol{h}_u^{k-1}, \forall u \in N(v)\right\}\right);$$

(3) 或者使用像 LSTM 这样的深度神经网络:

$$\mathrm{AGG} = \mathrm{LSTM}\left(\left[\boldsymbol{h}_u^{k-1}, \forall u \in \pi(N(v))\right]\right).$$

7.4.2 图神经网络的应用

图神经网络已成功应用于多个领域, 例如社交网络、知识图谱、自然语言处理、新药开发和自然科学.

图神经网络解决的问题可以分为以下几类:

(1) 节点分类: 是通过查看样本邻居的标签来确定样本 (表示为节点) 的标签. 通常, 这种类型的问题是以半监督的方式训练的, 只有一部分图被标记.

(2) 图分类: 是将整个图分类为不同的类别. 这就像图像分类, 但目标变成了图域. 图分类的应用范围很广, 从在生物信息学中确定蛋白质是否是酶, 到在 NLP 或社交网络分析中对文档进行分类.

(3) 图可视化: 是几何图论和信息可视化的交叉. 它关注图形的可视化表示, 揭示数据中可能存在的结构和异常, 并帮助用户理解图形.

(4) 链接预测: 在这里, 算法必须理解图中实体之间的关系, 并且还试图预测两个实体之间是否存在连接. 在社交网络中, 推断是否存在社交互动或向用户推荐可能的朋友是很有用的. 它还被用于推荐系统和预测犯罪关联等问题.

(5) 图聚类: 指以图的形式对数据进行聚类. 对图形数据执行两种不同形式的聚类. 顶点聚类旨在根据边权重或边距离将图的节点聚类成密集连接的区域组. 第二种形式的图聚类将图视为要聚类的对象, 并根据相似性对这些对象进行聚类.

另外图神经网络还可以解决跨领域的各种挑战, 如

(1) 计算机视觉中的图神经网络. 尽管人工智能技术还需要很多发展才能使机器具有人类的视觉直觉, 但是现在已经可以使用常规的卷积神经网络区分和识别图像和视频中的对象了. 然而, 常规的卷积神经网络对有些问题无能为力, 例如场景图生成问题. 其目的是将图像解析为由对象及其语义关系组成的语义图. 给定图像, 场景图生成模型检测和识别对象并预测对象之间的语义关系. 显然常规的卷积神经网络很难处理这类问题, 而基于图神经网络架构就可以解决这类图像分类问题. 因此, 图神经网络在计算机视觉中的应用数量仍在增长. 它的应用还包括人机交互、小样本图像分类等;

(2) 自然语言处理 (NLP). 在自然语言处理中, 我们知道文本是一种序列数据, 可以用循环神经网络或 LSTM 来描述. 然而, 由于图的自然性和易于表示, 图在各种 NLP 任务中被大量使用, 如文本分类、利用语义和用户地理定位等信息提高机器翻译的准确性、机器自动关系提取或问答等场景;

(3) 交通流量. 预测交通网络中的交通速度、交通流量或道路密度对于智能交通系统至关重要. 我们可以通过使用时空图神经网络 (spatial-temporal

graph neural networks, STGNN) 来解决流量预测问题. 将交通网络视为一个时空图, 其中节点是安装在道路上的传感器, 边缘是通过节点之间的距离来测量, 每个节点以窗口内的平均交通速度作为动态输入特征;

(4) 化学. 化学家可以使用 GNN 来研究分子或化合物的图形结构. 在这些图中, 节点是原子, 边是化学键.

图神经网络的应用并不局限于上述领域和任务. 人们在尝试将图神经网络应用于各种问题, 例如程序验证、程序推理、社会影响预测、推荐系统、电子健康记录建模、大脑网络和对抗性攻击预防等.

7.5 推荐系统

随着微软的 Deep Crossing, 谷歌的 Wide&Deep, 以及 FNN, PNN 等一大批优秀的深度学习推荐模型在 2016 年被提出, 推荐系统和计算广告领域全面进入深度学习时代. 相比于传统模型, 深度学习模型具备以下优点:

(1) 表达能力更强, 比如具备更丰富的特征交叉方式, 能够挖掘出更多数据中潜藏的模式;

(2) 能够根据业务场景和数据特点, 灵活调整模型结构, 使模型与应用场景完美契合.

本节将介绍其中一些具有代表性的模型. 读者会发现深度学习模型和传统模型之间千丝万缕的关系.

7.5.1 AutoRec

AutoRec 模型由苏瓦什・塞德哈因 (Suvash Sedhain) 等人于 2015 年提出 (参见文献 [101]), 它将自编码器 (AutoEncoder) 的思想和协同过滤结合, 构建了一种单隐层神经网络推荐模型.

假设有 m 个用户, n 个物品, 用户会对 n 个物品中的部分物品进行评分, 未评分的物品分值可用默认值或平均分值表示, 则所有用户对物品的评分可形成一个 $m \times n$ 的评分矩阵 $\boldsymbol{R}$, 也就是协同过滤中的共现矩阵.

对一个物品 i 来说, 所有用户对它的评分可形成一个 m 维的向量 $\boldsymbol{r}^{(i)} = (R_{1i}, \cdots, R_{mi})^{\mathrm{T}}$, AutoRec 要解决的问题是构建一个重建函数 $h(\boldsymbol{r};\theta)$, 使该重建函数生成的评分向量与原评分向量的残差平方和最小, 模型结构可以表示为 (如图 7.13):

AutoRec 使用单隐层神经网络的结构来解决构建重建函数的问题, 网络的输入层是物品的评分向量 $\boldsymbol{r}$, 输出层为重建的评分向量, 中间隐层具有 $k(k \ll$

m) 个神经元 (图中深蓝色的圆). $\boldsymbol{V}$ 和 $\boldsymbol{W}$ 分别代表输入层到隐层, 以及隐层到输出层的参数矩阵.

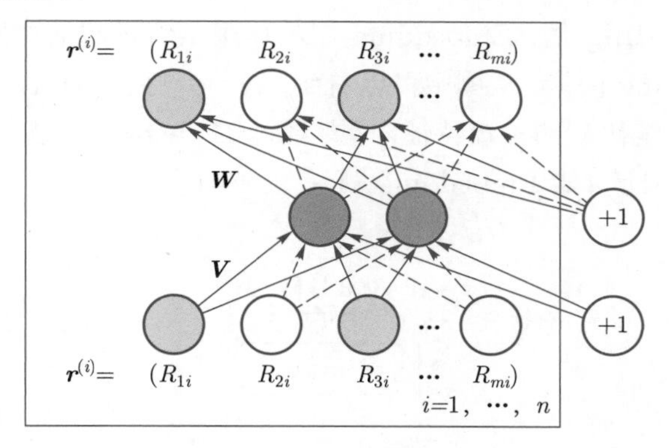

图 7.13 AutoRec 模型结构

通过最小化损失函数

$$\min_{\theta}\sum_{i=1}^{n}||\boldsymbol{r}^{(i)}-h(\boldsymbol{r}^{(i)};\theta)||_{O}^{2}+\frac{\lambda}{2}\cdot(||\boldsymbol{W}||_F^2+||\boldsymbol{V}||_F^2),$$

可得到 AutoRec 模型的重建函数

$$h(\boldsymbol{r};\theta)=f(\boldsymbol{W}\cdot g(\boldsymbol{V}\boldsymbol{r}+\boldsymbol{\mu})+\boldsymbol{b}),$$

其中 $f(\cdot)$ 和 $g(\cdot)$ 是激活函数, $\|\cdot\|_O^2$ 表示只考虑针对输入向量 $\boldsymbol{r}^{(i)}$ 中用户打分那些项, $||\cdot||_F^2$ 表示弗罗贝尼乌斯 (Frobenius) 范数.

当输入物品 i 的评分向量为 $\boldsymbol{r}^{(i)}$ 时, 模型的输出向量 $h(\boldsymbol{r}^{(i)};\theta)$ 就是所有用户对物品 i 的评分预测, 其中第 u 个分量就是用户 u 对物品 i 的预测

$$\hat{R}_{ui}=\left(h(\boldsymbol{r}^{(i)};\theta)\right)_u,$$

经过评分预估和排序的过程即得到最终的推荐列表.

7.5.2 Deep Crossing

Deep Crossing 是在 AutoRec 模型的基础上于 2016 年首次提出的 (参见文献 [103]). 相比 AutoRec 模型过于简单的网络结构会带来一些表达能力不强的问题, Deep Crossing 模型通过解决推荐系统中的一系列深度学习应用问题, 如特征工程、稀疏向量稠密化、多层神经网络进行优化目标拟合, 为后续的研究打下了良好的基础.

Deep Crossing 模型中没有任何人工特征工程的参与, 原始特征经 Embedding 后输入神经网络层, 将全部特征交叉的任务交给模型. 相比之前介绍的 FM 模型只具备二阶特征交叉的能力, Deep Crossing 模型可以通过调整神经

网络的深度进行特征之间的“深度交叉”, 这也是 Deep Crossing 名称的由来. 其网络结构如图 (7.14):

(1) **Embedding 层**: Embedding 层的作用是将稀疏的类别型特征转换成稠密的 Embedding 向量. 从图中可以看到, 每一个特征 (如 Feature#l, 这里指的是经 one-hot 编码后的稀疏特征向量) 经过 Embedding 层后, 会转换成对应的 Embedding 向量 (如 Embedding#1);

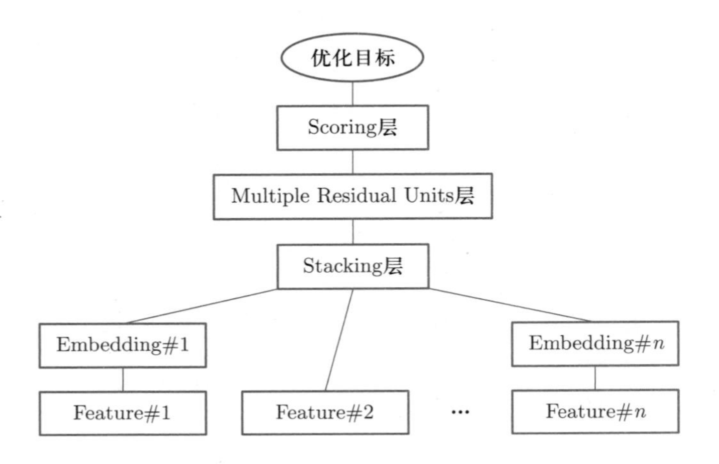

图 7.14 Deep Crossing 模型结构

(2) **Stacking 层**: Stacking 层 (堆叠层) 的作用比较简单, 是把不同的 Embedding 特征和数值型特征拼接在一起, 形成新的包含全部特征的特征向量, 该层通常也被称为连接 (concatenate) 层;

(3) **Multiple Residual Units 层**: 该层的主要结构是多层感知机, 相比标准的以感知机为基本单元的神经网络, Deep Crossing 模型采用了多层残差网络作为 MLP 的具体实现;

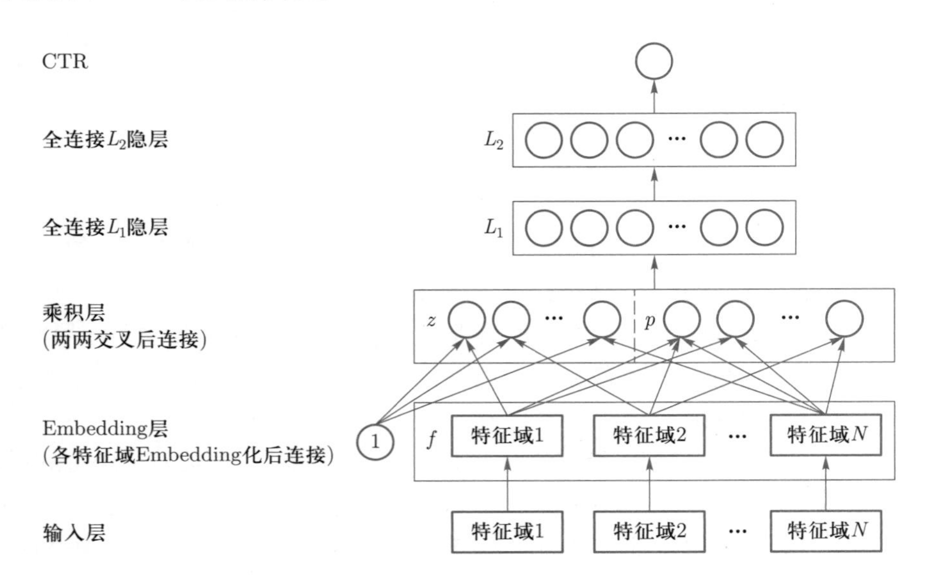

图 7.15 PNN 模型结构

(4) **Scoring 层**: Scoring 层作为输出层, 就是为了拟合优化目标而存在的. 对于 CTR 预估这类二分类问题, Scoring 层往往使用的是逻辑回归模型, 而对于图像分类等多分类问题, Scoring 层往往采用 softmax 模型.

如果在 Deep Crossing 的基础上, 将 Stacking 层置换为乘积层 (Product Layer), 即使用特征交叉代替特征拼接, 那么就会得到一个新的推荐模型 PNN(如图 7.15).

PNN 整体设计和 Deep Crossing 相同, 主要在于使用特征交叉代替特征拼接, 因此不再赘述.

7.5.3 NeuralCF

NeuralCF 是何向南等人于 2017 年提出的基于深度学习的协同过滤模型 (参见文献 [65]). NeuralCF 是用神经网络的思维发展协同过滤和矩阵分解. Deep Crossing 模型的介绍中提到, Embedding 层的主要作用是将稀疏向量转换成稠密向量. 事实上, 如果从深度学习的视角看待矩阵分解模型, 那么矩阵分解层的用户隐向量和物品隐向量完全可以看作是一种 Embedding 方法. 最终的 "Scoring 层" 就是将用户隐向量和物品隐向量进行内积操作后得到 "相似度", 这里的 "相似度" 就是对评分的预测. NeuralCF 结构如图 7.16 所示:

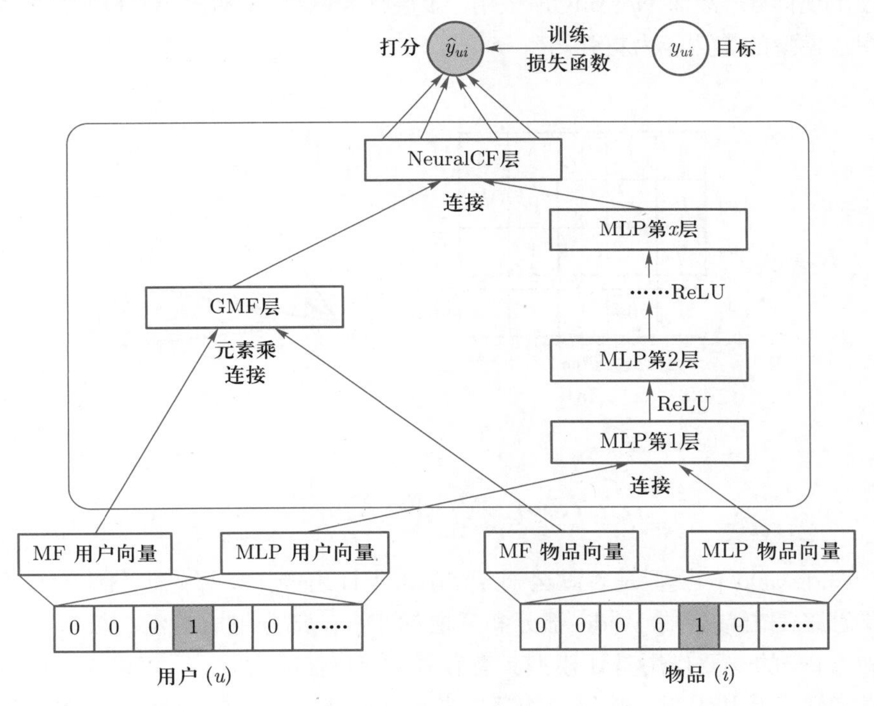

图 7.16 NeuralCF 模型结构

(1) NeuralCF 使用 Embedding 层将用户和物品的 ont-hot 变化转换为稠密的 Embedding 向量.

(2) NeuralCF 用“多层神经网络 + 输出层”的结构统一了 MF 和 MLP 在建模用户–项目交互方面的优势.

这样做一是让用户向量和物品向量做更充分的交叉, 得到更多有价值的特征组合信息; 二是引入更多的非线性特征, 让模型的表达能力更强. 如图 7.16 中右侧部分所示.

(1) NeuralCF 认为, 用户和物品的互操作层可以被任意互操作形式替代, 即所谓的“广义矩阵分解”模型 (generalized matrix factorization, GMF). 因此模型引入 element-wise product 代替向量内积作为 GMF, 如上图中左侧部分所示;

(2) 最后, NeuralCF 把通过不同互操作网络得到的特征向量拼接起来, 交由输出层进行目标拟合.

上述中提到用 NeuralCF 的“多层神经网络 + 输出层”结构替代了 MF 模型中简单的内积操作. 事实上, 这样做的动机是为了改进传统 MF 模型的不足. 下面将给出一个案例, 图 7.17(a) 是一个共现矩阵, 横向可以视为用户向量. 通过计算可知与 $\boldsymbol{u}_4$ 相似度最高的是 $\boldsymbol{u}_1$, 其次是 $\boldsymbol{u}_3$, 再次是 $\boldsymbol{u}_2$. 但是, 如果将用户向量分别转换为对应隐向量 $\boldsymbol{p}_1, \boldsymbol{p}_2, \boldsymbol{p}_3, \boldsymbol{p}_4$, 他们在空间的位置如图 7.17(b) 所示, 这时如果让 $\boldsymbol{u}_4$ 最靠近 $\boldsymbol{u}_1$, 那么其次将是 $\boldsymbol{u}_2$, 这样就会导致最终的推荐排序出现问题. 故而 NeuralCF 采用“多层神经网络 + 输出层”和 GMF 结构试图让模型的表达能力更强.

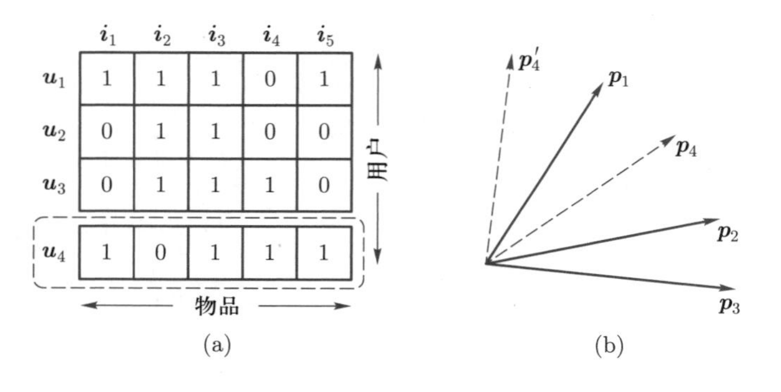

图 7.17 一个 NeuralCF 模型的例子

7.5.4 Wide&Deep

Wide&Deep 模型是谷歌公司于 2016 年提出的 (参见文献 [38]). 模型的主要思路是由单层的 Wide 部分和多层的 Deep 部分组成的混合模型. 其中, Wide 部分的主要作用是让模型具有较强的“记忆能力”—— 可以被理解为模型直接学习并利用历史数据中物品或者特征的能力; Deep 部分的主要作用是让模型具有“泛化能力”, 正是这样的结构特点, 使模型兼具了逻辑回归和深度神经网络的优点能够快速处理并记忆大量历史行为特征, 并且具有强大的表达

能力. 其结构如图 7.18 所示:

由于简单模型的“记忆能力”强, 深度神经网络的“泛化能力”强, 因此设计 Wide&Deep 模型的直接动机就是将二者融合. Wide&Deep 模型把单输入层的 Wide 部分与由 Embedding 层和多隐层组成的 Deep 部分连接起来, 一起输入最终的输出层. 单层的 Wide 部分善于处理大量稀疏的 id 类特征; Deep 部分利用神经网络表达能力强的特点, 进行深层的特征交叉, 挖掘藏在特征背后的数据模式. 最终, 利用逻辑回归模型, 输出层将 Wide 部分和 Deep 部分组合起来, 形成统一的模型.

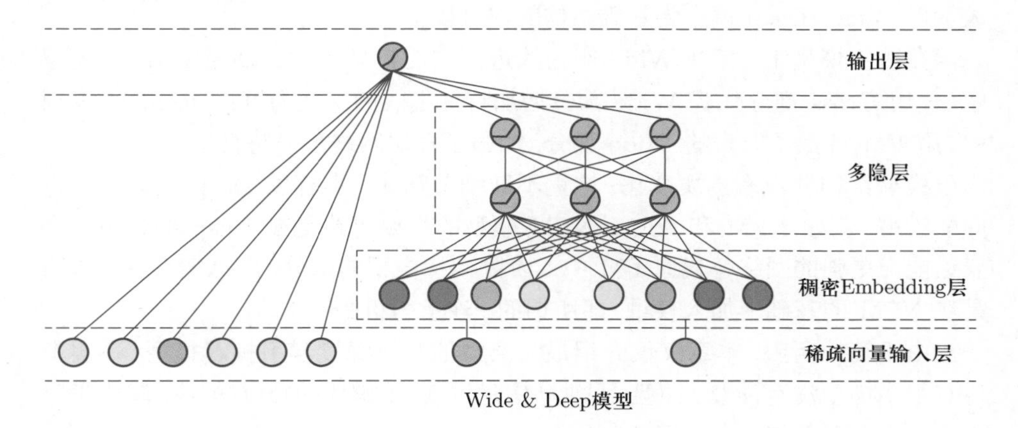

图 7.18 Wide&Deep 模型结构

以 Google Play(谷歌的应用程序商店) 的推荐场景为例, Wide&Deep 的详细结构如图 7.19 所示.

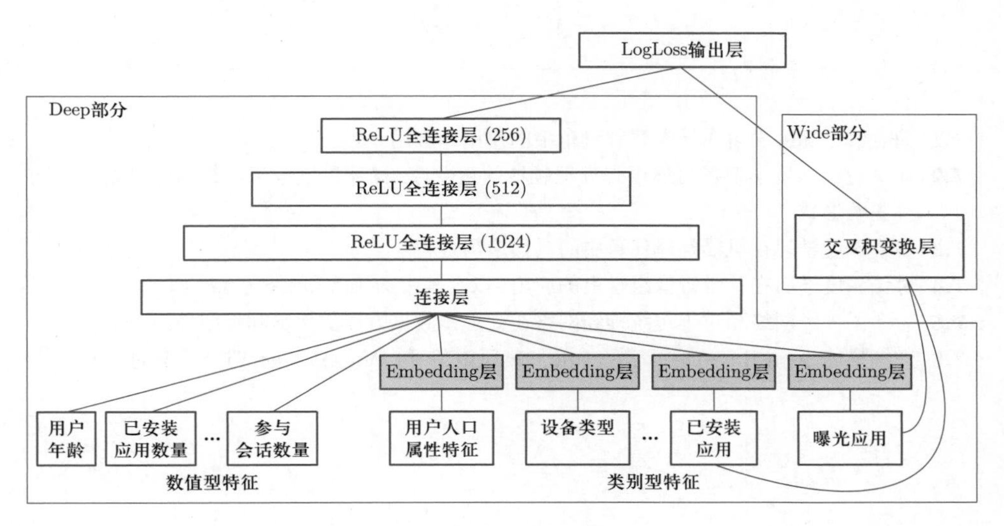

图 7.19 Wide&Deep 模型的详细结构

此结构下, Deep 部分的输入是全量的特征向量, 包括用户年龄量、设备类型、已安装应用、曝光应用等特征. 已安装应用、曝光应用等类别型特征, 需要经过 Embedding 层输入连接层, 拼接成 1200 维的 Embedding 向量, 再依次经过 3 层 ReLU 全连接层, 最终输入 LogLoss 输出层.

而 Wide 部分的输入仅仅是已安装应用和曝光应用两类特征, 其中已安装应用代表用户的历史行为, 而曝光应用代表当前的待推荐应用, 以此产生类似于“如果安装过 APP A, 就推荐 APP B”这类规则式的推荐. 即让模型记忆用户行为特征中的信息, 并根据此类信息直接影响推荐结果.

Wide&Deep 模型的提出不仅综合了“记忆能力”和“泛化能力”, 而且开启了不同网络结构融合的新思路. 在 Wide&Deep 模型之后, 有越来越多的工作集中于改进 Wide&Deep 模型的 Wide 部分或是 Deep 部分, 因此衍生出了大量以 Wide&Deep 模型为基础结构的混合模型.

在衍生模型中, 有以 Wide 侧为改进方向的模型, 比如 Deep&Cross 模型中, 使用 Cross 部分代替 Wide 部分增加特征之间的交互力度; DeepFM 模型中, 用 FM 替换了原来的 Wide 部分, 加强了浅层网络部分特征组合的能力等. 由于模型结构并没有本质变化, 这里不做细节阐述. 也有以 Deep 侧为改进方向的模型, 例如 NFM 和 AFM. NFM 模型的主要思路是在 Deep 部分用一个表达能力更强的网络替代原 FM 中二阶隐向量内积的部分, 而 AFM 主要思路是在 NFM 的基础上加入权重, 即所谓的“注意力机制”.

由于篇幅所限, 本章仅仅介绍最为典型的几个深度学习推荐模型, 事实上还有很多模型没有涉及. 而且, 只要“信息过载”的困境仍没有解决, 深度学习推荐模型就不会停下它发展的脚步.

习 题

7.1 简要解释深度学习在无人驾驶汽车中的作用和应用.

7.2 详细说明深度学习在自然语言处理领域的重要性, 概述深度学习与机器翻译结合的两种主要形式.

7.3 解释深度学习在机器翻译任务中的具体应用过程.

7.4 讨论深度学习在医学影像组学上的应用, 以及其中的挑战和潜在价值.

7.5 思考图神经网络相对于传统神经网络在处理图数据方面的优势和局限性.

7.6 详细描述 AutoRec, Deep Crossing, NeuralCF 和 Wide&Deep 四个模型的异同.

参考文献

[1] 陈希孺, 王松桂. 近代回归分析——原理方法及应用. 合肥: 安徽教育出版社, 1987.

[2] 程学旗, 靳小龙, 王元卓, 等. 大数据系统和分析技术综述. 软件学报, 2014, 25(9): 1889-1908.

[3] 高惠璇. 应用多元统计分析. 北京: 北京大学出版社, 2005.

[4] 郭志懋, 周傲英. 数据质量和数据清洗研究综述. 软件学报, 2002, 13(11): 2076-2082.

[5] 何清, 庄福振. 基于云计算的大数据挖掘平台. 中兴通讯技术, 2013, 19(4): 32-38.

[6] 何书元. 应用时间序列分析. 北京: 北京大学出版社, 2003.

[7] 胡勤. 人工智能概述. 电脑知识与技术, 2010, 6(13): 3507-3509.

[8] 李航. 统计学习方法. 北京: 清华大学出版社, 2012.

[9] 林建忠. 回归分析与线性统计模型. 上海: 上海交通大学出版社, 2018.

[10] 林正炎, 陆传荣, 苏中根. 概率极限理论基础. 2 版. 北京: 高等教育出版社, 2015.

[11] 林正炎, 苏中根, 张立新. 概率论. 3 版. 杭州: 浙江大学出版社, 2014.

[12] 刘明吉, 王秀峰, 黄亚楼. 数据挖掘中的数据预处理. 计算机科学, 2000, 27(4): 54-57.

[13] 孟小峰, 慈祥. 大数据管理: 概念、技术与挑战. 计算机研究与发展, 2013, 50(1): 146-169.

[14] 欧高炎, 朱占星, 董彬, 等. 数据科学导引. 北京: 高等教育出版社, 2017.

[15] 苏中根. 随机过程. 北京: 高等教育出版社, 2016.

[16] 孙志军, 薛磊, 许阳明, 等. 深度学习研究综述. 计算机应用研究, 2012, 29(8): 2806-2810.

[17] 唐年胜, 李会琼. 应用回归分析. 北京: 科学出版社, 2014.

[18] 王松桂, 陈敏, 陈立萍. 线性统计模型: 线性回归与方差分析. 北京: 高等教育出版社, 1999.

[19] 王曦, 汪小我, 王立坤, 等. 新一代高通量 RNA 测序数据的处理与分析. 生物化学与生物物理进展, 2010, 37(8): 834-846.

[20] 行智国. 统计学与数据挖掘的比较分析. 统计教育, 2002, 9(6): 6-8.

[21] 薛毅, 陈立萍. 统计建模与 R 软件. 北京: 清华大学出版社, 2007.

[22] 徐宗本, 唐年胜, 程学旗. 数据科学: 它的内涵、方法、意义与发展. 北京: 科学出版社, 2022.

[23] 游士兵, 张佩, 姚雪梅. 大数据对统计学的挑战和机遇. 珞珈管理评论, 2013, 7(2): 165-171.

[24] 张良均, 陈俊德, 刘名军, 等. 数据挖掘: 实用案例分析. 北京: 机械工业出版社, 2013.

[25] 张文彤. SPSS 统计分析基础教程. 3 版. 北京: 高等教育出版社, 2017.

[26] 周可, 王桦, 李春花. 云存储技术及其应用. 中兴通讯技术, 2010, 16(4): 24-27.

[27] 周志华. 机器学习. 北京: 清华大学出版社, 2016.

[28] ALOISE D, DESHPANDE A, HANSEN P, et al. NP-hardness of Euclidean sum-of-suqares clustering. Machine Learning, 2009, 75(2): 245-248.

[29] BAHDANAU D, CHO K H, BENGIO Y. Neural machine translation by jointly learning to align and translate.//3rd International Conference on Learning representations, 2015.

[30] BAKIN S. Adaptive regression and model selection in data mining probems. Spectrochimica Acta Part A Molecular & Biomolecular Spectroscopy, 1999, 81(1): 8-13.

[31] BELKIN M, NIYOGI P. Laplacian eigenmaps for dimensionality reduction and data representation. Neural Computation, 2003, 15(6): 1373-1396.

[32] BENGIO Y, DELALLEAU O. On the expressive power of deep architectures//KIVINEN J, SZEPESVÁRI C, UKKONEN E, et al. Algorithmic Learning Theory. ALT 2011. Lecture Notes in Computer Science, 18-36. Berlin, Heidelberg: Springer, 2011.

[33] BENGIO Y, DUCHARME R, VINCENT P. A neural probabilistic language model. Journal of Machine Learning Research, 2003(3): 1137-1155.

[34] BENGIO Y, LECUN Y. Scaling learning algorithms towards AI//BOTTOU L, CHAPELLE O, DECOSTE D, et al. Large-Scale Kernel Machines, 321-358. Cambridge, Massachusetts: MIT Press, 2007.

[35] BRONSTEIN M M, BRUNA J, LECUN Y, et al. Geometric deep learning: going beyond euclidean data. IEEE Signal Processing Magazine, 2017, 34(4): 18-42.

[36] BRUNA J, ZAREMBA W, SZLAM A, et al. Spectral networks and locally connected networks on graphs. arXiv preprint arXiv:1312.6203.

[37] CHEN K, ZHENG W M. Cloud computing: system instances and current research. Journal of Software, 2009, 20(5): 1337-1348.

[38] CHENG H T, KOC L, HARMSEN J, et al. Wide & deep learning for recommender systems. In Proceedings of the 1st workshop on deep learning for recommender systems, 2016(15): 7-10.

[39] CHING W K, HUANG X, NG M K, et al. 马尔可夫链: 模型、算法与应用. 2 版. 陈曦, 译. 北京: 清华大学出版社, 2015.

[40] CICHOCKI A, ZDUNEK R, AMARI S. Csiszár's divergences for non-negative matrix factorization: family of new algorithms//ROSCA J, ERDOGMUS D, PRÍNCIPE J C, et al. Independent Component Analysis and Blind Signal Separation. ICA. Lecture Notes in Computer Science, vol 3889. Berlin, Heidelberg: Springer, 2006: 32-39.

[41] COVER T, HART P. Nearest neighbor pattern classification. IEEE Transactions on Information Theory, 1967, 13(1): 21-27.

[42] COX T, COX M. Multidimensional Scaling. 2nd edition. Boca Raton: Chapman and Hall, 2001.

[43] CUESTA H. 实用数据分析. 刁晓纯, 陈堰平, 译. 北京: 机械工业出版社, 2014.

[44] DEVLIN J, CHANG M W, LEE K, et al. Bert: Pre-training of deep bidirectional transformers for language understanding. arXiv preprint arXiv:1810.04805.

[45] DEVLIN J, ZBIB R, HUANG Z, et al. Fast and robust neural network joint models for statistical machine translation//Proceedings of the 52nd Annual Meeting of the Association for Computational Linguistics, 1370-1380. Baltimore, Maryland, USA, 2014.

[46] DING J, LI A, HU Z, et al. Accurate pulmonary nodule detection in computed tomography images using deep convolutional neural networks//DESCOTEAUX M, MAIER-HEIN L, FRANZ A, et al. Medical Image Computing and Computer-Assisted Intervention formatstring MICCAI 2017, Lecture Notes in Computer Science, Springer, 2017, vol 10435: 559-567.

[47] DONOHO D L, GRIMES C E. Hessian eigenmaps: locally linear embedding techniques for high-dimensional data. Proceedings of the National Academy of Arts and Sciences, 2003, 100(10): 5591-5596.

[48] DOU Q, CHEN H, YU L, et al. Multilevel contextual 3-D CNNs for false positive reduction in pulmonary nodule detection. IEEE Transactions on Biomedical Engineering, 2017, 64(7): 1558-1567.

[49] EFRON B, HASTIE T, JOHNSTONE I, et al. Least angle regression. The Annals of Statistics, 2004, 32(2): 407-499.

[50] ELMAN J L. Finding structure in time. Cognitive Science, 1990, 14(2): 179-211.

[51] ERDÖS P, RÉNYI A. On the evolution of random graphs. Publ. Math. Inst. Hung. Acad. Sci., 1960, 5(1): 17-60.

[52] ESTER M, KRIEGEL H P, SANDER J, et al. A density-based algorithm for discovering clusters in large spatial databases with noise. Inkdd, 1996, 96(34): 226-231.

[53] FAN J, GIJBELS I. Local Polynomial Modelling and Its Applications. New York: Chapman and Hall, 1996.

[54] FAN J, LI R. Variable selection via nonconcave penalized likelihood and its oracle properties. Journal of the American Statistical Association, 2001, 96(456): 1348-1360.

[55] FORTE R M. 预测分析 R 语言实现. 吴今朝, 译. 北京: 机械工业出版社, 2017.

[56] FRANCESCO C, COCHINWALA M, GANAPATHY U, et al. Telcordia's database reconciliation and data quality analysis tool//ABBADI A E, BRODIE M L, CHAKRAVARTHY S, et al. Proceedings of the 26th International Conference on Very Large Data Bases, 615-618. Cairo: Morgan Kaufmann, 2000.

[57] FREY B. Graphical Models for Machine Learning and Digital Communication. Cambridge: MIT Press, 1998.

[58] HASTIE T, TIBSHIRANI R, FRIEDMAN J. The Elements of Statistical Learning. New York: Springer, 2002.

[59] GARETH J, WITTEN D, HASTIE T, et al. An Introduction to Statistical Learning with Applications in R. New York: Springer, 2013.

[60] GARETH J, WITTEN D, HASTIE T, et al. 统计学习导论. 王星, 等, 译. 北京: 机械工业出版社, 2015.

[61] GOODFELLOW I, BENGIO Y, COURVILLE A. Deep Learning. Cambridge: MIT Press, 2016.

[62] HAMILTON W L, YING R, LESKOVEC J. Inductive representation learning on large graphs. 31st Conference on Neural Information Proceeding Systems, 2017.

[63] HAND D J, DALY F, LUNN A D, et al. A Handbook of Small Data Sets. London: Chapman and Hall, 1994.

[64] HE K, ZHANG X, REN S, et al. Deep residual learning for image recognition. 2016 IEEE Conference on Computer Vision and Pattern Recognition, 2016: 770-778.

[65] HE X, LIAO L, ZHANG H, et al. Neural collaborative filtering. Proceedings of the 26th international conference on world wide web, 2017(3): 173-182.

[66] HERNÁNDEZ M A, STOLFO S J. Real-world data is dirty: data cleansing and the merge/purge problem. Data Mining and Knowledge Discovery, 1998, 2(1): 9-37.

[67] HINTON G E, ROWEIS S T. Stochastic neighbor embedding. Advances in Neural Information Processing Systems, 2003, 15: 833-840.

[68] HINTON G E, SALAKHUTDINOV R R. Reducing the dimensionality of data with neural networks. Science, 2006, 313(5786): 504-507.

[69] HUANG J, MA S, ZHANG C H. Adaptive LASSO for sparse high-dimensional regression. Statistica Sinica, 2008, 18(4): 1603-1618.

[70] HUSSEIN S, CAO K, SONG Q, et al. Risk stratification of lung nodules using 3d cnn-based multi-task learning//NIETHAMMER M, et al. Information Processing in Medical Imaging. IPMI. Lecture Notes in Computer Science, vol. 10265: 249-260. Cham: Springer, 2017.

[71] HYVÄRINEN A. Survey on independent component analysis. Neural Computing Surveys, 1999, 2: 94-128.

[72] JAMES G, WITTEN D, HASTIE T, et al. An Introduction to Statistical Learning. New York: Springer, 2013.

[73] JOLLIFFE I. Principal Component Analysis. New York: Springer, 1986.

[74] KALCHBRENNER N, BLUNSOM P. Recurrent continuous translation models//Proceedings of the 2013 conference on Empirical Methods in Natural Language Processing, 1700-1709. Seattle, Washington, USA, 2013.

[75] KIPF T N, WELLING M. Semi-supervised classification with graph convolutional networks. ArXiv abs/1609.02907.

[76] KNIGHT K, FU W. Asymptotics for lasso-type estimators. Annals of Statistics, 2000, 28(5): 1356-1378.

[77] KUMAR V, GRAMA A, GUPTA A, et al. Introduction to Parallel Computing. Redwood City: Benjamin-Cummings Pub, 1994.

[78] LAW C W, CHEN Y, SHI W, et al. Voom: precision weights unlock linear model analysis tools for RNA-seq read counts. Genome Biology, 2014, 15(2): R29.

[79] LECUN Y, BOTTOU L, BENGIO Y, et al. Gradient-based learning applied to document recognition. Proceedings of the IEEE, 1998, 86(11): 2278-2324.

[80] LEE D D, SEUNG H S. Learning the parts of objects by non-negative matrix factorization. Nature, 1999, 401(6755): 788-791.

[81] LEE D D, SEUNG H S. Algorithms for non-negative matrix factorization//NIPS'00 Proceedings of the 13th International Conference on Neural Information Processing Systems, 2000, 535-541.

[82] LIN Z Y, BAI Z D. Probably Inequalities. Science Press & Springer-Verlag, 2010.

[83] MAATEN L V D, HINTON G E. Visualizing data using t-SNE. Journal of Machine Learning Research, 2008, 9: 2579-2605.

[84] MARIONI J C, MASON C E, MANE S M, et al. RNA-seq: an assessment of technical reproducibility and comparison with gene expression arrays. Genome Research, 2008, 18(9): 1509-1517.

[85] MCCULLOCH W, PITTS W. A logical calculus of the ideas immanent in nervous activity. Bulletin of Mathematical Biophysics, 1943, 5(4): 115-133.

[86] MIKA S, SCHÖLKOPF B, SMOLA A, et al. Kernel PCA and de-noising in feature spaces//Proceedings of the 1998 conference on Advances in neural information processing systems II, 1999, 536-542.

[87] MILGRAM S. Behavioral study of obedience. The Journal of Abnormal and Social Psychology, 1963, 67(4): 371-378.

[88] MINSKY M, PAPERT S A. Perceptrons: An Introduction to Computational Geometry. Cambridge: MIT Press, 1987.

[89] MYERS R. Classical and Modern Regression with Applications. Boston: PWS Publishers, 1986.

[90] NADARAYA E A. On estimating regression. Theory of Probability and Its Applications, 1964, 9(1): 141-142.

[91] NEAL R M, HINTON G E. A view of the em algorithm that justifies incremental, sparse, and other variants//JORDAN M I. Learning in Graphical Models. NATO ASI Series (Series D: Behavioural and Social Sciences): Dordrecht: Springer, 1998, 89: 355-368.

[92] OSUNA E, FREUND R, GIROSI F. An improved training algorithm for support vector machines//Neural Networks for Signal Processing VII. Proceedings of the 1997 IEEE Signal Processing Society Workshop. Amelia Island, FL, USA, 1997: 276-285.

[93] PAATERO P. Least squares formulation of robust non-negative factor analysis. Chemometrics and Intelligent Laboratory Systems, 1997, 37(1): 23-35.

[94] PAATERO P. The multilinear engine: a table-driven least squares program for solving multilinear problems, including the n-way parallel factor analysis model. Journal of Computational and Graphical Statistics, 1999, 8(4): 854-888.

[95] PAATERO P, TAPPER U. Positive matrix factorization: a non-negative factor model with optimal utilization of error estimates of data values. Environmetrics, 1994, 5(2): 111-126.

[96] POLLEN A A, NOWAKOWSKI T J, SHUGA J, et al. Low-coverage single-cell mRNA sequencing reveals cellular heterogeneity and activated signaling pathways in developing cerebral cortex. Nature biotechnology, 2014, 32(10): 1053-1058.

[97] RIVEST R, CORMEN T, LEISERSON C, et al. Introduction to Algorithms. Cambridge: MIT Press, 2001.

[98] ROSENBLATT F. The perceptron: a perceiving and recognizing automaton. Report 85-460-1, Cornell Aeronautical Laboratory, 1957.

[99] ROWEIS S, SAUL L. Nonlinear dimensionality reduction by locally linear embedding. Science, 2000, 290: 2323-2326.

[100] SAUL L K, ROWEIS S T. Think globally, fit locally: unsupervised learning of low dimensional manifolds. Journal of Machine Learning Research, 2003, 4: 119-155.

[101] SEDHAIN S, MENON A K, SANNER S, et al. Autorec: Autoencoders meet collaborative filtering. In Proceedings of the 24th international conference on World Wide Web, 2015, 18: 111-112.

[102] SCHÖLKOPF B, SMOLA A. Learning with Kernels. Cambridge: MIT Press, 2001.

[103] SHAN Y, HOENS T R, JIAO J, et al. Deep crossing: Web-scale modeling without manually crafted combinatorial features//Proceedings of the 22nd ACM SIGKDD international conference on knowledge discovery and data mining, 2016, 13: 255-262.

[104] SHEN W, ZHOU M, YANG F, et al. Learning from experts: Developing transferable deep features for patient-level lung cancer prediction//OURSELIN S, JOSKOWICZ L, SABUNCU M, et al. Medical Image Computing and Computer-Assisted Intervention -MICCAI 2016. MICCAI 2016. Lecture Notes in Computer Science, vol 9901: 124-131. Cham: Springer, 2016.

[105] SHEN W, ZHOU M, YANG F, et al. Multi-scale convolutional neural networks for lung nodule classification//OURSELIN S, ALEXANDER D, WESTIN C F, et al. Information Processing in Medical Imaging. IPMI 2015. Lecture Notes in Computer Science, vol 9123: 588-599. Cham: Springer, 2015.

[106] SIROVICH L, KIRBY L. Low-dimensional procedure for the characterization of human faces. Journal of the Optical Society of America A, 1987, 4(3): 519-524.

[107] SUN J, BOYD S, XIAO L, et al. The fastest mixing Markov process on a graph and a connection to a maximum variance unfolding problem. SIAM Review, 2006, 48(4): 681-699.

[108] SUTSKEVER I, VINYALS O, LE Q V. Sequence to sequence learning with neural networks. NIPS'14 Proceedings of the 27th International Conference on Neural Information Processing Systems, 2014, 2: 3104-3112.

[109] TANG J. Research and application of the cloud computation storage system. Computer Knowledge and Technology, 2009, 5(20): 5337-5338.

[110] TENENBAUM J B. Mapping a manifold of perceptual observations. Advances in Neural Information Processing Systems, 1998, 10: 682-688.

[111] TENENBAUM J B, DE SILVA V, LANGFORD J. A global geometric framework for nonlinear dimensionality reduction. Science, 2000, 290: 2319-2323.

[112] TIBSHIRANI R J. Regression shrinkage and selection via the lasso. Journal of the Royal Statistical Society: Series B (Statistical Methodology), 1996, 58(1): 267-288.

[113] TIBSHIRANI R J, EFRON B. An Introduction to the Bootstrap. New York: Chapman and Hall, 1993.

[114] TIBSHIRANI R, SAUNDERS M, ROSSET S, et al. Sparsity and smoothness via the fused lasso. Journal of the Royal Statistical Society: Series B (Statistical Methodology), 2005, 67(1): 91-108.

[115] TORRES E L, FIORINA E, PENNAZIO F, et al. Large scale validation of the M5L lung CAD on heterogeneous CT datasets. Medical Physics, 2015, 42(4): 1477-1489.

[116] VASWANI A, SHAZEER N, PARMAR N, et al. Attention is all you need //Proceedings of the 31st International Conference on Neural Information Processing Systems, 2017, 6000-6010.

[117] VINCENT P, BENGIO Y, PAIEMENT J F. Learning eigenfunctions of similarity: Linking spectral clustering and kernel PCA. Technical Report, 1232. Montréal Canada: Universite de Montreal, 2003.

[118] WANG H, LENG C. Unified LASSO estimation via least square approximation. Journal of the American Statistical Association, 2007, 102(479): 1039-1048.

[119] WATSON G S. Smooth regression analysis. Sankhyā, 1964, 126(4): 359-372.

[120] WATTS D J, STROGATZ S H. Collective dynamics of 'small-world' networks. Nature, 1998, 393: 440-442.

[121] WEBER A. Agrarpolitik im Spannungsfeld der Internationalen Ernaehrungspolitik, Kiel: Institut fuer Agrarpolitik und Marktlehre, 1973.

[122] WEINBERGER K, SAUL L. Learning a kernel matrix for nonlinear dimensionality reduction//Proceedings of the Twenty First International Conference on Machine Learning, 2004: 839-846.

[123] WEINBERGER K, SAUL L. Unsupervised learning of image manifolds by semidefinite programing//Proceedings of the IEEE Conference on Computer Vision and Pattern Recognition, 2004: 988-995.

[124] WILLIAMS C K I. On a connection between kernel PCA and metric multidimensional scaling. Machine Learning, 2002, 46(1-3): 11-19.

[125] YIP S H, WANG P, KOCHER J P A, et al. Linnorm: improved statistical analysis for single cell RNA-seq expression data. Nucleic Acids Research, 2017, 45(22): e179.

[126] ZHANG P, SONG P X K. Cluster analysis of categorical data with ultra sparse features, 2018. (Manuscript)

[127] ZHAO P, YU B. Stagewise Lasso. Journal of Machine Learning Research, 2017, 8: 2701-2726.

[128] ZHU W, LIU C, FAN W, et al. Deeplung: 3d deep convolutional nets for automated lung nodule detection and classification//IEEE Winter Conference on Applications of Computer Vision (WACV), 2018, 673-681.

[129] ZOU H. The adaptive lasso and its oracle properties. Journal of the American statistical association, 2006, 101(476): 1418-1429.

[130] ZOU H, HASTIE T. Regularization and variable selection via the elastic net. Journal of the Royal Statistical Society: Series B (Statistical Methodology), 2005, 67(2): 301-320.

[131] SCARSELLI F, GORI M, TSOI A C, et al. The Graph Neural Network Model, IEEE Transactions on Neural Networks, 2009, 20(1): 61-80.